U0270464

国家出版基金项目
NATIONAL PUBLICATION FOUNDATION

商用飞机系统工程系列
主编 贺东风

商用飞机驾驶舱研制中的
系统工程实践

System Engineering Practice in the Development of
Commercial Aircraft Cockpit

陈 勇 赵春玲 范瑞杰 等 著

上海交通大学出版社
SHANGHAI JIAO TONG UNIVERSITY PRESS

内容提要

本书在总结商用飞机驾驶舱型号研制实践的基础上,探讨、分析和总结了基于系统工程的驾驶舱整体产品研制方法,为后续型号的驾驶舱研制提供借鉴。本书介绍和探讨了系统工程在商用飞机驾驶舱研制过程中的应用,以及相关的设计原理、方法、流程和实践案例。具体内容包括系统工程的概述及特点、商用飞机驾驶舱的产品及总体设计特征、基于系统工程的驾驶舱研制流程,以及在驾驶舱布置布局、控制器件、自动飞行人机界面、显示系统、机组告警、机组操作程序、基于系统工程的驾驶舱评估和验证等方面的研制实践。

本书可为飞机制造商、设计师、工程师、研究人员以及对商用飞机驾驶舱研制感兴趣的读者提供有价值的参考信息和设计指导。

图书在版编目(CIP)数据

商用飞机驾驶舱研制中的系统工程实践／陈勇等著
. —上海:上海交通大学出版社,2023.6
大飞机出版工程
ISBN 978 - 7 - 313 - 28842 - 4

Ⅰ.①商… Ⅱ.①陈… Ⅲ.①民用飞机—座舱—系统
工程—研究 Ⅳ.①V223

中国国家版本馆 CIP 数据核字(2023)第 103119 号

商用飞机驾驶舱研制中的系统工程实践
SHANGYONG FEIJI JIASHICANG YANZHI ZHONG DE XITONG GONGCHENG SHIJIAN

著　者:陈　勇　赵春玲　范瑞杰 等

出版发行:上海交通大学出版社		地　　址:上海市番禺路 951 号
邮政编码:200030		电　　话:021 - 64071208
印　　制:上海颛辉印刷厂有限公司		经　　销:全国新华书店
开　　本:710 mm×1000 mm　1/16		印　　张:25.25
字　　数:377 千字		
版　　次:2023 年 6 月第 1 版		印　　次:2023 年 6 月第 1 次印刷
书　　号:ISBN 978 - 7 - 313 - 28842 - 4		
定　　价:188.00 元		

师、中国工程院院士）

汪　海（上海市航空材料与结构检测中心主任、研究员）

张卫红（西北工业大学副校长、中国科学院院士）

张新国（中国航空工业集团原副总经理、研究员）

陈迎春（中国商用飞机有限责任公司 CR929 飞机总设计师、研
究员）

陈宗基（北京航空航天大学自动化科学与电气工程学院教授）

陈　勇（中国商用飞机有限责任公司工程总师、ARJ21 飞机总设计
师、研究员）

陈懋章（北京航空航天大学能源与动力工程学院教授、中国工程院
院士）

金德琨（中国航空工业集团公司原科技委委员、研究员）

赵越让（中国商用飞机有限责任公司原总经理、研究员）

姜丽萍（中国商用飞机有限责任公司制造总师、研究员）

曹春晓（中国航空工业集团北京航空材料研究院研究员、中国工程
院院士）

敬忠良（上海交通大学航空航天学院教授）

傅　山（上海交通大学电子信息与电气工程学院研究员）

总　序

　　国务院在 2007 年 2 月底批准了大型飞机研制重大科技专项正式立项，得到全国上下各方面的关注。"大型飞机"工程项目作为创新型国家的标志工程重新燃起我们国家和人民共同承载着"航空报国梦"的巨大热情。对于所有从事航空事业的工作者，这是历史赋予的使命和挑战。

　　1903 年 12 月 17 日，美国莱特兄弟制作的世界第一架有动力、可操纵、比重大于空气的载人飞行器试飞成功，标志着人类飞行的梦想变成了现实。飞机作为 20 世纪最重大的科技成果之一，是人类科技创新能力与工业化生产形式相结合的产物，也是现代科学技术的集大成者。军事和民生对飞机的需求促进了飞机迅速而不间断的发展和应用，体现了当代科学技术的最新成果；而航空领域的持续探索和不断创新，为诸多学科的发展和相关技术的突破提供了强劲动力。航空工业已经成为知识密集、技术密集、高附加值、低消耗的产业。

　　从大型飞机工程项目开始论证到确定为《国家中长期科学和技术发展规划纲要》的十六个重大专项之一，直至立项通过，不仅使全国上下重视我国自主航空事业，而且使我们的人民、政府理解了我国航空事业半个多世纪发展的艰辛和成绩。大型飞机重大专项正式立项和启动使我们的民用航空进入新纪元。经过 50 多年的风雨历程，当今中国的航空工业已经步入了科学、理性的发展轨道。大型客机项目产业链长、辐射面宽、对国家综合实力带动性强，在国民经济发展和科学技术进步中发挥着重要作用，我国的航空工业迎来了新的发展机遇。

　　大型飞机的研制承载着中国几代航空人的梦想，造出与波音公司波音 737 和空客公司 A320 改进型一样先进的"国产大飞机"已经成为每个航空人心中奋斗的目标。然而，大型飞机覆盖了机械、电子、材料、冶金、仪器仪表、化工等几乎所有工业门类，集成数学、空气动力学、材料学、人机工程学、自动控制学等多种学科，是一个复杂的科技创新系统。为了迎接新形势下理论、技术和工程等方面的严峻挑战，迫切需要引入、借鉴国外的优秀出版物和数据资料，总结、巩固我们的经验和成果，编著一套以"大飞机"为主题的丛书，借以推动服务"大飞机"作为推动服务整个航空科学的切入点，同时对于促进我国航空事业的发展和加快航空紧缺人才的培养，具有十分重要的现实意义和深远的历史意义。

2008 年 5 月，中国商用飞机有限公司成立之初，上海交通大学出版社就开始酝酿"大飞机出版工程"，这是一项非常适合"大飞机"研制工作时宜的事业。新中国第一位飞机设计宗师——徐舜寿同志在领导我们研制中国第一架喷气式歼击教练机——歼教 1 时，亲自撰写了《飞机性能及算法》，及时编译了第一部《英汉航空工程名词字典》，翻译出版了《飞机构造学》《飞机强度学》，从理论上保证了我们的飞机研制工作。我本人作为航空事业发展 50 多年的见证人，欣然接受上海交通大学出版社的邀请担任该丛书的主编，希望为我国的"大飞机"研制发展出一份力。出版社同时也邀请了王礼恒院士、金德琨研究员、吴光辉总设计师、陈迎春副总设计师等航空领域专家撰写专著、精选书目，承担翻译、审校等工作，以确保这套"大飞机"丛书具有高品质和重大的社会价值，为我国的大飞机研制以及学科发展提供参考和智力支持。

编著这套丛书，一是总结整理 50 多年来航空科学技术的重要成果及宝贵经验；二是优化航空专业技术教材体系，为飞机设计技术人员的培养提供一套系统、全面的教科书，满足人才培养对教材的迫切需求；三是为大飞机研制提供有力的技术保障；四是将许多专家、教授、学者广博的学识见解和丰富的实践经验总结继承下来，旨在从系统性、完整性和实用性角度出发，把丰富的实践经验进一步理论化、科学化，形成具有我国特色的"大飞机"理论与实践相结合的知识体系。

"大飞机出版工程"丛书主要涵盖了总体气动、航空发动机、结构强度、航电、制造等专业方向，知识领域覆盖我国国产大飞机的关键技术。图书类别分为译著、专著、教材、工具书等几个模块；其内容既包括领域内专家们最先进的理论方法和技术成果，也包括来自飞机设计第一线的理论和实践成果。如：2009 年出版的荷兰原福克飞机公司总师撰写的 *Aerodynamic Design of Transport Aircraft*（《运输类飞机的空气动力设计》）；由美国堪萨斯大学 2008 年出版的 *Aircraft*

Propulsion（《飞机推进》）等国外最新科技的结晶；国内《民用飞机总体设计》等总体阐述之作和《涡量动力学》《民用飞机气动设计》等专业细分的著作；也有《民机设计 1000 问》《英汉航空缩略语词典》等工具类图书。

该套图书得到国家出版基金资助，体现了国家对"大型飞机"项目和"大飞机出版工程"这套丛书的高度重视。这套丛书承担着记载与弘扬科技成就、积累和传播科技知识的使命，凝结了国内外航空领域专业人士的智慧和成果，具有较强的系统性、完整性、实用性和技术前瞻性，既可作为实际工作指导用书，亦可作为相关专业人员的学习参考用书。期望这套丛书能够有益于航空领域里人才的培养，有益于航空工业的发展，有益于大飞机的成功研制。同时，希望能为大飞机工程吸引更多的读者来关心航空、支持航空和热爱航空，并投身于中国航空事业做出一点贡献。

2009 年 12 月 15 日

系列序

  大型商用飞机项目是一项极其复杂的系统工程，是一个国家工业、科技水平和综合实力的集中体现。在当今全球经济环境下，飞机全生命周期活动是分布式的，从单个设计区域分配到各个供应商网络，到完成后返回进行最终产品集成。许多政治、经济和技术因素都影响其中的协作过程。在全球协作网络中，过程、方法和工具的紧密、高效整合是现代商用飞机型号项目成功的关键因素。商用飞机的研制需要将主制造商作为一个复杂系统，从企业层级统筹考虑产品系统的设计研发和生产制造，并将供应链管理也纳入系统工程的过程中，用系统工程的视角、组织、整合和利用现有资源，以更加快速、高效地开展企业的生产活动；同时需要在更大的范围内整合资源，将型号研制纳入全球民用航空运输系统的范畴中，以期生产出更优质的、更具竞争力的产品。通过开展基于系统工程的项目管理，对研制过程各要素进行整合，以满足客户及适航要求，利用有限的时间、经费等资源，打造一款飞行员愿意飞、乘客愿意坐、航空公司愿意买的飞机，是我国民用航空产业面临的主要挑战，同时也是实现项目商业成功和技术成功的必由之路。

  经过几十年的发展，欧美工业界形成了《ISO/IEC 15288—2015：系统和软件工程——系统生命周期过程》等一系列系统工程工业标准；美国国家航空航天局、美国国防部、美国联邦航空局、美国海军和空军等都制定了本行业的系统工程手册；民用航空运输领域制定了 SAE ARP4754A《商用飞机与系统研制指南》等相关指南。同时，航空工业界也一直在开展系统工程实践，尤其是以波音 777 项目为代表，首次明确地按照系统工程方法组织人员、定义流程和建立文档规范，并通过组织设计制造团队，实现数字化的产品定义和预装配，从而较大地改进研制过程，提高客户满意度，降低研发成本。其后的波音 787 项目、空客 A350 项目更是进一步大量使用最新的系统工程方法、工具，为项目成功带来实实在在的好处。

  目前，我国在系统工程标准方面，也制定了一些工业标准，但总的来说，还是缺乏一些针对特定领域（如商用飞机领域）的指南和手册，相较国外先进工业实践还存在一定的差距。通过新型涡扇支线飞机和大型干线客机两大型号的积累，我国商用飞机产业在需求管理、安全性分析、变更管理、系统集成与验证以及合格审定等方面取得了长足进步，在风险管理、构型管理、供应链管理、项目组织建设等方面也进行了全面的探索，初步形成了以满足客户需求为目的，围绕产品全生命周期，通过产品集成与过程集成实现全局最优的技术和管理体系，并探索出适用商用飞机领域的系统工程是"以满足客户需求为目的，围绕产品全生命周期，通过产品集成与过程集成实现全局最优的一种跨专业、跨部门、跨企业的技术和管理方法"。

进入美国的再工业化、德国工业 4.0、中国制造 2025 的时代，各制造强国和制造大国在新一轮工业革命浪潮下，都选择以赛博物理系统为基础，重点推进智能制造，进而实现工业的转型升级。其中一个重要的主题是要解决整个生命周期内工程学的一致性。要让现实世界和虚拟世界在各个层次融合，要在机械制造、电气工程、计算机科学领域就模型达成共识。因此，系统工程方法在这个新的时代变得尤为重要，是使产品、生产流程和生产系统实现融合的基础。对于我国航空工业而言，面对标准的挑战、数据安全的挑战、战略及商业模式的挑战、企业组织的挑战、过程管理的挑战、工具方法（SysML 管理工具）的挑战、工业复杂性的挑战、系统工程人才培养与教育的挑战，积极推进系统工程，才能为在新一轮的工业革命中实现跨越式发展打好基础。

编著这套丛书，一是介绍国内外商用飞机领域先进的系统工程与项目管理理念、理论和方法，为我国航空领域人员提供一套系统、全面的教材，满足各类人才对系统工程和项目管理知识的迫切需求；二是将商用飞机领域内已有型号的系统工程与项目管理实践的重要成果和宝贵经验以及专家、学者的知识总结继承下来，形成一套科学化、系统化的理论知识体系；三是提供一套通用的技术概念，理清并定义商用飞机领域的所有接口，促进一系列技术标准的制定，推动系统工程和项目管理技术体系的形成，促进整个商用飞机产业工业化和信息化的深度融合。

"商用飞机系统工程"系列编委会由美国南加州大学、清华大学、浙江大学、上海交通大学、中国商用飞机有限责任公司等国内外高校和企业的航空界系统工程与项目管理领域的专家和学者组建而成，凝结了国内外航空界专业人士的智慧和成果。本系列丛书获得了 2022 年度国家出版基金的资助，说明了国家对大飞机事业的高度重视和认可。希望本系列丛书的出版能够达到预期的目标。在此，要感谢参与本丛书编撰工作的所有编著者以及所有直接或间接参与本丛书审校工作的专家、学者的辛勤工作；也向上海交通大学出版社大飞机出版中心的各位编辑表示感谢，他们为本系列丛书的出版做了大量工作。最后，希望本丛书能为商用飞机产业中各有关单位系统工程能力的提升做出应有的贡献。

（贺东风　中国商用飞机有限责任公司董事长）

前　言

商用飞机驾驶舱是飞行机组的核心工作环境。飞行机组通过驾驶舱对飞机各系统进行控制，执行飞机整体运行任务。驾驶舱是一个综合、复杂的集成产品，在驾驶舱的研制过程中，不仅要考虑系统集成，还需要做好人机集成。复杂系统集成和人机集成是驾驶舱研制的核心，研制实践的成果集中体现了系统工程的思想和方法。

本书旨在介绍和探讨系统工程在商用飞机驾驶舱研制过程中的应用，以及相关的设计原理、流程和实践案例。通过深入研究商用飞机驾驶舱产品特征、驾驶舱总体设计特征以及驾驶舱各个方面的研制实践，为读者提供全面的知识和见解。

编写本书的初衷是总结和提炼中国商飞 ARJ21 飞机和 C919 飞机驾驶舱设计及优化的工程实践。本书各章节编写人员均系全程参与或部分参与 ARJ21 飞机和 C919 飞机驾驶舱设计的工程师和研究人员，在飞机驾驶舱设计中遵循系统工程的正向设计理念、流程、方法。

第 1 章从系统工程的角度介绍基础概念，包括系统工程的概述、特点以及在商用飞机领域的应用；重点介绍中国商飞在系统工程方面的发展和成就。

第 2 章详细探讨了商用飞机驾驶舱的产品特征，回顾了驾驶舱的发展演变过程，探讨了驾驶舱对安全的影响以及高度集成特点；此外，还介绍了设计驾驶舱时需要考虑的因素，并探索了驾驶舱在不同运行场景下的要求。

第 3 章聚焦于驾驶舱的总体设计特征，特别关注人为因素设计和共通性设计。该章详细解释了共通性设计的定义、目的及与标准化、继承性和创新性之间的关系；此外，还介绍了驾驶舱共通性设计的要素、要求以及典型商用飞机和中国商用飞机的驾驶舱共通性设计案例。

第 4 章系统地介绍了基于系统工程的驾驶舱研制流程，深入研究了驾驶舱研制的目标和思路，并详细讨论了每个研制阶段的内容和流程。从市场分析到产品确认，该章将引导读者了解驾驶舱研制过程中的关键步骤。

第 5~10 章分别探讨了驾驶舱布置布局研制实践、驾驶舱控制器件研制实践、自动飞行人机界面研制实践、驾驶舱显示系统研制实践、驾驶舱机组告警研制实践和机组操作程序研制实践，深入研究了每个领域的特点、需求分析、设计综合以及集成与验证的过程，为读者提供全面的实践指导和案例研究。

第 11 章关注基于系统工程的驾驶舱评估和验证，重点关注适航条款中的人为因素，探讨机组工作负荷以及最小机组工作量的符合性验证方法。

最后，第 12 章展望了未来的技术发展，探讨了商用飞机单一飞行员驾驶模式、支线货机无人驾驶模式、全球导航卫星系统与增强系统、合成/增强/组合视觉系统、语音识别技术、机载防撞系统 X 以及基于模型的系统工程。

本书旨在为飞机制造商、设计师、工程师、研究人员以及对商用飞机驾驶舱研制感兴趣的读者提供有价值的信息和指导。通过深入研究系统工程原理和实践案例，希望能够促进商用飞机驾驶舱研制领域的发展和创新，为飞行安全和航空工业的进步做出贡献。

最后，感谢所有参与本书编写和出版的人员，以及对我们工作给予支持和鼓励的读者。希望本书能够成为您在商用飞机驾驶舱研制领域的重要参考，激发您的思考和创新，祝愿您在阅读本书时能够获得丰富的知识和启发。

由于作者水平有限，书中难免存在些许错误及不妥之处，恳请读者批评指正。

目　录

第1章　绪　论

1.1　系统工程概述

　　系统工程已发展为一门新兴学科，在指导、组织和管理复杂系统的开发中发挥着重要作用。在钱学森提出的现代科学技术体系中，系统工程属于系统科学的应用技术，其技术科学层次包含运筹学、控制论和信息论，其基础理论为系统学。按应用领域划分，系统工程可分为工程系统工程、农业系统工程、军事系统工程、经济系统工程、社会系统工程等，商用飞机系统工程属于工程系统工程范畴。在美国20世纪50—70年代实施的"北极星"导弹核潜艇计划和"阿波罗"登月计划中，现代系统工程的思想和方法得到了较大发展，并获得成功应用。随后，美国、欧洲航天局等国家或组织在系统工程方法论及具体方法的研究、系统工程标准规范及手册指南的编制等方面又取得了重大进展，这为系统工程技术的深入发展及系统工程能力的提升起到了巨大的促进作用。后来，波音、空客等航空寡头在其型号研制中引入系统工程，取得了产品研制的巨大成功。而商用飞机产品和产业均具有规模庞大、要求众多、技术领先、界面复杂等特点，属于典型的复杂高端产品系统，如图1-1所示。同时，随着市场和用户需求的不断增长和技术的快速发展，商用飞机产品的系统复杂度还在不断增加。系统工程为高复杂度的商用飞机产品的集成提供了行之有效的最佳实践方法，只有继续深化系统工程的研究和建设工作，形成科学、完整、有效的流程、方法、手段，并全面推广实施，才能进一步有效地解决目前由系统的高度复杂性导致的产品生命周期过

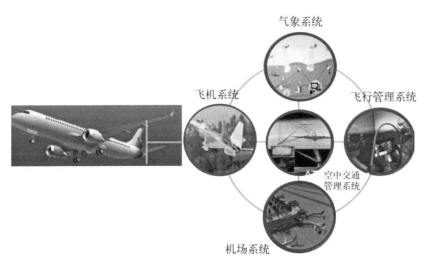

图 1-1 复杂高端产品系统

程中涌现的新问题及风险，更好地满足市场和用户需要，创造更大的企业和社会价值。

系统工程是一门正处于发展阶段的新兴学科，不同组织或学者分别从不同侧面给出了系统工程的定义。下面将对几个典型的系统工程定义进行介绍和分析，并在此基础上概括系统工程的内涵。

（1）国际系统工程协会（INCOSE）定义如下：一种跨学科的方法，逐步发展、演进并验证，形成一个全生命周期集成均衡的系统产品和过程方案的集合，能够满足用户需要。

（2）美国电子工业协会的标准 EIA/IS632 定义如下：一种跨学科的方法，这种方法能够整合所有现有的技术力量，并不断发展、演进及验证一个综合的、全生命周期均衡的系统、人、组织、产品和过程方案的集合，能满足用户需求。具体包含：① 与系统产品的开发、制造、验证、部署、运行、处置和用户培训相关的技术工作；② 系统技术状态的定义和管理；③ 系统定义向工作分解结构的转化；④ 管理决策所需信息的开发。

（3）美国国家航空航天局（NASA）的系统工程手册定义如下：系统工程是

一种面向系统的设计、实现、技术管理、运营和退役的全过程的方法和学科。

（4）ISO/IEC 15288 定义如下：一种确保建设一个成功系统的跨学科的方法和手段。

（5）美国学者马丁（Martin）定义如下：系统工程由系统工程管理（计划、组织、控制与指导系统及其产品的开发），系统技术要求定义及系统方案确定（包含系统技术要求定义、系统结构确定、系统技术要求向部件级的分配），系统集成与验证（系统在各层次的集成及各层次产品的验证）3 个要素组成。

（6）美国联邦航空管理局（FAA）定义如下：系统工程是一门关注整个系统设计和应用的学科，它将系统作为一个整体来看待，考虑系统的所有方面和所有变量，并将系统的社会方面同技术方面相联系。

（7）日本学者三浦武雄定义如下：系统工程与其他科学的不同之处在于，它是跨越许多学科的科学，而且是填补这些学科边界空白的一种边缘学科。因为系统工程的目的是研制一个系统，而系统不仅涉及工程学领域，还涉及社会、经济和政治等领域。所以为了适当解决这些领域的问题，除了需要某些纵向技术外，还要有一种技术从横向上把它们组织起来，这种横向技术就是系统工程。

（8）钱学森定义如下：系统工程是组织、管理系统的规划、研究、设计、制造、试验和使用的科学方法，是一种对所有系统都具有普遍意义的方法。

INCOSE、EIA/IS632 和 ISO/IEC 15288 将系统工程定义为一种成功建设系统的跨学科方法和工具；马丁从系统工程的角度定义了系统工程的构成要素；FAA 和 NASA 的定义阐明了系统工程的构成要求；三浦武雄的定义说明了系统工程技术与其他专业技术的联系，即系统工程就是将各种专业技术合理组织起来，成功开发系统的一门工程技术；钱学森对系统工程的定义进行了精辟阐释，认为系统工程就是按照系统规划、研究、设计、制造、试验和使用的过程开发与优化流程，综合多类专业技术，开展系统工程活动，以及对系统工程活动和其他要求进行协调管理的方法。

1.2 系统工程特点

通过对上述典型系统工程定义的综述，可以看出系统工程具有以下特点：

一是一种跨学科的方法，多学科交叉，专业综合性强。系统工程是一门跨学科的边缘性交叉学科，要用到自然科学、系统学、数学、社会学等多个科学技术门类的知识，需要综合光、机、电、可靠性、仿真等多个工程专业的工程技术，需要不同专业、不同部门的专家共同参与，并且紧密配合、协同一致地开展工作。

二是包括过程集成，也包括产品集成。系统工程把整个系统作为研究对象，突出系统总体层面的研究；充分强调系统的综合优化，而不是单一目标或单个子系统的优化；同时还追求实现目标的具体方法和途径的优化。

三是强调对全生命周期中各组成要素的权衡分析，实现全局最优。系统工程考虑全生命周期时按照从整体出发、分解综合的思路解决问题。先根据任务需求，从整体出发，确定系统的性能指标和功能结构；再在总体指导下，对系统进行分解与分析研究，确定子系统/部件的技术要求和结构方案；最后在分解研究的基础上进行综合集成，实现全生命周期内系统整体功能的涌现。

四是包含系统工程技术与系统工程管理两大过程，目的在于满足最初的用户需求。系统工程包含技术和管理两大并行优化的过程。系统工程技术是制订系统工程流程，并按系统工程流程，综合多种专业技术，运用适当的系统工程方法和工具开展系统工程活动，成功获得系统的过程。系统工程管理是运用技术状态管理、技术接口管理、技术数据管理、技术风险管理、技术评估管理等手段，对系统工程技术过程、活动及要素进行管理和控制，确保系统工程目标实现的过程。系统工程目标是通过系统工程技术及系统工程管理两大并行的优化过程，开发出满足系统全生命周期使用要求、总体优化的系统，最终满足用户的需求。

1.3 系统工程在商用飞机领域的应用

各类航空器所处的未来运行环境和实际需求均呈现出前所未有的新属性，航空产品内部及其与外部之间的交联关系日益复杂，因此设计方案也更加复杂，产品体系不断进化。航空器的发展是材料、力学、软件、机械等多学科高度综合的过程，其体系也经历了从分立式到联合式、综合式的发展历程。航空器的设计是一个由总体需求逐步拆分到各个系统，再到各个装备组件和各部分再综合集成的过程。组件之间、系统之间存在的相互作用和影响也呈现更加复杂的关系，各种关系的相互影响增加了系统整体的不确定性，体现为系统/子系统功能的互操作由独立向基于共性资源交互转变、接口关系由功能性的松耦合向高度综合转变、系统互联由离散向高度网络化转变、失效模式由透明简单行为向不透明复杂行为转变等。

同时，从性能测评和实际生产管理的角度看，一方面，目前航空器的设计、研制工作普遍存在按照具体要求交付后，用户使用时会出现各类没有预判到的、原因较复杂的、难以直接解决的问题。另一方面，由于现有设计方案对具体生产管理内容的规定缺失，外加工作人员技术储备、工作能力以及工作经验有差异，面对复杂项目，可能会出现统筹协调不充分、进度不统一、管理流程混乱等问题。

随着人类航空技术的进步和发展，商用飞机经历了一个由相对简单到高度复杂的发展过程。以波音飞机为例，其已经历了从波音707到波音787的实质性变革。波音707系统功能相对简单，复杂性也相对较低，不同系统之间几乎没有相互影响，系统小组设计飞机零部件时只需要进行少量的协调工作。但到了研制波音757和波音767（大约在1980年）的时候，系统功能的复杂性和相互依赖性急剧增加。这些飞机系统的研制不能像以前那样独立进行；每个系统的设计师要同其他系统的设计师进行更多的协调和交流。单个系统功能性的增加也大大增加了各个系统的相互依赖性，飞机整体的复杂性也随之增加。另外，空客公司从

20 世纪 80 年代的 A300B 起，也已衍生出 A320、A330、A340、A350 等一系列成功运营的机型。据记载，空客公司为了制造出超大型的 A380 飞机，动用了约 6 000 名员工，另外还有 34 000 名供应商员工直接参加了该项目。

由上述可知，现代商用飞机的系统集成度越来越高，专业交叉程度越来越高；另外，工程周期长、投入资金大、项目风险大、管理难度大、安全性和可靠性要求高等特点，使商用飞机研制成为一项极度复杂的工程。这些都致使传统的设计思路、设计流程和管理方法已无法保证在预计的开发周期和预算成本内开发出既满足规章要求，又高效、经济、舒适的大型客机。因此，在波音和空客最新的型号研制中都广泛采用了系统工程的方法和手段。

据报道，在波音 777 项目中，波音公司首次明确按照系统工程方法组织人员、定义流程和建立文档规范，在项目启动时就与 8 家航空公司一起形成"working together"工作制度，全面捕获用户需要，并通过组织设计建造团队，第一次实现数字化的飞机产品定义和预装配，从而改进研制过程，提高用户满意度，大幅降低了研发成本。

在波音 777 的研制过程中，系统工程被理解为"定义飞机级顶层需求、综合系统架构、分配需求、确认需求、定义系统元素、制造系统元素、验证和确认系统级设计、交付飞机的全过程"。波音 777 研制的"系统性"，一方面体现在从飞机级需求（requirement）出发，将需求向下分解到各系统元素，并及时验证（verification）和确认（validation）；另一方面体现在所有的研制人员遵循统一的有序流程，共享相同的里程碑，以保证沟通和协作的顺畅。同时，系统工程也是一种思维方式和态度，一旦研发人员达成共识并努力实践，研制流程将很快变得清晰有序。波音 777 的研制经验表明，系统工程这一方法应该尽早被尽可能多的相关人员使用。

空客的系统工程发展主要从 A380 项目开始，逐步形成了一系列与系统工程相关的政策、指令和程序类文件，系统工程的关注面也从单飞机系统向飞机功能多层次、多系统的全范围覆盖转移，如图 1-2 所示。

与之相较，我国商用飞机项目起步晚、发展快，在商用飞机项目中大力

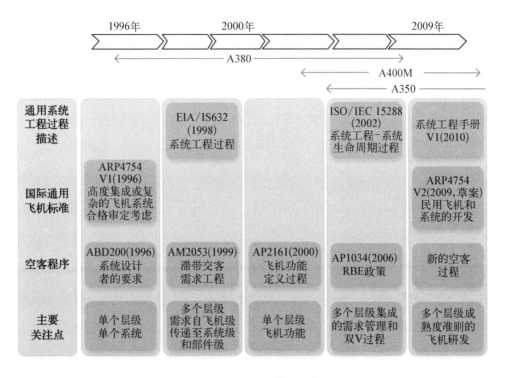

图1-2 空客公司的系统工程发展历程

推广和实施系统工程是确保型号研制成功,以及我国航空事业实现跨越式发展的必然选择。

1.4 中国商飞系统工程

中国商飞系统工程(COMAC systems engineering,CSE)是中国商飞公司定义的一套适用于商用飞机这一类大型复杂系统的系统工程方法。中国商飞系统工程是以满足用户需求为目的,围绕产品全生命周期,通过产品集成与过程集成,实现全局最优的跨专业、跨部门、跨企业的技术和管理方法。

中国商飞公司的产品是商用飞机产品系统,属于CCAR-25定义的运输类飞机的范畴。

商用飞机系统是民用航空运输系统(commercial air transport system)的一部

分，而民用航空运输系统隶属于交通运输系统。

民用航空运输系统属于典型的系统之系统（system of systems），由如下系统组成。

（1）商用飞机系统，包括商用飞机（产品系统）、飞行机组（人）、地面服务系统（使能系统），还包括相关的使能组织，如与飞机研发和制造有关的商用飞机主制造商和供应商，与飞机环境有关的地面服务（如与运营相关的航空公司服务、与维修相关的维修维护公司服务、航材公司及航油公司服务、餐食提供、飞机清洗、除冰等）。

（2）空中交通管理系统，除了飞机塔台提供的进出港导引系统，还包括运行空域中的空中交通管制服务系统、飞行情报系统和告警服务系统等，具体包括雷达、卫星、导航、通信设备、人员、地面控制中心等。

（3）乘客处理系统，除了机场航站楼提供的如安检、候机、上下乘客等基本功能之外，还包括乘客票务系统、行李处理系统、乘务机组及培训系统等部分。

（4）货物处理系统，由机场航站楼提供的货物传输系统和货物装载系统等组成。

（5）民用机场系统，除了提供给商用飞机系统的飞机地面使能服务的环境，提供给空中交通系统的相关进出港导引功能等的塔台服务，提供乘客处理、货物处理功能的相关机场航站楼系统之外，还包括机场起降跑道系统和机场灯光系统等。

民用航空运输系统如图1－3所示。

商用飞机系统作为产品系统，包括最终产品和使能产品。最终产品即商用飞机本身。使能产品分为两类，一类支持产品研发和制造过程，称为"研制类使能产品"，包括飞机研发子系统、飞机生产子系统；另一类支持研制后产品的运行和退役，称为"环境使能产品"，包括飞机交付部署子系统、飞机培训子系统、飞机运行与维修支持子系统以及飞机处置子系统，具体包括以下内容。

（1）飞机研发子系统包括但不限于飞机各研发团队，各类设计文件，数据库，计算机模型，各类开发设备（如CAD/CAE工具环境等），测试设备（如风

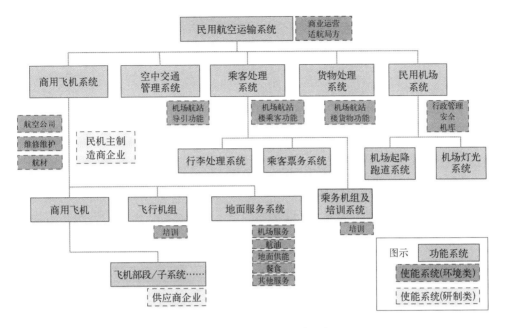

图 1-3 民用航空运输系统示意图

洞、铁鸟台、铜鸟台、电鸟台等），设施（如厂房等）。

（2）飞机生产子系统包括但不限于飞机制造和装配所需的各类生产文件，包括生产设备、生产人员和生产设施，如生产计划、进度安排、操作手册、作业文件、生产实物模型、飞机装配设施、飞机制造设施、工装、材料、测量装置、计算机、车辆、制造人员、装配人员、检查人员、管理人员等。

（3）飞机交付部署子系统包括交付飞机所需的所有使能要素，包括但不限于交付部署计划、交付安排、政策、过程文件、交付说明及交付各类文件说明书、图纸等，还包括主制造商与航空公司间的合同规范及飞机交付部署所需的设备、人员或设施。

（4）飞机培训子系统包括但不限于飞机运营培训所需的飞行员、乘务员、培训人员、维护人员和服务人员等，以及设备、软件、文件和设施。

（5）飞机运行与维修支持子系统，包括支持飞机运行和维修的设备、软件、文件人员和设施，包括但不限于操作和签派所需的文件、运行支持工具、维修测试设备、支持人员、航空公司或机场设施、航材备件采购网络系统等。

（6）飞机处置子系统包括飞机处置所需的文件、设备、人员和设施。处理文件包括用于确保符合规章和环保要求的表格和手册。

飞机系统是由使飞机能够有效执行其预计功能的环境类使能产品和飞机自身所组成的有机整体，具体包含培训、支持设备、设施和相关人员，飞机系统不包括上述研制类使能产品，即研发和制造使能子系统。

商用飞机产品本身按照复杂系统的层次化特点，应逐级进行层级划分分解，如图1-4所示，商用飞机内部系统组成可以参考ATA100的方式进行分解。

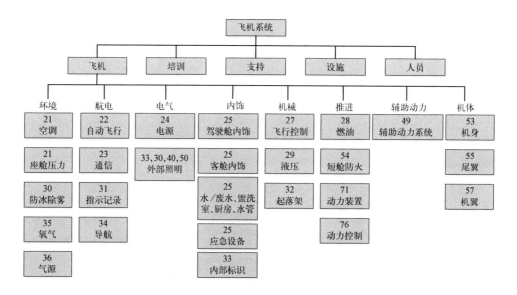

图1-4 通用的商用飞机内部系统组成

第2章 商用飞机驾驶舱产品特征

2.1 商用飞机驾驶舱的发展演变

人类利用航空器在天空翱翔的征程已经走过百余年。航空工业的发展趋势直接体现了一个国家国民经济的发展现况，与此同时，航空工业的蓬勃发展亦为人类的生活带来了前所未有的巨大便利。我国民用航空产业起步的时间相对发达国家而言是比较晚的，但是通过无数中国民航人的接力奉献，我们已取得引以为傲的成就，并且一直保持着迅猛的发展势头。由于尖端科技的不断应用，飞机设备的安全性及可靠性在现实飞行中都得到了大幅的提升。单纯因为飞机的硬件设备发生故障而引发的严重事故的比例已经变得很小。国际航空运输协会通过对民用航空领域飞行事故进行统计，参考相关数据进行深度挖掘得出的结果表明，大约七成的飞行事故的发生都与人为差错直接相关。通过对中国民航 2004—2013 年间相关数据的统计分析，可以发现在航空器飞行事故的主要发生原因中，与飞行机组相关的事故占比达到了 56.76%。民航产业保持着快速增长的发展势头，民航安全管理的水平也需要适应这种增长的需要。为此，越来越多的国家不断增加民航安全的投资，并进行民航安全先进技术的研究，创新发展新理念和新技术，以期降低航空事故发生的概率。大量飞行事故以及事故征候的调查表明，机组人员的正确操作是飞行安全的重要决定因素。尽管我国民航近年来一直关注飞行的人为差错，并不断投入财力和物力，预防和控制驾驶舱内的人为差错，但是驾驶舱内的人为差错事件并没有得到大幅降低。造成这种情形的主要原因就是，航空系统相对来说层次较为复杂，技术也相当密集，驾驶舱中的"人"又具有各种不确定性，因此行业内通常只会将关注点放在表面和局部问题的解决之上，即只关注某一事故或不安全行为的形态，缺乏从系统上研究驾驶舱内的人为差错的普遍微观机理和演化的具体表现形式。同时，由于飞行事故以及相关事件发生的不可逆特性，导致针对驾驶舱内的人为差错的研究手段相对匮乏。这两个方面的原因直接制约了解决驾驶舱内的人为差错本质问题的速度。作为当代航空业的领头羊，空客和波音这两大巨头公司不断将新的工艺方法、新的设计理念以及高新材料运用在商用飞机的设计和研发过程之中，使得商用飞机的研制工作取得了重大突破。国际民航组织（ICAO）目前对飞机的适航取证制定了严格的规范流程，旨在提高飞机运行的安全性和可靠性。商用飞机驾驶舱人机界面设计的良好程度直接影响驾驶舱内的飞行员是否能够安全、舒适、高效地完成相关操作，所以越来越多的研究者们将其关注点聚焦在商用飞机驾驶舱人机工效的研究之上。由于涵盖多要素、多特征的基本特性，因此飞行员工作的环境是极其烦琐和复杂的。并且飞行员工作环境的各个要素之间有着复杂的关联关系，这种复杂关系直接左右着飞行员的功能和绩效。在商用飞机的设计过程中，通过引入人机工程学的设计，便可以充分考虑飞行过程中的各种影响因素从而完善其与飞行员之间的人机界面设计，保障飞机安全、平稳地运行。

在人类 100 多年的航空发展历程中，对驾驶舱的理解可以概括性地以三个阶段来进行划分。

第一阶段是 20 世纪 50 年代之前，此时驾驶舱可以理解为一个飞行员操纵飞机的场所（见图 2-1），涉及的驾驶舱功能主要为控制飞机的姿态及主要飞行参数，控制飞机功能和人机交互的界面大都简单直接，这缘于当初的飞机飞行距离有限、飞行高度较低，基本处于目视飞行规则的范围内，所以涉及大量的导航设备、监控设备及辅助功能，只是初见端倪。

第二阶段是 20 世纪 50—80 年代，此时，商业航空的快速发展和技术变革让飞机飞得越来越高、越来越远。飞机的驾驶舱功能和设备数量成倍增加，曾经一个人的自由飞行变成了 5 人制机组的商业运输，驾驶舱中简单的几个仪表变成了

图2-1　第一阶段驾驶舱示意图

密密麻麻、成百上千个独立的机械式仪表，在后期也偶有小尺寸的阴极射线管（CRT）显示器（见图2-2）。综合来看，这个时期的商业运输民航飞机驾驶舱变得异常复杂，不光需要操纵飞机的把杆飞行员，还需要通信员、领航员、机械师等机组人员，5人制机组的商业航空运输持续了几十年。当我们仔细回顾这个时期的飞机驾驶舱时，那些琳琅满目、形态各异、大小不一的各种独立式机械仪表，仿佛让我们进入了一个各式仪表的展览柜，数量庞大，种类繁多且布置得整齐有序，犹如产品展览一般。我们不禁会想，那个时代的飞行员是多么技术精湛、多么高负荷运作，实际情况也确实如此。他们监控上百个仪表的工作负荷，通过钢索拉动沉重的舵面来控制飞机，工作负荷远比当下的飞行员高。可以说，仅是单纯的飞行导航就让驾驶舱的机组人员不堪重负，那些琳琅满目的各式仪表中很大比例也是导航设备。这个时代的飞行已从一定程度说明一些趋势，飞机要想飞得更高、更远，需要保障飞行安全的功能就越多，而每一个功能的发挥都需要通过仪表设备为飞行员提供必要的信息，这就让驾驶舱变得异常复杂。在没有系统梳理、整合这些功能的前提下，飞机的驾驶舱就是我们所看到的复杂界面，

图2-2　第二阶段驾驶舱示意图

进一次驾驶舱如逛一次仪表市场。当然，之所以如历史呈现的那样，很大程度上也受限于当初的技术水平。这个时代的飞机驾驶舱可以总结为初步实现了飞机驾驶舱的相关功能，但之后的设备与产品技术，让飞机的驾驶舱变得异常庞大、复杂。直到20世纪80年代之后，波音747-400飞机通过一系列的CRT显示器，综合集成了以往需要大量独立式机械仪表的高度、速度、航向、垂直速度等各类参数，一定程度上简化了飞机驾驶舱的仪表设备。同时，计算机技术和导航技术的发展、发动机指示和机组告警系统（EICAS）及电子告警模块（ECAM）的出现，将伤透领航员脑筋的领航计算交给了计算机处理和完成，将曾经数量众多的监控仪表都集成到相关的显示指示系统中，商用飞机的驾驶舱变得简洁、清爽，宛如从仪表市场变成了电影院，飞行员能获得什么信息取决于荧幕上呈现什么信息。

　　第三阶段是20世纪80年代后，在以A320为代表的商用飞机中，驾驶舱的功能更为强大，界面开始有效集成。空客的ECAM和波音的EICAS如一块巨大的荧幕，收纳了曾经各显神通的各路机械仪表，让飞机驾驶舱变得简洁，也让机组工作负荷大幅下降，更让领航员、机械师等曾经的机组人员不用在万米高空作业，持续运行几十年的 5 人制机组变为了 2 人制机组。不得不说，在航空运输中，正是新技术和高度系统集成带来的巨大收益，为航空公司的高效运营提供了根本性的条件。

但随着航空运输规模的持续增加，出于不断提升飞机的运行安全性和运行经济性的需要，飞机的驾驶舱增加了越来越多的功能。比如为了防止飞机间的撞击，空中交通警告与防撞系统（TCAS）被装入飞机；为了提升飞机的经济性，飞行管理计算机不断升级、变得更为强大；不断引入各种新的功能，或为节省燃油，或为降低机组工作负荷。更为主要的是，越来越高的安全性要求使系统采用了更多的裕度设计，飞机的监控范围和要素变得更多，这就带来了更多的控制界面需求和交互显示需求，再一次使飞机的驾驶舱变得更为复杂。但也已持续几十年的 2 人制机组驾驶舱，已不允许因增加机组工作量而要求再次增加机组工作人员。这就意味着不管增加多少驾驶舱功能和界面需求，驾驶舱的设计都必须维持 2 人制机组。这种需求迫切地要求飞机驾驶舱的集成设计过程必须进行高度集成，必须从顶层对相关的功能和设备进行集成化设计，而不是基于已有设备抢占空间式的布置布局，让各系统间的功能叠加即可。在如何在有限的驾驶舱空间中综合越来越多的功能、集成越来越复杂的设备方面，虽然依靠传统的系统间互相协调，依靠基本的物理空间可达可视工程协调还有必要，但已不能充分确认系统间的逻辑、接口等复杂关系，一套更全面的、考虑全生命周期的复杂产品研制方法的应用成为必要。上述研制方法在产品研制的过程中就充分考虑各种要素，进行功能综合和产品集成，只有这样，才能满足驾驶舱不断升级的功能和产品增长需求，也才能满足高端复杂产品的项目研制周期需求。

2.2　商用飞机驾驶舱对飞行安全的影响

一般来说，商用飞机的驾驶舱主要发挥驾驶、通信、导航和资源管理等作用。驾驶舱是飞机的控制中枢和智能终端，是飞行员获取飞行信息、控制飞机、完成飞行任务的工作场所。驾驶舱为飞行员提供系统功能管理的界面和接口，是飞行员与飞机交互的载体，驾驶舱物理工效设计和认知工效设计对飞行员效能的发挥有着直接影响，在一定程度上对飞行安全起着决定性作用。依据目前的航空事故统计结果，全球70%以上的航空运输交通事故可归结为人为差错。这就是说，在有限的驾驶舱空间内，人机间高效能地匹配依然是提升航空运输安全性的最好方向。飞机驾驶舱如飞机的大脑一般，是中枢神经，是指令中枢，其具有功能接口庞大、逻辑深度嵌套的特点，也造成了驾驶舱是飞机最昂贵、最复杂的部段，它也是一直以来决定飞机运行安全最重要的因素。

驾驶舱的第一职责是让飞行员能够驾驶飞机。飞行员需要控制的飞行参数远比驾驶汽车时复杂得多。如果把开车定义为在二维平面内控制速度变量的操作行为，驾驶飞机则是在三维空间内既要控制速度，又要控制方向，还要保持高度的综合操纵，这就说明飞机的驾驶与操纵需要考虑和控制的参数多，监控难度大。在高度方面，飞行员需要控制好俯仰姿态，让飞机在合适的高度上保持飞行；在速度方面，飞行员需要控制合适的推力，维持不同构型下飞机的合适速度；在航向方面，飞机还需维持横侧姿态，实现偏航控制，以维持既有航向或者偏航。但这其中最令飞行员头疼的问题是，任何一个变量和其他参数都是相关的，就像改变俯仰姿态，飞行员想爬升高度的时候，高度是可以上去，但速度丢失了；当增加推力来补充速度时，又可能产生偏航，丢失航向，这就是说飞行过程中各种参数间是互相关联、互相影响的。当然，经过系统学习和培训的飞行员都是可以应对这些问题的，但如果在数以小时计的飞行过程中总采用人工控制的方式，则会由于飞行员疲劳或差错产生一系列问题。为此，在驾驶与操纵方面，自从其诞生以来，自动飞行就是飞行员最好的"伙伴"，在目前民航运输的现状下，没有自动飞行的飞机，尤其飞长航线时，飞机基本丧失了飞行的能力。所以，仅在驾驶与操纵方面，自动飞行的集成设计能为飞行员提供方便、快捷的操纵界面及高效、精准的控制效能，大幅降低了飞行员的机组工作负荷。

驾驶舱的第二职责是通信，即让飞行员能够开展各类有效的通信工作，包括飞行员之间的信息交流和沟通。驾驶飞机在当下的民航运输体系中基本等同于人类的自由行走能力，飞行员会将更多的精力分配到其他方面，如通信与领航及资源管理。这就如我们在行走时处理工作一样，驾驶已变成一种本能，一种由自动驾驶控制的行为。飞行员将更多的精力花费在沟通、交流及监视飞机系统状态上。这就要求驾驶舱布置布局和人机接口的设计要为机组的有效通信提供便利，在飞行过程中会发生机组间通信和机组与地面的通信（空中交通管制、航空公司、塔台签派席、地面服务席、进近席等），同时会发生多者之间的通信，这些通信过程不需要考虑优先级问题，因为这是机组不能控制的。驾驶舱设计应确保飞行机组间、飞行机组与客舱乘务员及飞行机组与地面间（空中交通管制、航空公司、放行、地勤等）在任何情况下均能保持有效的信息沟通。

驾驶舱的第三职责是导航，从而使飞机安全抵达目的地。驾驶是基本行为，只是在天上控制住了飞机，具备了飞到其他地方的能力；通信是获得途经哪里、要去哪里的指示；导航则是解决如何才能前往目的地的问题。从人类首次飞天以来，在过去的一个多世纪中，飞行导航为保证飞行安全做出了重要贡献。商用飞机的导航主要是引导飞机沿着预定的航线准时、安全地到达目的地。如果说操纵是控制飞机、让飞机怎么飞，那么导航则是确定飞机在哪里、飞向哪里、从哪里飞过去。导航技术的发展让飞机变得更"大胆"，能够飞得更远、飞得更久，也直接把地球变成了地球村。导航系统使用不同导航设备的信号，需要匹配合适的机载设备，如自动定向机（ADF）、测距仪（DME）、甚高频全向信标台（VOR）、全球定位系统（GPS）、惯导等，而驾驶舱需要把这些功能有效地综合起来，既要方便飞行员认知和使用，又要能够实时提供针对不同飞行阶段的导航信息，这种大量设备和信息的综合集成与呈现，就需要使用系统化的研制方式来实现。

在当今的飞机运行过程中，仅仅依靠提升飞行机组操作的技能很难从根本上解决驾驶舱操作过程中的安全操作问题，亦难避免飞行员在执行具体操作时发生误操作。在驾驶舱整体产品设计的过程中就充分考虑各功能和接口间的关系，赋予其"以人为中心"的设计理念，可以有效避免人为操作差错及错误。飞行员的安全操作对整个民航系统的可靠运行起到了极其重要的作用，并且驾驶舱内人为操作差错是系统发生严重失效的一个核心影响要素。

驾驶舱人为操作差错一直是导致飞行事故发生的主要诱因，重视驾驶舱操作过程中的人为因素对保障飞机运行安全性至关重要。正是由于这些驾驶舱操作过程中不合理的操作选择，驾驶舱内的人为差错时有发生，如果对这些差错不予以重视，则极有可能引起重大飞行事故。故为了不断提升民航飞机运行的安全性，必须对驾驶舱机组人员的操作可靠性进行系统的分析与研究。

2.3　商用飞机驾驶舱的高度集成特点

现在大型商用飞机的驾驶舱基本呈现相对固定的布置布局形式，即驾驶舱大概分为主要的五块控制显示区域。第一块是驾驶盘或者驾驶杆。以波音为代表的飞机使用驾驶盘，以空客为代表的飞机使用驾驶杆（侧杆），但不管是驾驶盘还是驾驶杆，都用于控制飞机的各类姿态，是主飞行控制的主要控制界面（包括位于侧操纵台的地面转弯手轮等）。第二块是中央操纵台，位于驾驶舱两位飞行员中间。该区域集成了控制飞机和应急操纵的各类设备，如飞控的增升装置控制手柄、油门台、飞行管理界面、发动机的启动及燃油切断等。中央操纵台，是飞行员操纵、控制的最佳区域。在驾驶舱中可以说是"寸土寸金"，为此用于控制飞机的很多重要且常用的设备界面尽可能布置在中央操纵台。第三块是主仪表板，主仪表板是驾驶舱显示效能最好的区域，处于飞行员下视界区。这个区域主要显示飞机的主姿态数据、飞行指引、告警显示等易于飞行员察觉和观看的飞机信息。在有限的主仪表区域中，要显示众多的飞行参数、监控数值和故障信息，就需要综合的集成显示界面，能够依据不同阶段和显示需求来适时地提供飞行员所需的信息，而不是一股脑把相关信息都推送给飞行员。主仪表板的信息显示和布局需要进行高度的综合设计。第四块是与主仪表显示直接相邻的遮光罩，不要小看这个狭窄的区域，虽然空间有限，但是用于自动飞行控制的界面和显示转换等设备都布置在这个区域中，这是为了让飞行员在界面控制、仪表显示和外视界之间进行良好的切换，自动飞行仪表处于该处能够很好地满足几方面的需求。第五块是驾驶舱顶部板，此处集成了大量飞机管理性系统功能，即以传统的电、液、油、气为代表的系统。大量的系统功能界面集成于顶部板，这并不是因为顶部板区域有较高的操纵工效，而是因为其他区域已没有空间布置这些接口。以一款典型飞机的顶部板为例，集成的系统功能有百余个，这已经是高度集成后的结果。所以，针对商用飞机驾驶舱有限的空间环境，如何有效地综合系统功能、开发集成设备，一直是工程师不断追求的目标。

驾驶舱既是飞行员的工作环境，也是飞行员驾驶飞机的工作站。飞行员通过驾驶舱内的操纵设备、控制器件、指示信息完成安全飞行所需要的操作和监控任务。飞行、导航、通信、系统管理是飞行员的四类工作任务，在飞行过程中，这四项任务往往交替进行，需要飞行员具备熟练的技能，从而确保飞行员之间以及飞行员和地勤、空管、签派、空乘之间高效配合，进而实现点到点的安全飞行。

驾驶舱是飞机上对用户开放的一个关键窗口，也是用户与飞机沟通的主要桥梁，是一个完全面向用户的产品。从用户的角度来分析，驾驶舱与日常的消费电子设备的交互终端并没有本质的区别，在与计算机设备的交互中，电源键、鼠标、键盘、显示器是用户和计算机后台软硬件交互的界面。与之类似，驾驶舱也是飞行员和飞机后台系统设备交互的界面，不同之处在于驾驶舱的任务不同、用户不同，由此也带来了更高的复杂度和安全性要求。

从飞行员任务的角度来分析，在日常的飞行活动中，飞行员按阶段开展工作。首先检查与上电安全相关的设备、器件是否在正常的位置，然后接通外部电源或者辅助动力装置（APU），进行上电。上电后进行驾驶舱准备，确认顶部板、遮光罩、仪表板、中央操纵台的设备都处在正常位置，驾驶舱准备阶段同时也是上客时间。完成准备后呼叫地勤人员将飞机推出，推出后便可以启动发动机，启动发动机的过程中飞行员接通燃油切断开关、操作点火开关，并密切监控发动机相关参数，确保启动过程正常。发动机是飞机完成飞行任务的关键设备，因此与发动机相关的操作必须谨慎完成。发动机启动成功后，进行飞机状态检查，确认飞机没有影响本次飞行的故障，并进行操纵检查，在液压源供应正常时确认飞控系统的操纵功能是否正常。完成发动机启动和飞机状态检查后，便可以根据塔台管制员的放行许可将飞机滑出，经滑行道滑往跑道，并在进入跑道后完成起飞前检查，执行起飞任务。在起飞过程中需要飞行员密切配合，按操纵、通信、系统管理进行分工，机长负责操纵飞机按预定轨迹飞行，而副驾驶则配合机长执行收起落架、收襟缝翼等动作，在执行动作时，一方执行另一方确认。这是飞机起飞过程中飞行员的任务情况，为了完成整个飞行任务，飞行员还需要执行巡航、下降、进近、着陆等阶段的飞行任务。在这过程中，如果飞机出现故障导致非正常情况，或是遇到特殊的外部环境，则飞行员需要根据操作程序进行处置。飞行员的任务场景复杂，不同阶段有不同的任务，不同的飞机状态和外部环境更增加了机组任务的复杂性，在驾驶舱研制中必须应对机组任务的复杂性，从机组任务的角度对驾驶舱进行综合设计。

作为驾驶舱的核心用户，飞行员是经过系统性培训且资质经考验合格的人员，具备丰富的飞机知识和熟练的飞行技能，尽管如此，飞行员仍是具备人的普遍特性的群体。尤其是在飞行这项高负荷、高压力的工作中，疲劳、差错、注意力偏离等人为因素问题在飞行员这个群体中尤为突出。而飞行中的人为因素问题带来的影响远远比其他领域的要严重。在任务复杂度高的环境中，如何最大限度地降低人为因素对工作绩效的影响，是驾驶舱研制中的一个核心问题，也是国内外很多公司和研究机构的研究重点。飞机驾驶舱的用户不仅包含飞行员，也包括需要执行飞机测试、维护任务的维护人员，驾驶舱的设计必须兼顾维护人员的需求。在早期的飞机驾驶舱中，维护人员的操作界面与飞行员操作界面没有明确的边界；然而随着飞机数字化航电系统的发展，维护人员的操作界面逐渐与飞行员操作界面相分离，形成了以飞行员界面为主、维护人员界面为辅，飞行员界面与维护人员界面相分隔的设计风格。

驾驶舱整体系统的核心功能是支持飞行员的飞行、导航、通信、系统管理等工作任务，与飞行员一起组成飞机的"大脑"，形成控制飞机及其系统的中心，以服务飞机的整体任务，确保飞机安全、可靠、高效运行。在传统控制模式下，驾驶舱获取全机成千上万的传感器信息，通过仪表、显示屏、指示灯、触觉反馈等方式将飞机的姿态、速度、高度、迎角、航向、航迹、发动机转速、发动机滑油温度、液压压力值等信息传达给飞行员，飞行员感知并理解这些信息，判断飞机系统当前状态及其发展趋势，并通过手动操作的方式对飞机系统进行控制。为了减轻机组工作负荷，现代飞机广泛采用自动化手段将飞行员从战术性活动中解放出来，自动油门、飞行导引、自动飞行等是影响最大、最典型的自动化功能应用，这些自动化功能取代了部分原有的飞行员功能。

以实现任务为目标，驾驶舱包含机组容纳、生命保障、视界支持、控制器件、显示信息、仪表设备、机组告警、自动化等要素，这些驾驶舱要素高度围绕飞机运行任务。驾驶舱内的控制器件、显示信息、仪表设备、机组告警、自动化要素连接了飞行员与诸多飞机系统，包括飞控系统、导航系统、通信系统、环控系统、液压系统、起落架系统、刹车系统、燃油系统、动力装置系统等。以动力装置系统为例，其包含油门台，燃油切断开关等控制器件，N1、N2、发动机燃气温度（EGT）等显示信息，火警、停车、超限、推力失控等机组告警信息，以及自动点火、自动推力管理等自动化功能。这些功能与燃油系统、防火系统、电源系统、气源系统、自动飞行系统、显示系统、综合模块化航电（IMA）系统等有密切的关联，如表2－1所示。

表2－1　动力装置系统的驾驶舱要素和关联系统

	要素类型	要　素　名　称	关　联　系　统
1	控制器件	油门台、燃油切断开关、发动机点火开关、发动机防火手柄、燃油泵	燃油系统、防火系统、电源系统、气源系统、自动飞行系统、显示系统、IMA系统
2	显示信息	N1、N2、EGT、燃油流量、滑油压力、滑油温度、N1振动值、N2振动值、推力等级、灵活温度、短舱防冰状态	
3	机组告警信息	火警、停车、超限、全权数字式发动机控制系统（FADEC）过热、推力失控	
4	自动化功能	自动推力管理、自动点火	

正因为驾驶舱内的人机交互功能高度综合，具备很高的任务复杂度，所以民

机驾驶舱涉及的系统和设备繁多，体现了飞机总体性的跨系统、跨专业、跨团队的复杂系统集成，是高度复杂的产品。

从飞行的角度来看，驾驶舱、飞行机组都是飞机系统的一部分。飞行机组通过驾驶舱人机界面对飞机系统施加影响。反过来，飞行机组的任务效能也受到驾驶舱及其背后的系统设计的影响，驾驶舱和飞行机组组成了飞机系统的"大脑"，这个"大脑"的性能受人机界面、操作程序、机组所受培训的影响，机组人员的团队协作也是"大脑"良好运转不可缺少的保障。

因此，在驾驶舱研制过程中，不仅需要综合考虑飞机性能、操稳、重量等飞机总体特性，以及动力装置、燃油系统、飞控系统、液压系统、起落架系统等功能和运行特征，还需要考虑人的生理与认知特点、行为习惯、文化特征等。

2.4 驾驶舱的运行场景

一架商用飞机的驾驶舱是其核心，直接关乎飞机的安全运行，驾驶舱的综合集成水平和技术先进性直接决定了飞机的机场适应性。当前民航飞机在机场适应能力、航线适应能力、系统管理能力和机组人员资质要求等方面有如下特点。

1）复杂的机场环境

基于日益复杂的空域和航路及终端塔台管理，商用飞机本身处于一个非常复杂的运行环境，而应对这一切复杂环境的平台就是驾驶舱。得益于过去几十年先进技术的发展，商用飞机机载系统日趋成熟，如平视显示器（HUD）、基于性能的导航（PBN）、广播式自动相关监视系统（ADS-B）、增强视景系统（EVS）、合成视景系统（SVS）等航行新技术的整体推广，使得当前各机队的机场适应能力显著提升。

进近着陆方面，CATⅡ/CATⅢ技术在国内大型、新建机场的引入使得落地标准也大大降低，如CATⅢa可使跑道视程（RVR）从300 m降低至175 m，这将有效减少雾、霾等低能见度天气对旅客出行的影响，提高航班准时率。但总体来讲，当前机场天气仍然是导致民航运输延误的重要因素。为此，发展新型导航指引技术、提高航空器的机场适应能力是提高运行效率的有效手段。

然而，新技术的应用仍然存在各项阻碍，例如，CATⅡ/CATⅢ、要求授权的所需性能导航（RNP AR）等程序要求机长和副驾驶必须完成合格证持有人经批准的与运行有关的训练大纲，因此出于航空公司对培训成本的考虑，其应用普及率仍然较低。受限于基础设施投入、设备升级、国家安全等多重因素，卫星导航着陆系统（GLS）、卫星着陆系统（SLS）在国内的推进速度也非常缓慢。但总体来讲，新型导航技术的推广应用在提升飞机的机场适应性方面发挥着重要作用，以无向信标（NDB）、VOR/DME 为代表的地基非精密进近虽然目前仍然发挥着作用，但基于更高机场适应能力的要求和更为精密的指引导航技术，传统基础导航设施将逐渐退出历史舞台或作为备份系统。在实际航班运行中，基于仪表着陆系统（ILS）的 CATⅠ、CATⅡ、CATⅢ 将和基于 PBN 的所需性能导航（RNP）/RNP AR 并存发展，且 RNP 的使用比例日趋上升，尤其是 RNP AR 技术促进了我国在地形复杂地区的高高原机场的发展。未来，EVS、SVS 技术的成熟和应用，会进一步降低机场能见度的影响。但这一切，都对商用飞机驾驶舱的高功能集成性、高可靠性、低工作负荷提出了更高的要求。

2）航路应对场景

在飞行的过程中，飞机依托气象雷达、S 应答机、多模接收机、ADS–B 等机载设备，为飞行员提供地形、气象、风切变监测、交通警告与防撞等空域环境信息，提高其对周围环境的情景意识，减少可控撞地、恶劣天气、空中相撞的风险。通过引入并实施所需导航性能（RNP）、区域导航（RNAV）、缩小垂直间隔标准（RVSM）、基于性能的通信和监视（ETOPS）、基于性能的通信和监视（PBCS）等诸多新规则，显著缩小了空域间隔，降低了公司运营成本，提高了空域利用率。通过 ADS–B 数据链，保障了空管对整个空域的监控指挥，提高飞行员自身与其他飞机间的情景意识等。

然而，当前的航线运行仍然具有以下特征：以地面空中交通管制（ATC）为中心、基于固定航线、依赖机载气象雷达与地面站预测、标准化间隔管理、人工排序调控、过保守的尾流判断、基于简单规则（Pull UP、Push DOWN）

的 TCAS 冲突解决。另外，当前遵循的 RCP240/RSP180 标准，只能满足常规小数据包、低延时要求的驾驶员数据链通信控制器/机场运行通信（CPDLC/AOC）数据链通信，制约了 4D 运行、尾流预报和测量技术、自主航路规划、机载数据库实时更新等方向的发展。可以说，就当前的航路飞行和管理能力而言，出于运行安全的考虑，技术应用和管理实施相对保守，还具有较大的改进空间。

3）系统管理能力

伴随综合显控、IMA、电子飞行包（EFB）、闭环电子检查单、光标/触摸输入等新技术的使用和"静暗驾驶舱、无纸化驾驶舱"先进理念的引入，当代飞机系统管理的智能化水平有了较大提升。

通过新技术、新系统架构等方式，实现更高的自动化水平。例如，在双液压失效故障状态下，A350 飞机仍具备自动飞行和自动推力管理能力。

通过综合考虑持续时间、努力程度、人的绩效、差错后果等因素，进行更完善的人机功能分配。例如，波音 787 飞机在三个或以上发电机失效时，APU 可以自动启动。

通过更高效的交互方式（如触控）、更加友好的交互界面（如新一代飞行管理系统）、更智能化的闭环式电子检查单，可以进行基于程序的正常状态管理和飞机故障处置。

整体来讲，对于采用标准 2 人制机组的驾驶舱，当前以波音 787、A350 飞机为代表的系统管理水平已趋于成熟。但从飞行安全、机组成本、运行效率方面来说，仍然没有本质的提升，飞机系统管理能力仍然属于常规的自动化功能应用。

4）机组工作负荷

综合梳理飞行技术的发展现状和驾驶舱设计特征可知，总体来讲，驾驶舱的功能越来越多，界面也变得日益复杂，较多的功能不得不变为自动化方式，飞行员的任务逐渐由驾驶飞机转变为监控、管理飞机。对飞行员的驾驶操作能力要求日趋降低，但是对飞行员的非预期状况快速处置能力要求大幅提高。

因此，目前的商用飞机驾驶舱仍然需要标准的 2 人制驾驶，依赖操纵飞机的飞行员（PF）和监控飞机的飞行员（PM）良好的机组资源管理水平。与此对应的是，除了常规的机型知识培训与技能训练，为满足各种航行新技术的程序规则，航空公司需要花大量的成本维持机组的各项资质（如 CATⅢb、HUD 等）。

同时，商用飞机设计必然要考虑适航规章与行业标准，而设计与运营过程中出现的问题也会影响适航规章与行业标准的制定及修改，因此针对商用飞机驾驶舱设计实例、商用飞机操作过程、民航事故及适航标准开展研究和分析大有意义。

FAA 适航法规条款的每次修订大都有其安全性背景，有时还伴随着技术进步或者对一些惨痛航空事故的总结。每一项条款都是在广泛征求了工业界等各方的意见，并就适航条款修订的原因以及对经济性和安全性的影响进行了深入的讨论后确立的。波音公司作为飞机制造商，一方面在遵循适航条款要求的基础上进行飞机的研发与制造，另一方面可以根据自身情况对 FAA 提出建议，使适航要求更加符合工程实际。因此可以说，波音飞机的研制与 FAA 适航条款的发展是密不可分的。

目前国外对商用飞机驾驶舱、功能分配以及驾驶舱舒适度等方面有较多考虑，不妨以波音 777 为例，说明驾驶舱设计时应考虑的因素。波音 777 的驾驶舱设计继承了波音 747 - 400 的驾驶舱布局和波音 757/767 的系统界面设计特点，使得驾驶员能够快速熟悉此机型驾驶舱。此外，波音公司根据用户的需求发展了新的特性和功能，提高了驾驶舱的舒适性和方便性。这些为机组人员执行其职能提供了极大的支持。

在商用飞机运行过程中，飞行员起着极其重要的作用。对飞行员的操作过程进行研究十分必要，这是构建人机工效设计准则框架体系不可或缺的一环。

飞行员在不同飞行阶段、不同飞行条件下有相应的操作程序，如图 2 - 3 所示。

需要机长或副驾驶操控的系统包括发动机系统、燃油系统、液压系统、电气系统、引气系统、氧气系统、导航系统及无线电系统。图 2 - 4 和图 2 - 5 给出了飞行前机长和副驾驶的操作流程。

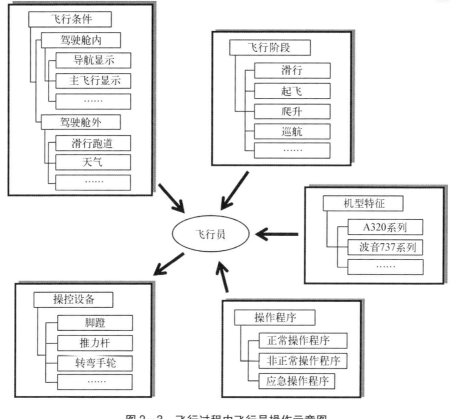

图2-3 飞行过程中飞行员操作示意图

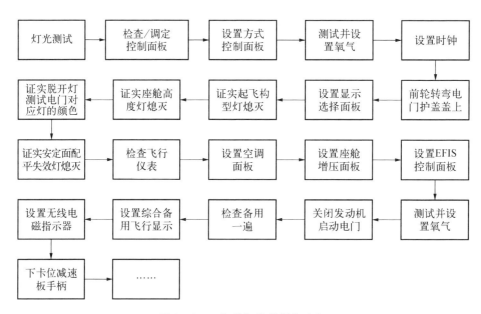

图2-4 飞行前机长的操作流程

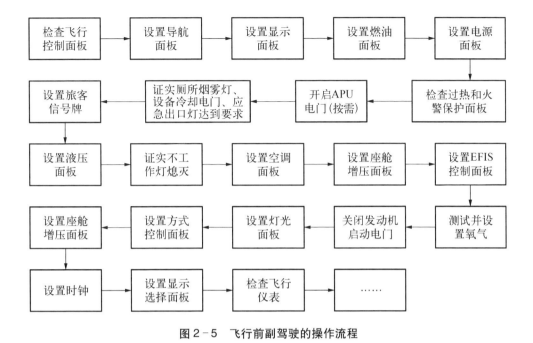

图2-5 飞行前副驾驶的操作流程

2.5 驾驶舱产品设计考虑

2.5.1 基本准则

驾驶舱设计的过程主要是把人、机器、环境、人-机、人-环、机-环和人-机-环等七个方面的特性及其相互作用关系综合集成好。以驾驶舱作为主要研究对象，结合工效学研究的理论方法和技术手段，解决驾驶舱设计中的问题。本部分从人、机、环境以及三者之间的关系出发，明确设计的主要研究内容，并从技术顶层给出人、机、环境之间复杂关系问题的解决途径，为商用飞机驾驶舱的设计提供必要的支撑。

1) 人的特性研究

人本身的特性研究主要针对人体静动态尺寸、人的信息处理、生理和心理应激等特性，开展人体测量理论，五觉（视觉、听觉、触觉、嗅觉、味觉）特性，认知特性，生理和心理负荷形成机制以及疲劳的产生机理等方面的研究，为人员选拔、训练与能力评价、产品设计与评价以及空间环境的设计等提供基本输入，使产品、环境空间的设计能够更好地与人相适应。

2）机器的特性研究

机器特性研究主要是研究与工效相关的机器特性，包括软件、硬件两个方面。其中硬件涉及产品的操纵可达性和舒适性、标记标志、色彩等，软件包括显示界面、控制逻辑等，通过对产品建模、设计和制造等环节的控制，使产品的设计能够满足人的使用需求。

3）环境的特性研究

环境包括自然环境和微环境两种，自然环境特性研究主要针对人在从事生产、开展生活等活动时所暴露的环境，研究与人相关的（如光照强度、温度、湿度、粉尘颗粒等）因素及其变化规律（如昼夜节律）；微环境是通过人为构建的与自然环境相对隔离的环境场所，如飞机的驾驶舱环境、室内环境、空间站内环境等，通过微环境空间的构建以及对微环境内温度、湿度、照明、噪声、振动等的控制，可以更好地满足人对环境舒适性的需求。

4）人-机关系及作用机制研究

人-机关系分为静态的人-机关系和动态的人-机关系，前者的研究主要针对产品的作业空间设计，产品控制器件的布局对人的操纵绩效、操纵舒适性以及安全性的影响，后者则通过研究在不同状态下的人-机相互适应程度，分析人-机交互中两者的相互影响情况，使人、机均能充分发挥各自的优势。

5）人-环关系及作用机制研究

人-环关系主要是研究环境（温度、湿度、照明、噪声、振动和压力等）对人的舒适性的影响机理，分析不同环境条件下人的生理和心理调节机制，避免环境对人的健康造成伤害（如高温环境下人的生理和心理状态变化），从而能够使人合理地安排生产、生活等活动，构建安全、舒适、健康的生活和工作环境。

6）机-环关系及作用机制研究

机-环关系是研究与工效相关的机器、环境的作用关系，分析、评价机器与环境相互作用可能产生的对人的影响（如当环境照明条件较差时，可能会导致机器的显示信息无法清晰辨识），减少或改善机器、环境相互作用可能导致人为差错发生的因素。

7）人–机–环关系及作用机制研究

人–机–环关系是综合人、机、环境三者之间的关系，通过人–机–环系统建模（数学模型、虚拟模型、半物理模型等），分析三者间的相互作用机制，分析评价三者相互作用下系统的总体性能。商用飞机驾驶舱即为典型的人–机–环系统，其设计主要研究飞行员、人机界面以及驾驶舱内外环境之间的作用机制，分析评价系统的综合性能，实现商用飞机驾驶操纵的安全性、舒适性和高效性。

人机工效研究不仅引入了人体科学、生物科学、环境科学和工程科学等理论方法，而且继承了系统工程、控制理论和统计学等学科的研究思路和技术手段，同时也建立了一些独特的方法，从技术顶层为人、机、环境之间的复杂关系问题提供解决途径。在工效研究中，主要有观察法、仿真法、实测法、试验法、调查研究法、统计分析法，以及上述多个方法的综合。

（1）观察法。为研究系统中人、机的工作状态，可采用观察的方法，如飞行员的行为表现分析、操作动作分析等，可通过摄像等手段来尽量避免干扰被观察对象的正常行为表现。

（2）实测法。借助仪器设备来测量所要研究的参数，如飞行员静动态参数，生理参数（心电、脑电等）或者显示界面参数（颜色、对比度等），驾驶舱环境参数等。

（3）试验法。在实测法受限的情况下，可通过构建模拟试验平台，根据研究目标制定试验方案，开展研究，比如在研究不同飞行任务对飞行员生理和心理的影响时，可在飞行模拟器上进行模拟飞行，测量飞行员在不同飞行状态下的生理和心理特征参数。

（4）仿真法。通过建立人机系统的数学模型，在计算机上进行仿真研究。比如在驾驶舱布局设计时，结合人的生理特性、运动特性，建立飞行员人体模型；对显示仪表、操作面板等，则基于其相应的几何属性、功能特性进行建模，最后在虚拟环境中实现驾驶舱布局方案的设计仿真。与基于物理的模拟试验相比，计算机仿真方法具有周期短、成本低、柔性高等特点。

（5）调查研究法。根据调研的目的和内容，搜集所调查、研究的问题的相关资料素材，建立科学的调查表来获取飞行员和相关领域专家的意见和建议。比如针对飞行员任务负荷主观评价的 NASA - TLX 法便是通过调查问卷的形式，获得飞行员在飞行操纵过程中的心理需求、生理需求、时间要求等。对难以客观量化的指标参数，可通过调查研究法获得较为准确的结果。

（6）统计分析法。对收集的数据运用统计学的方法进行整理、分析，以推断所测对象本质，做出科学的预测或客观的评价。比如对飞行员群体人体测量数据进行统计，分析飞行员人体尺寸的平均水平、标准差等。

2.5.2　驾驶舱基本设计准则

本节基于"以人为中心"的设计理念，从驾驶舱总体设计与布置、设备设计与布置、可达性设计、可视性设计以及微环境设计等方面给出了商用飞机驾驶舱人机工效设计准则。为方便理解准则体系，图 2 - 6 给出了设计准则框架，其中只列出了全部准则中的一、二级准则。

商用飞机驾驶舱是商用飞机功能最集中的地方，与人机工效关系最为密切，通过研究商用飞机驾驶舱布局优化问题，总结出了八条商用飞机驾驶舱总体布局准则。

（1）驾驶舱设计应当能够最大限度地减少机组在飞行任务期间的心理、生理压力效应和疲劳。

（2）驾驶舱必须具有良好的人机工效，控制器、显示器等设备的设计必须与机组人员的操作习惯兼容。

（3）必须对驾驶舱进行功能分配，以保证驾驶舱内设备与飞行机组协同工作。

（4）驾驶舱必须能够为身高 157. 5 ~ 190. 5 cm 的机组成员提供工作与活动空间。

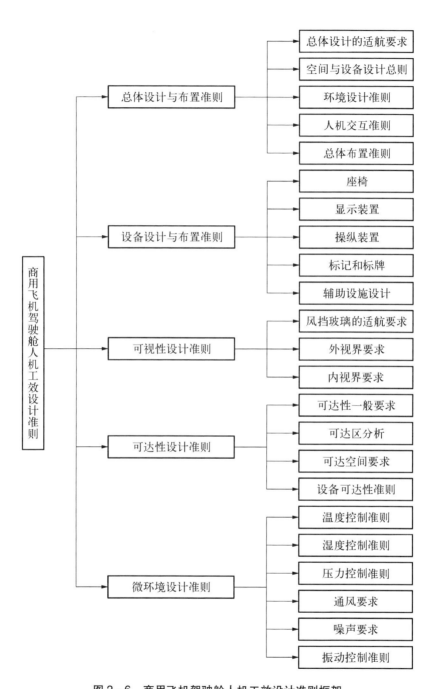

图2-6 商用飞机驾驶舱人机工效设计准则框架

（5）驾驶舱的布局不能妨碍飞行员四肢的自由运动，必须为飞行员在飞行中进行操作提供最大的自由度。

（6）驾驶舱的布局必须能够保证为舱内控制器件提供良好的可达性。

（7）驾驶舱的布局必须给飞行员以足够宽阔、清晰和不失真的视界，使其能在飞机使用限制内安全地完成任何机动动作，包括滑行、起飞、进近和着陆。

（8）驾驶舱的布局必须能够消除导致飞行员精力分散的因素，这些因素包括由于耳机与麦克风导线引起的干扰；同时操作相邻的、但空间间隔不足的控制器件，如襟翼、动力操纵杆导致的手部碰撞；不同来源的声音引起的注意力分散；不同来源的光引起的注意力分散。

在现代化的驾驶舱系统中，控制器和显示器往往都装配在操纵台上。一个设计良好的操纵台应尺度宜人、操作方便、造型美观，可以给驾驶员以舒适感。为此，操纵台的设计应考虑驾驶员的人体尺寸以及驾驶员的生理和心理特性。驾驶员在操纵台前的操纵姿势一般为坐姿。

操纵台布置准则如下：

（1）布置在操纵台上的操纵装置应符合"常规"操作习惯，或使受控装置按预期的运动方向操作，如手柄向下，受控部件放下；手柄向上，受控部件收上；手柄向前，受控部件向前运动；手柄向后，受控部件向后运动。

（2）在向前、向上或顺时针方向操作操纵装置时，应使受控部件接通或特性参数提高；在向后、向下或逆时针方向操作操纵装置时，应使受控部件断开或特性参数降低；对通过旋转引起特性变化的操纵装置，在顺时针方向操作时应从"关闭"位置经过"低"或"暗"，转到"高"或"亮"位置。

（3）根据需要，可在操纵台上布置与操纵装置相关的个别显示装置，操纵装置和显示装置的布置应保证操作协调，并考虑到飞机操作复杂性等相关因素，使其达到最佳人机工效。

（4）布置在操纵台上的操纵装置和个别的显示装置的位置应该使飞行员在相关标准规定的设计眼位能看得清楚。其中重要的设备布置在明显的部位，并应使在肩带锁住的情况下手能达到。

（5）布置在操纵台上的操纵装置应按使用时机或功能的不同相对集中布置，并按系统排列。

（6）飞行控制系统、导航系统、动力燃油系统在操纵台上布置的主操纵和应急操纵装置，应使飞行员便于操作。

（7）操纵装置之间的间隔应保证飞行员戴着手套能方便而准确地进行操作，并符合人机工程要求。

（8）涉及飞行安全的操纵装置在操纵台上的布置应考虑继承性，尽量使同一系列的飞机保持惯用的位置。

（9）经常使用的操纵装置应安装在便于操纵的位置。这些装置位置的确定除了考虑其重要性外，还须考虑尺寸、操纵装置的类型、操纵装置的数量、操纵装置的交联、正常操纵装置和应急操纵装置、操纵时机、操纵装置的判读标志。

（10）应急操纵装置的颜色和形状应与正常操纵装置的有明显区别，以便于识别。

（11）对飞行人员可直观监控的操纵装置，应在控制板上标记相应的操作位置，如刻度环等；在操纵台布置十分紧张的情况下，可以采用带有照明的控制旋钮；控制装置上的刻度标记位置和旋钮上的标记位置应保证飞行人员在设计眼位看得见。对非直接监控的操纵装置，如音量、光强、温度等远距或间接监控的操纵装置，在其两个极限位置之间不需要标记中间位置。

（12）根据实际布局情况，因无意动作可能导致危险情况的操纵装置应予以保护，或有防差错措施。

（13）在功能相近的操纵装置之间，应选用飞行员易于识别的标记。

（14）在座舱内应避免安装仅供地板维护用的操纵装置和显示装置。如果必须安装，则应将地板维护用的操纵装置安装在正常飞行时不使用的操纵台安装区。

驾驶舱是由一些复杂的机器设备组合成的工作室，往往在很小的操作空间内集中了多个显示器和操纵装置。为了便于飞行员迅速、准确地认读和操作，获得最佳的人机信息交流系统，显示器和操纵装置的布置应遵循以下四项准则。

1）使用顺序准则

如果控制器或操纵装置是按某一固定使用顺序操作的，则控制器或显示器也应按同一顺序排列布置，以方便飞行员记忆和操作。

2）功能准则

按照显示器或操纵装置的功能关系安排其位置，将功能相同或相关的显示器或操纵装置组合在一起。

3）使用频率准则

将使用频率高的显示器或操纵装置布置在飞行员的最佳视区或最佳操作区，即布置在飞行员最容易看到或触摸到的位置。对于只是偶尔使用的显示器或控制器，则可布置在次要区域。但对于紧急制动器，尽管其使用频率低，也必须布置在飞行员可迅速、方便操作的位置。

4）重要性准则

按照控制器或显示器对实现系统目标的重要程度安排其位置。对重要的显示器或操纵装置应安排在飞行员操作或认读最为方便的区域。

第3章　驾驶舱总体设计特征

飞机驾驶舱是飞行控制的人机交互节点。飞机驾驶舱设计的宗旨是结合人（飞行员）的生理和心理因素，根据飞机的总体指标，规划并协调飞机的操纵、控制、通信和导航等机载系统设备的布局布置，使飞行员在不感到疲劳的情况下，迅速、准确地获取各种反映飞机工况的视觉、听觉和触觉信号，并按需做出正确无误的操纵、控制，以完成飞行任务。驾驶舱所有的设计特征和设计考虑应该使飞行员误操作的概率尽可能降到最小。

3.1　人为因素设计

3.1.1　背景

安全性对民用航空运输是至关重要的，航空飞行的安全性直接影响旅客的人身和财产安全，以及航空公司的经济效益和生存。因此，在大型客机的设计过程中，如何降低事故发生率、减少事故隐患，就成了设计目标和需求的重中之重。影响飞行安全的因素很多，包括机体（结构、发动机、航电、飞控、起落架、环控等），飞行环境，人为因素，意外因素（如鸟撞）等。据统计，约有70%的航空事故是由人为因素造成的。但是，在最近这半个世纪，相较于由机体和环境等因素导致的航空事故率的下降，由人为因素导致的事故率始终居高不下。人为因素成为当今民用航空飞行安全的最大隐患，下文的2个案例可以很好地说明这一点；但同时也意味着，对人为因素设计的改进也是提高飞行安全水平最有效的手段。

案例1：1992年1月20日，法国因特航空公司一架空客A320客机在夜间飞行时，在仪表飞行气象状态下向斯特拉斯堡国际机场5号跑道以VOR/DME进近，后坠毁在距5号跑道终端10.5 n mile处，统称"拉布罗斯山"的标高约800 m的斜坡上。事故造成飞机报废，机组6人中有5人丧生，1人受重伤；乘客90人中有82人丧生，4人受重伤，4人受轻伤；约10 000 m² 的森林被破坏。事故调查委员会判断，发生事故的原因之一是该机上无直接、迅速地通知驾驶员关于异常失去配平状态的警报及识别机能。

案例2：1993年4月6日，某航空公司一架MD–11飞机在太平洋航线巡航飞行。因前缘缝翼意外伸出，机长试图从缝翼放出状态恢复到正常飞行状态时，动作幅度过大，导致飞机出现几次剧烈的俯仰振荡，造成飞机受损、人员伤亡。但当时机组向地面报告是遭遇强烈颠簸，可见机组当时对飞机状态是不清楚的，根本不可能了解自己的行为会对飞机产生怎样的影响，这是事故的主要原因。此外，飞行员也缺乏从高空失稳状态恢复，以及对失速警告迅速做出反应的专门训练。

3.1.2　航空人为因素的起源

航空人为因素的研究起源于第二次世界大战时期，英、美等国开始开展空军飞行员选拔研究，以及根据人的特性设计驾驶舱仪表和操作系统等。20世纪70年代，国际航空运输协会开始关注航空中的人为因素，并组建了人为因素委员会。1972年，爱德华首次提出了SHEL模型，用于描述飞行中的人为因素。1979年，美国飞行安全委员会首次提出了针对飞行机组的机组资源管理（CRM），这是一种通过防止或管理机组人员的差错来改善安全的人为因素研究方法。1990年，詹姆斯·里森（James Reason）出版了第一部关于人为差错的著作 *Human Error*，系统地论述了人为差错研究的不同观点、典型的过失以及差错预测和预防的方法。在SHEL模型、里森模型的基础上，各国相继开发了一系列人为因素研究方法，如波音公司提出的维修失误决断方法（MEDA）、人为因素分析与分类系统（HFACS）等。

　　我国对航空器设计、驾驶舱人机交互设计等的研究起步相对较晚，缺乏一整套驾驶舱人为因素设计评估方法和验证技术。因此，ARJ21-700飞机在驾驶舱设计过程中初步考虑了人为因素的相关准则要素，拉开了我国航空器驾驶舱的人为因素设计和适航审定活动的序幕。

　　飞机驾驶舱是飞行机组操纵飞机、执行飞行任务最主要的活动场所。飞行机组成员对航空运输系统起着积极的作用，他们要依靠自己的能力来对不断变化的环境和条件进行评估，分析潜在的可能，做出合理的决策。但是，即使是训练得当的、合格的、健康的、警觉的机组成员也会犯错。

　　航空数据统计显示，在1993—2002年，全球共发生了139起商业飞机事故。调查结果显示，其中67%的事故的主要原因是飞行机组的差错。在之后的调查中发现，由相同原因造成事故的数据基本不变，如区域航空管制、失控等。加拿大航空管理局对2002—2012年的重大航空事故的起因进行分析，发现大部分的原因都与飞行机组行为相关（见表3-1）。

表3-1　2002—2012年重大航空事故起因前10位

排名	原因分组	影　响　因　子	伤亡事故数量/起
1	航线	飞行机组感知与决策——动作遗漏或不恰当的动作	70
1	航线	飞行机组操纵/技能——飞行操纵	70
3	航线	飞行机组感知和决策——不良的专业判断或导航技术	60
4	航线	飞行机组情境意识——缺乏空中的位置意识	56
5	航线	飞行机组自动化技术的使用——机组资源管理方面的不足	52
6	发动机	发动机失效/故障或推力丧失	36
7	航线	飞行机组感知和决策——"坚持"的倾向	25
8	飞机设计	设计缺陷	23
9	客舱	着火/烟雾	20
10	航线	飞行机组操纵/技能——进近太慢或太低	18

从对历次飞行事故总结的分析中可以看出，除了飞行机组无视规章，故意造成的不安全行为外，不安全行为还包括机组的非故意不安全行为。非故意不安全行为主要表现在以下几个方面：

（1）操作或决断错误；

（2）疏忽或判断错误；

（3）飞行技能不胜任；

（4）紧急情况处置不当；

（5）违章、违规；

（6）机组失能；

（7）机组资源管理不当。

事故分析同时也指出，飞机驾驶舱及其他系统的设计会影响飞行员的行为及飞行员差错发生的频率和结果。因此，驾驶舱中的人为因素问题是关系飞行安全且急需解决的问题，已成为飞机设计部门和适航当局关注的焦点问题。FAA 和欧洲航空安全局（EASA）在适航条款发展过程中也都体现了这一点。

3.1.3 航空人为因素的研究目的

机组成员对航空运输起着积极的作用，他们需要依靠自己的能力来对不断变化的飞行环境进行评估，分析潜在的可能，做出合理的决策，最终安全地操纵飞机完成飞行任务。机组成员的能力、状态、作业绩效对飞行安全有重大影响，因此人为因素已经成为影响航空安全最重要的因素。但是，即使是训练得当的、合格的、健康的、警觉的机组成员仍然会犯错。有些差错是受到设备系统设计及相关的人机交互作用影响导致的，甚至经过谨慎设计的系统也有可能导致人为差错。虽然大部分的差错未引起重大的安全事故，或是被及时发现并得到了缓解，但事故分析表明，在大部分各种类型的航空事故中，人为差错是最重要的影响因素。事故通常是由一系列的差错或与差错相关的事件（如设备故障、天气状况）的耦合引起的。如何在设计过程中通过有效的手段降低人为因素导致的安全事故，成为飞机设计部门和适航当局关注的焦点问题。

对减少航空事故，启用如告警系统这类先进的安全技术减少人为差错，也能有效地减少损失。在未来，航行系统由人为差错导致事故的可能性会出于一系列原因而增加，包括逐步增大的交通密度以及航行操作文化的全球化和多样化。

为了能发展减少人为差错的、更有效的策略，有必要去寻找导致差错的原因。这些原因通常都能从设计、检测、运营（例如日常流程和维护）以及其他方面来判别。

3.1.4　驾驶舱人为因素的适航性要求

人为因素在航空安全中的重要地位在飞机制造商、适航当局以及相关研究机构之间已经达成共识，相关的适航研究也受到越来越多的重视。随着对人为因素研究的深入，与人为因素相关的适航条款也在不断更新。

驾驶舱人为因素开始在适航体系中做专项要求以 25.1302 条款的发布为标志，分为两个阶段：条款发布之前和条款发布之后。在 25.1302 条款发布之前，有关人为因素的适航要求分布在条款的各个部分，主要针对系统部件本身的特性做出工效学上的要求，最终通过 25.1523（最小飞行机组）作为人为因素的集中体现。在 FAA 的 AC25.1523-1 中指出，25 部中没有专门的条款强调人为因素问题和工作负荷（workload）评估问题，所有这些问题都趋向于对最小飞行机组的评估。也就是说，在早期并没有将人为因素进行专项要求，而是通过对 25.1523 的符合性来间接表明人为因素的符合性。

在后一阶段，则是通过 25.1302 中的专项条款对人为因素提出了更高的要求，尤其对控制、显示、系统行为、差错管理、综合性等会影响飞行员进行感知、决策和执行行为的方面，提出了人为因素设计要求。2008 年，EASA 在前期研究的基础上，率先在 CS25 Amendment3 中增加了 25.1302 条款，而 FAA 也于 2011 年 2 月正式提交了增加 25.1302 条款的申请。这标志着适航审查方将人为因素设计作为一个专项条款进行考察，并对其设计和验证活动提出了要求，如对差错的管理、基于任务的动态人为因素评估等。

1）25.1302 条款发布之前相关人为因素适航条款

在 25.1302 条款发布之前，作为民用航空适航性研究鼻祖的 FAA 发布了一系列关于人为因素适航审定的咨询通告、政策和备忘录，用于指导申请人开展符合性验证工作和规范审定成员的适航审定工作，包括以下内容。

（1）AC25‐11A，驾驶舱电子显示系统。

（2）AC25.773‐1，驾驶舱视界设计的考虑。

（3）AC25.1309‐1A，系统设计和分析。

（4）AC25.1523‐1，最小飞行机组。

（5）AC120‐28D，批准Ⅲ类起飞、着陆和着陆滑跑的最低天气标准。

（6）PS‐ANM111‐1999‐99‐2，运输类飞机驾驶舱人为因素审定计划评审指南。

（7）PS‐ANM‐01‐03，驾驶舱审定人为因素符合性方法评审考虑。

（8）PS‐ANM111‐2001‐99‐01，增强自动驾驶运行期间飞行机组的意识。

（9）FAA Notice 8110.98，关于复杂综合航电作为 TSO 过程部分的人为因素/飞行员界面问题。

（10）FAA Human Factors Team Report，飞行机组和现代驾驶舱系统的界面。

（11）DOT/FAA/CT‐03/05，人为因素设计标准。

FAA 还将 25 部适航规章中与人为因素审定相关的条款分为三类。

（1）人为因素一般要求：25.771（a）、（c）、（e），25.773（a）、（c），25.777（a），25.1301（a），25.1309（b）（3），25.1523。

（2）人为因素专项要求：25.785（g）、25.785（1）、25.1141（a），25.1357（d），25.1381（a）。

（3）飞行机组人机界面人为因素要求：25.773（b）（2），25.1322。

同样地，EASA 也给出了与驾驶舱人为因素审定相关的可接受的符合性方法（AMC），包括 AMC25.1301（功能和安装）、AMC25.1322（告警系统）、AMC25.1523（最小飞行机组）等。

值得注意的是，25.771（a）款是对驾驶舱设计的总要求，即在设计驾驶舱时，除考虑功能性外，还应充分考虑人体的生理机能和各种习惯。

2）25.1302 人为因素适航条款

1999 年，FAA 和 EASA 针对人为因素开展了专项研究，并成立了人为因素协调工作组（HF‑HWG）开展联合研究。工作组研究认为，人为因素应基于动态任务过程，并对机组差错管理有一定的要求，提出了增加人为因素专门条款 25.1302。突破性的象征是 EASA 在 2008 年第 3 次修订 CS25 部时增加了 CS25.1302 条款，对飞机驾驶舱为飞行机组使用而安装的系统和设备提出相应的条款要求，并在 AMC25.1302 中进行具体解释。尽管目前 EASA 和 FAA 均已发布了该条款，但是适航中原有的人为因素相关条款仍然要满足。

除了规定特定系统（如 25.1329 飞行导引系统）处理与设计有关的机组差错问题，或是对所有设备提出较简单的一般要求［如 25.1301（a）所安装的每项设备的种类和设计必须与预定功能相适应］之外，25.1302 条款也规定了预防和处理正常飞行任务中与驾驶舱设备发生交互而可能发生机组差错的设计要求，内容包括驾驶舱操纵器件、信息显示、系统特性、机组差错处理和综合问题。这一重大举措标志着飞机设计中考虑人为因素问题不再是单个飞机制造商或设计公司的行为，而是从法规上强制必须达到的设计要求。

3）25.1302 条款的意义及与其他条款的关系

一部分规章的存在是为了通过对驾驶舱及其设备的设计提出一定的能力与特征要求，来提高航空安全性。在援引条例中规定了与机组成员差错相关的驾驶舱设计所需达到的基本实用性要求，如 25.1301（a）、25.771（a）和 25.1523。不过，这些条例基本都未给出设计者应如何应对潜在的人为缺陷与差错。

FAR/CS25.1302 是对现有规章的补充，它并没有替换或者取消现有规章。这些现有规章中有特定系统的（如 25.777、1321、1329、1543 等），面向应用的［如 25.1301（a）、1309（c）、771（a）］，以及建立最小飞行机组的 25.1523 和附录 D。新发布的 FAR/CS25.1302 通过增加更加明确的、与飞行机组行为相关的设计属性的需求（包括避免和管理飞行机组差错），增强了现有应用规则的要求。此外，其他避免和管理差错的方法通过管理飞行员和操作飞机的资格来规定

（如 FAA/JAR FCL 和 JAR Ops 的 61、91、121、135 部等）。FAR/CS25.1302 和现有规章是当前民用航空业人为因素安全性的完整要求。

上述要求的完整性是重要的，建立在认识到设备设计、训练/取证/资格，以及操作/程序都对降低风险起作用的基础上。同时，一个合适的平衡也是需要的。在过去，存在这样的情况：设计特征导致的差错是可接受的，因为理论上训练或者程序可以降低风险。但是，我们现在知道这是不合适的。同样地，要求设备设计提供所有的风险控制措施也是不合适的，因为会有未知的结果出现。例如，飞行员错误地理解了一个控制员的许可，这并不意味着在 25 部中应该增强数据链，或者其他的设计方案。在现有的规章中，一些人为差错的规避已经落实到设备操作程序，而不是适航要求上，这是合适的。HF－HWG 没有找到一个例子可以证明，把所有的错误管理都放到设计需求中去是合适的。

如上所述，在设计批准的需求时（这些需求在 25 部的最小适航标准中），训练/取证/资格以及操作/程序之间需要找到一个平衡。提出相应的规章就是为了达到这个合适的平衡。

参考 25.1302 条款的形成原因与背景，作为对之前规章的补充，有必要研究 25.1302 条款与之前条款的关系。通过对之前条款的研究发现，这些条款对人为因素来说还不是完备的。这些条款是基于案例的，反映了对过去安全事件的考虑以及事故调查委员会对提高安全性的推荐方法，这是一种被动的方式。为了应对新技术或者新操作环境所产生的新问题，应该需要一种主动的、积极的方式，因为不管是局方还是工业界，都无法预期将来会发生什么。这些条款无法完全提出与飞行机组行为及在预期运行条件下，所有设备和系统与飞行机组交互时与飞行机组错误相关的设计需求，主要体现为以下几点。

（1）25.671（a）仅运用于飞行控制。

（2）25.771（a）仅提出避免注意力过度集中和疲劳，而没有提出其他导致飞行机组错误和能力下降的原因。

（3）25.771（c）仅要求控制飞机的方法必须在职能上与每个飞行员的位置相符，而并没有提出设置这些方法的标准。

（4）25.777 定义了需求，仅针对控制且仅与机组成员的位置以及特定的身体因素相关，并没有综合性地提出影响规则建议的飞行机组错误和所有性能方面的控制特性。

（5）25.779 定义了需求，针对运动和控制的效果，并没有综合性地提出影响规则建议的飞行机组错误和所有性能方面的控制特性。

（6）25.1301 非常笼统，无法持续应用于提出满足规则建议所覆盖的安全问题。

（7）25.1309（a）仅应用于所需的设备，因为它非常笼统，无法持续应用于提出满足规则建议所覆盖的安全问题。

（8）25.1309（c）仅定义了在设备失效情况下可用的需求，而规则建议的需求应该应用于所有期望的运行条件。

（9）25.1523 和附录 D 提出了工作量，但仅仅是针对建立最小飞行机组的。

由于 25.1302 是对以前的人为因素相关条款的补充，所以在分析其与其他条款关系的时候，考虑从控制器件、信息显示、系统行为、机组成员差错管理以及综合化等方面着手。

3.1.5 控制器件设计

为满足 25.1302，驾驶舱控制设计必须充分满足以下几个方面：清晰和明确的相关控制信息的可获取性、可用性，充足的反馈（包括在机组成员的输入不被接受或被系统跟随时应有清晰、明确的指示），错误管理控制的设计。本节提供 25.771（a）、25.777（a）、25.1301（a）、25.1301（b）、25.1302、25.1543（b）要求的设计认可目标。

根据 AC/AMC 的思想，控制器件是指机组成员为了操作、安装和管理飞机和它的飞行控制系统以及其他操纵设备所使用的部件。这包括驾驶舱中的设备，如控制面板、光标控制设备和键盘以及提供控制功能的接口（如弹出窗口、下拉菜单的图标等）。

控制可通过以下形式进行：操纵杆、按钮、开关/把手、字母数字键盘、光标控制设备、触摸屏、声控。

3.1.5.1　清晰、明确的控制相关信息

1）可分辨的和可预测的控制元件［25.1301（a）、25.1302］

每个机组成员都应当具备识别和选择适合当前任务速度与精度的控制功能。控制功能应当容易理解且明确，几乎不需要熟练也能操作。控制操作的结果应当可以供机组成员预测或评价，包括飞行员能用单独控制进行一个或多个共享设备的控制信息显示。每个控制部件都通过形状、颜色、位置或者标签被区分和预测其功能。颜色编码通常不是区分度最高的唯一特征，而是用于实物空间和图标用户接口的控制器件。

2）标签［25.1301（b）、25.1543（b）、25.1555（a）］

常见的控制器件标签可参考25.1555（a）。标签应当位于飞行员在正常情况下可看见的固定位置，在任何光照和环境情况下都具有可读性。如果控制器件的功能不止一个，则控制器件标签应当包含所有的功能，除非该空间的功能非常明显。图标空间的标签可通过光标控制设备获得，如轨迹球应包含在图标显示内。对提供附加选项的菜单而言，菜单标签应当给予获得方法的选择。

标签可通过文字或者图标的形式表示。文字和图标应当能对它所表示的功能有区分度并且有意义。标准缩写、术语或者图标可以在驾驶舱中使用。例如ICAO 8400提供的标准缩写是可应用于驾驶舱的唯一表示形式。

如果方法有效，则隐藏功能（如点击显示器而产生某种结果）可以被接受。然而，设计仍应方便机组成员理解和评价。

当使用图标标签而非文字标签时，图标标签的含义应十分明确且唯一，这样飞行员才能在操作控制器件时明确其功能。基于设计经验，以下介绍一些图标标签的设计方法。

（1）图标应与它要表示的目标相似。

（2）图标应表达机组成员通常熟知的飞行用途。

（3）当图标要表达一定含义时，图标应在已存在的标准之中。

针对所有情况，当使用图标代替文字时，应至少保持与文字相同的理解速度

和差错率。否则，它会增加错误和机组成员完成任务的时间，这对保障安全、减少机组成员混淆或者降低机组成员负担没有任何意义。

3）多控制器件交互

如果机组成员操纵多个控制器件完成同一件任务，则控制器件应为机组成员提供当前功能的明确信息。例如，当两个光标控制器件设备完成同一个显示时，哪个机组成员输入的优先权更高；当双重控制器件修改同一参数时应给予相应提示。

3.1.5.2 控制的可达性 ［25.777（a）、25.1302］

如在 25.1523 中定义的那样，应该表明每架飞机上的最小机组成员有权限操作所有的必要控件。可达性是决定控制器件是否支持机组成员使用设备预期功能的因素之一。在固定位置保持肩膀不动，任何其他飞行员无法操纵的控制器件都必须是可视的、可获得的，并且能被机组成员在如 25.777（c）中说明的状态下操纵。

每一个驾驶舱控制器件都应当在不需要与其他驾驶舱控制器件、设备或者结构交互的情况下，提供完整的、不受限的操作。

每种信息，比如菜单的使用或者多级显示，不应阻碍机组成员辨别最需要操纵的控制器件的位置。可达性说明应明确系统故障条件（包括机组成员丧失民事行为能力）和最小设备清单。

控制器件的位置和运动方向应该根据机组成员的最佳操纵位置确定。例如，当操纵一个头部上方的控制器件需要机组成员头部向后运动时，控制器件的操纵方向与定位应该予以考虑。

3.1.5.3 可用性

1）环境问题与对照组 ［25.1301（a）、25.1302］

扰动或振动及光照的极限情况不应阻碍机组成员在可接受的任务和工作负荷下执行任务。如果使用手套是为了在寒冷天气中执行任务，则设计时应考虑其对操纵精度和控制器件大小的影响。即使在极端恶劣的情况下，控制器件的灵敏度也要求能够使机组成员完成任务。环境问题分析作为表明符合性的一种方式是很有必要的，但是对新的控制类型或者技术，或者控制器件本身不是新的，但是拥有全新用途的情况，环境问题分析是不够的。

2）控制-显示兼容［25.777（b）］

一个控件和它的显示之间的关系以及交互必须是明确的、容易被理解的，并且有逻辑的。在很多实例中，控制输入是获取显示信息后的反馈行为，例如使用一个没有明显"增大"或"减小"功能的旋钮，则这个控制动作应当用机组成员的期望和它与驾驶舱中其他控制器件的协调工作来评价。对模拟适当程度的输入错误的灵敏度的全面评价是非常有必要的。ARP 4102 的 5.3 节的内容介绍了利用驾驶舱设备进行控制的一个可以接受的方式。

当控制器件是在可移动范围内移动的制动器时，在可移动范围内，制动器位置的反馈应当在相关任务要求时间内提供（如修正系统位置、自动油门目标位置以及各种系统值）。

专用显示控制器件应当尽量安装在显示或控制功能的附近。最好将控制器件就安装在显示器下，因为在多数情况下将控制器件安装在显示器之上会导致机组成员的手在操作控制器件时遮挡显示器。然而研究表明，在多功能显示器上安装控制器件也是可行的。

控制器件和它的显示器在空间位置上的分离是有必要的。当控制器件和显示器之间在位置上分离的距离过大时，会引起可用性问题；尤其是如果一个控制器件离显示器非常远，则控制器件对任务的可用性应当进行说明（如出错率和可获得时间）。

一般情况下，控制信息被遮挡的情况应当避免。如果控制器件在活动范围内临时遮住了视觉信息，则应说明这个信息要么在这段时间内是不必要的，要么是在别的地方需要用到。

电子显示器上的通知/标签应当与驾驶舱其他位置上安放的开关和按钮一致。如果显示标签与相关按钮不一致，则必须说明机组成员能够快速、简便并且精确地识别出相关按钮。

3）适当的反馈信息 ［25.771（a）、25.1301（a）、25.1302］

为了提供机组成员对行为后果的感知，控制输入的反馈是很有必要的。每个控制器件都应当为机组成员进行菜单选择、数据输入、控制行为或者其他输入提供反馈。这种反馈可以是视觉的、听觉的或者触觉的。任何形式的反馈都应当可以通知机组成员控制行为已经执行（指令状态）、功能正在运行（给出完成时间）或者与控制器件相关的行为正在初始化（如果和指令状态不同则是执行状态）。反馈类型、显示长度以及反馈的适当性应根据飞行员任务和成功操作所需的具体信息而定。例如，如果需要与真实系统相应的或者行为导致的系统状态的反馈，则仅有开关位置是不够的。

触觉反馈在机组成员看向外面或者视线不在相关显示器上时使用。小键盘在任何一个键按下时都应当提供触觉反馈。在触觉反馈被关闭的情况下，应使用适当的视觉或者其他形式的反馈告知机组成员系统已接收到输入并且如预期响应。

不同类型的视觉反馈不仅对把手、开关和按钮的位置有重要作用，并且在图表控制器件（如下拉菜单和弹出窗口）中也起到重要作用。当和图形按钮交互时，应给予操作者正面提示，比如分级菜单项已经被选择，图形按钮已被激活或者其他输入已被接收。

在机组成员完成与设备预期功能相关的任务时，所有形式的反馈信息都应给予显而易见且明确的说明。

4）控制和错误缓解（25.1302）

应说明控制可以使机组成员达到任务要求和完成错误管理。下面是几种可行的飞行员进行错误管理的方法。

（1）考虑驾驶舱任务和控制器件布局。要求能帮助改正机组成员的行为，例如，飞行前的机组正常操作和非正常场景下须执行的特殊操作，通过合理布置各个系统的控制器件，可以简化机组操作流程。

（2）预防疏忽操作，功能接近临界。通过开关保护、互锁或多重确认操作（如旋转前按压等连续动作），要求获得按下选择/启动按钮或者触控屏的明确时间长度。

（3）用软件逻辑单元，物理或电子控制的连锁控制，使仅在某个具体的飞行阶段，控件激活错误最小化（如反推装置或者着陆用螺旋桨）。

（4）使用逻辑判断来进行错误检测和错误恢复，以防任何与键盘、触控屏、光标控制相似的输入设备输入可能出现的错误数据。

（5）控制模式指示，包括控制状态（开启/关闭，自动/人工）和执行（获取/跟踪或保持），以及在正常或非正常情况下便于理解和避免错误的位置。

（6）快捷唤醒控制输入恢复的规则，例如，"撤销"功能可以改变机组成员刚做出的改变，并且将当前显示恢复到先前状态。

申请人应说明对那些没有包含以上特征的控件的错误的影响是如何进行管理的。

3.1.6 信息显示设计

面向机组成员的信息显示应该是可视的（如显示在液晶显示器上）并且可听的（如通话清单）。针对综合驾驶舱里的信息显示，应当充分说明信息的可达性和可用性。对于视觉显示，AC/AMC25 - 11 主要阐述了显示形式和非显示形式使用的硬件的特性。本小节将提供 25.1301（a）、25.1301（b）和 25.1543（b）中的设计认可目标。在本书中，与 AC/ACM25 - 11 关于具体电子显示功能的指导产生冲突的部分，以 AC/AMC25 - 11 为准。

3.1.6.1 信息显示的清晰性和明确性

1）定性和定量的显示形式

相似的信息在多个地方或以多种形式（如视觉、听觉）显示的时候，信息显示应是一致的。系统信息显示的一致性可以使机组成员出错的可能性降到最低。如果驾驶舱中信息显示不是一致的，则应表明这种不同不会引起错误率的增加或者涉及重大安全性的操作时间变长，也不会引起机组成员的混淆或者机组成员工作负荷的增加。

2）显示形式特征

显示形式特征，如字体、符号、标志等应满足机组成员坐在位置上，头部正常运动的情况下可视，并且清晰。在某些情况下，也要求驾驶台具有交叉可读性，如显示设备故障或者交叉检查飞行仪器时。可读性必须在阳光照射的情况下得到满足，并且应当在其他极端恶劣条件下（如振动，在 AC25‑24 中定义）也得到满足。如在 ARP 4102/7 中定义，飞行员通常阅读信息时视线的方向与图表和字母的排列方向应不小于 90°。

3）颜色

灵活地使用颜色可以有效地减少显示工作负荷和响应时间。颜色可以用来将逻辑电子显示功能和数据类型分组。确定驾驶舱中普遍的颜色使用原则是有必要的，但对可能的偏差可以做可接受的调整。应该说明不同的显示器使用不同的颜色系统时，所选用的颜色系统不会引起机组成员的混淆和误解。不适当的颜色编码会增加识别和选择显示条目的响应时间，并且会增加对响应速率要求高于对响应精度要求的情况出错的可能性。对非告警功能或者无操作安全隐患的情况，广泛使用红色或琥珀色是不提倡的，这样做是为了防止在真正的告警或提醒出现时警惕性降低。

将颜色作为唯一的表达信息的方式是不提倡的，但是在涉及任务的临界信息时是可以接受的。当颜色作为任务基本信息时，应对其他（如纹理或光照强度差）编码方法起补充作用。AC/AMC25‑11 讲述了特定显示特征下推荐的颜色系统。

应证明显示器上的层次信息不会因颜色标准和符号的使用而产生混淆和模糊。应避免用不同颜色表达显示器上信息的不同意思。依靠机组成员人工辨别模糊信息的显示方式也应避免。

4）电子显示形式

很多电子显示形式的元素（如符号、文字和听觉信息）应在已存在的标准和表达意思的基础上表示。例如，ICAO 8400 提供了标准的缩写，可作为驾驶舱文档的标准。SAE ARP 4102/7 附件 A~C 和 SAE ARP 3289 是航空电子系统显示符号系统的标准。

显示器中符号和信息的位置也对机组成员有不同的意义。若一个符号不在显示器的某个特定区域连续或重复显示，则会引起翻译错误和响应时间的增加。对符号的优先权应给予特别的注意（例如，当编辑第二个符号时覆盖第一个符号的优先权），以保证优先权高的符号一直可见。应针对机组成员的认知、区分方法和惯例来测试新符号。

文字和听觉信息的显示应对信息显示有意义。应根据表达效果来评价信息。驾驶舱中应使用标准缩写或术语。

3.1.6.2 信息的可达性、干扰和系统响应

1）信息的可达性

某些信息可能不是在所有的飞行阶段都是必要的。有必要说明在飞行过程中机组成员使用的专用多功能显示信息是可以进行管理的。任何保障飞行安全信息都应当按照 25.1309 中定义的那样，在失败后以相关退化模式显示。在这些情况下，信息显示的必要性应当给予评价；所有必要的信息应同时显示。另外，应明确补充信息不应代替甚至干扰必要信息。

对于一个全新的显示管理方案，分析作为唯一表明符合性的途径是不够充分的。应运用仿真典型的操作场景来验证机组成员管理可用信息的能力。

2）干扰

干扰是一种使机组成员从主要任务中分散注意力的信息显示方式。视觉和听觉干扰应尽量避免。信息应当以简单和有序的方式传递，这样可以减少解译时间。信息显示（无论是视觉还是听觉）应传递飞行员为完成眼前的任务要使用的信息。如果机组成员允许选择附加信息，则基本的显示模式不应有干扰。

在紧急情况下，为提高飞行员绩效而自动提供的信息显示应包含安全飞行所需的所有信息，因为自动降低干扰的选项会对飞行员隐藏必要信息。某些与时间相关的信息不仅由降低干扰目标决定，还由显示能力和条件决定。因此，当进行这些特征设计时，应参考 AC/AMC25-11。

由于以听觉形式呈现的信息是短暂的，因此需要提高注意力，以免产生听觉信息冲突。因而，采用优先次序和时间次序可以避免这种潜在问题。

信息的优先顺序应与任务的紧急程度一致，低优先级的信息不能覆盖高优先级的信息，较高优先级的信息应可获得、方便识别并且可用。但这并不意味着显

示形式需要根据飞行阶段改变。

3）控制输入和系统响应

控制输入和系统响应的间隔很长或变化，会对系统的使用产生不利影响。控制输入的响应（例如数值设定、显示参数或者移动图形显示器上的光标符号）应足够快，以使机组成员良好地完成飞行任务。对于需要告知系统处理时间的任务，应对系统响应给予提示。

3.1.7　系统行为设计

"系统"被定义为飞行机组为了完成指定任务而使用的，具有一种或者多种功能的软件和硬件的统称，飞行机组成员的需求随着系统设计的特性而变化。系统针对不同的机组成员输入做出不同的响应，在机械系统中，这种响应是直接和唯一的。响应也可以作为中间子系统（水力学元件或者电子元件）的函数变化，一些系统甚至可以自主响应以获得或维持理想的飞机或者系统状态。

正如 25.1302（c）所述，与飞行员任务相关的加载设备的设计必须满足如下要求：① 可预见性和明确性；② 能够使飞行机组成员以适当的方式干涉任务。

第一个要求主要用来描述系统行为必须为合格的飞行机组所了解，并且知道系统正在做什么以及为什么要这样做。"可预测性和明确性"要求机组成员能够在因操作或环境变化而产生的可预见环境下，获得关于系统的足够信息，从而帮助机组成员正确地操纵系统。这是为了帮助飞行机组成员从系统设计的功能逻辑中区分出系统行为，因为很多逻辑是不需要飞行员知道的。第二个要求用来描述如果飞行员的干涉是系统功能的一部分，则这种干涉包含作动和改变系统的输入，因此系统必须进行相关设计。

技术的进步在增加了系统安全性的同时，也提高了确保飞行员与综合、复杂的信息控制系统保持正确匹配的要求。如果飞行员不能正确地理解系统的性能，差错就可能会发生。系统行为取决于分配给它的功能，这种功能分配也直接影响飞行机组成员的任务，因此两者必须紧密联系起来考虑。

由于系统具有自动性，因此系统行为也包含自动系统行为。本节中所出现的自动系统定义为可以执行一种或者多种功能（本应由飞行员操纵），且能够自主或在飞行员监控下运行的硬件或软件。这种系统涉及人的任务，因此为了保持安全、有效的飞行状态，仍需要飞行员的注意力，例如飞行管理系统、电气控制系统和燃油控制系统。另外，被设计成自动化的系统，在一定意义上非常少或不需要人的干涉，只有这样才能称其为"自动系统"。只有开关或者全自动的系统不在本节的讨论范围之内，例如电传操纵系统、全权限数字发动机控制系统、飞行偏航阻尼器。关于自动系统的详细指导请参考 14CFR/CS25 的相关章节。

实际操作经验表明，机组成员的困惑可能是由于自动系统功能过于复杂，且自动系统过分依赖逻辑状态或者模式转换，从而导致机组成员不能正确理解。这种设计特性就可能会导致事件和事故。

这些设计的要求可以在 25.1302（c）、25.1301（a）、25.1309（c）或者 14CFR/CS 的相关章节中找到。

3.1.7.1 系统功能分配

系统行为与分配给它的功能联系紧密。系统功能分配的结果是系统功能和飞行员任务的描述，这种任务通常单独分配给系统或人，或同时分配给两者。常用的做法是将功能分配作为设计过程的一部分，同时这种分配应与驾驶舱的设计理念相一致。作为一个需要通过审定的目标设计，设计时必须按照以下方式对功能进行分配：

（1）无论在正常或者非正常操作条件下，还是在可接受工作量的极限范围内，飞行员都可以完成分配到的任务。上述条件不包括注意力过度集中和疲劳的情况（参考 FAR25.1523 中"工作量评价"一节）。

（2）飞行员与系统交互时，必须使飞行员能够通过设计假设来了解实际情况，同时及时发现故障，在允许的情况下实施干预。

（3）在正常和非正常情况下，飞行员之间的任务分配和共享都必须被考虑进去。

3.1.7.2 系统性能

系统的功能逻辑体现在飞行员所体验的系统性能上。系统性能是由飞行员和自动系统之间的交互产生的，由以下两个因素决定：

（1）该系统的功能和逻辑支配其操作。

（2）用户界面，包括控制器件和用来在飞行员对系统的输入与系统提供的反馈之间进行交互的信息显示。

对于自动化设计系统，上述的区分是至关重要的，因为设计成员可能低估其对飞行员操作产生的不良影响，这种操作通常由控制系统性能的功能逻辑产生。

飞行员可能面临如下困难：

（1）输入和输出的界面复杂性。

（2）理解和期望模式的选择和过渡。

（3）理解和期望系统的意图和行为。

作为一个需要通过审定的目标设计，设计时必须清楚地描述系统与在飞行任务下的驾驶舱中的操作。另外，须表明系统性能应被设计成满足下面条件：

（1）它是可预测的、明确的以及飞行员认为协调的。

（2）它能使飞行员以合适的方式干涉任务。

（3）飞行员能迅速地理解系统性能。

3.1.7.3　自动化系统控制

自动化系统执行飞行员输入的任务时，可以在飞行员的监督下执行。控制应提供系统管理功能。控制的设计应使飞行员满足以下几方面：

（1）为需要执行的任务或后续任务设计安全的系统。新任务（如新的航行轨迹）不应当和自动化系统正在处理的任务相混淆。

（2）根据飞行员的期望，用不会与正处于控制的系统混淆的方式启动适当的系统。例如，一个可以设置垂直速度和飞行路径角的选择器，在使用垂直速度功能时不能混淆。

（3）当操作条件需要时，可以人工干预任何系统的功能，或恢复手动控制（如系统功能丧失、系统异常、系统失效）。

3.1.7.4　自动化系统的显示

自动化系统可以在最少的成员干预的条件下执行各种任务，但前提是在飞行员的监督下。为确保有效监督以及维持飞行员对系统现状和系统未来状态的感知，显示器应当提供以下方面的反馈：

（1）飞行员进入系统的记录，使飞行员可以检测并纠正错误。

（2）自动化系统或操作模式的当前状况。（想要做什么？）

（3）系统所采取的行动，以实现或维持一个理想状态。（正在做什么？）

（4）自动化系统规划的下一步状态。（下一步做什么呢？）

（5）系统状态的过渡。（将要做什么？）

设计时应考虑自动化系统设计的以下方面：

（1）实际的数据表征能够使飞行员根据他们的期望来决定是否开启自动化系统。

（2）如果自动化系统达到其操作权限的极限，以及在特定情况下操作不正常或被选择的级别无法执行，则须给飞行员告警提示。

（3）确保系统状态的共享，从而支持飞行员的协调与合作。

（4）能够使机组成员审查和确认激活前命令的准确性。对于输入仼务复杂的自动化系统，这是非常重要的。

3.1.8　机组成员差错管理设计

即使是训练有素、经验丰富和在放松状态下的飞行员，在使用完美设计的系统时，也会出错。因此，25.1302（d）要求，在可行范围内，加载的设备须能使飞行员处理由飞行员与设备交互而产生的差错。本段不适用于与技巧有关的差错和手动控制的飞机。为了符合 25.1302（d）的要求，设计须满足：

（1）能够使飞行员检测或从错误中恢复。

（2）确保飞行员的差错对飞机性能的效果是显而易见的，并且可以确保飞行员继续安全地飞行和着陆是可以实现的。

（3）通过对系统逻辑、架构冗余及容错功能等方面的设计，来消除飞行员因错误操作而引发的不良影响。

上述这些目标在一定意义上有优先顺序。然而，三者中的任何一个所对应的可接受的符合性方法，都需表明设计包含的特点。应承认并假设飞行员的错误不能被完全避免，而且没有有效的方法来可靠地预测错误发生的概率或后续的事件。符合性验证方法与飞机系统分析方法（如系统安全性评估），是相互独立且互为补充的。

考虑 25.1302（d）中的符合性时，不需要对由暴力袭击而产生的错误进行考虑，只需要考虑那些与设计有关的错误。

错误是与设计有关的一部分（例如，程序与仪器的设计不符合，或指示和控制室太复杂，以至于其彼此或与驾驶舱中的其他系统不一致），在管理和咨询文件中都有关于造成错误设计的要素或要求。

当证明符合性时，申请人应评估在正常和非正常条件下的飞行任务，并考虑在各种情况下的许多设计特点都是相关的。比如在非正常条件下，监测、通信、导航和飞行任务需要在正常条件下仍然存在（虽然它们可能在一些非正常条件下更难实现），所以与非正常条件有关的任务应当认为是额外添加的。因此，申请人不能认为这些非正常条件下的错误与正常条件下仍然一致，但是预期任务的变化都将在评估中得到反映。

为了表明遵守 25.1302（d）中所描述的条例，申请人可以单独或者结合使用 AMC25.1302 中第 8 部分所用的符合性方法，并且符合第 6 部分中的认证计划，同时可以解释上述目标以及下述限制。使用上述方法，有助于申请人理解错误的发生机理。

下文所阐述的是对这些符合性方法的简要总结，以及它们如何被运用于考虑飞行员差错。

相似性声明：相似性声明可以用来得出这样的结论，即飞行员处理差错的能力不会有显著变化。经验数据也经常用来识别相似的飞行界面或系统行为中普遍存在的错误。作为声明的一部分，申请人需要声明在新设计中避免了相似的错误。

设计说明：设计说明和推理结构可以用来说明各种类型的错误被设计、处理、缓解或管理。设计者遵守成熟和有效的设计理念的描述也可以用来证明设计是有效的，即飞行员可以正确地处理错误。

计算和工程分析：申请人可以通过控制、迹象、系统行为以及相关的飞行任务分析，以文本的形式阐述处理错误的方法，这些分析对象也包括对潜在的错误以及飞行员处理错误的方法的理解。

评价、演示和测试：对满足符合性来说，评价是为了找出错误的可能性，从而可以在设计或训练中降低差错率。在任何情况下，目标和假设的情况都应清楚地在进行评价、演示和测试之前声明，这样任何与期望之间的差异才能在结果分析中进行解释和讨论。

在能够反映预期功能和任务的评价、演示或测试中，这些功能任务主要包括在正常和非正常条件下使用仪器，适当的情况应当包括飞行员的差错。如果运用不恰当的情景或没有考虑重要条件，则容易得出不正确的结论和结果。例如，如果在一个评价中没有错误发生，则可能意味着情况太简单了；如果有错误发生，则可能意味着设计、流程或培训应当被修改，即设计是不满足实际的，或在评估之前的培训不足。

3.1.8.1　错误检测

由系统作动导致的错误和飞机/系统的状态，应该被飞行员感知，这点是设备设计的前提条件。申请人必须表明，这是提供给机组的经充分探测的信息，并明确相关的错误以便于及时恢复。错误检测可能有两种基本形式：

（1）进行正常的监测任务时给飞行员提示（例如，使用旋钮方法不正确，通过目标显示器显示一个方向的突变，在飞行员接受临时飞行计划前显示）。

现有信息显示领域的理论完全可以满足正常操作情形，主要以正常形式提供基本信息，可能包括模式通告和正常飞机状态信息，如高度和航向。例如，涉及飞行任务的控制显示单元，包含通过足够的指引来确定信息是否被充分探测。

（2）提示错误信息或飞机系统的状态，例如，意外关闭一个液压泵而导致出现一个飞机状态告警。需要注意的是，如果提示是告警，那么它可能与系统的状态有关，而不一定直接与错误本身有关。

如果告警与错误有直接的联系，则飞行告警的出现证明有足够多的错误信息被探测到，25.1322中关于告警水平的定义，足以说明告警的紧急性。提示信息应该包括与错误有直接联系的内容。与错误没有直接联系的提示可能使飞行员误认为没有错误。告警主要包含综合性的错误，如外部危险、飞行包线或操作情况。典型的例子包括地形防撞告警系统（TAWS）、TCAS。

对下面的问题也要给予足够的考虑，特别是当确定可完全探测的，并且与错误有联系的信息是否要提供给飞行员时。

（1）一些错误的影响是由系统决定的，另一些则不然。在其他情况下，错误可以通过显示信息的设计和位置分布被发现，例如在正常运行情况下，在同一方向上排布指针（如发动机转速）。

（2）飞机告警与指示系统可能无法检测动作是否是错误的，因为在很多操作情况下，系统无法知道飞行员的意图。在这些情况下，往往依赖于飞行员扫视检查和观察迹象的能力（例如，选择一个新的高度或航向，或改变飞行计划）。对这种性质的错误探测程度，取决于飞行员对有用信息的理解。通过训练，飞行员资源管理和监控系统（如 TAWS 和 TCAS）通过提供多余度的安全性等手段，确保飞行员或机组成员探测到错误。

（3）从设计的角度出发，应该提供实时信息（如标题、海拔和燃料状态等），而不是一有危险就提供告警。

应确保建立的信息是可用的，同时如果有先例或者有合理的模型存在，那么这些错误可以通过设计描述来阐述。在一些情况下，驾驶评价应包括所提供的信息是否是可利用和可检测的。

3.1.8.2 错误恢复

假设飞行员检测到错误或其影响，下一个合乎逻辑的步骤是确保错误可以恢复，或错误的影响在一定程度上可以得到缓解，使飞机回到安全状态。

建立适当的控制和提示，能够使系统从错误中恢复，比如给出系统描述和飞行界面等提示的方式，就是十分有效的从错误中恢复的手段。对简单或熟悉的系统接口及与提示有关的飞行界面和程序描述是足够的。对复杂的系统或接口，可通过合适的程序保证其从错误中恢复，但这需要表明符合性。

为确保飞行员按照预计使用这些控件和提示进行及时纠正，在模拟驾驶舱中进行评价是个很有效的方式。评价内容应包括常用术语、告警信息、控制及其他提示的检查，以及程序的执行对其他系统的影响。

3.1.8.3　误差的影响

另一种减轻目标错误的方法是确保错误的影响（如与飞机状态相关的影响）对飞行员来说是显而易见的；且不产生对安全性不利的影响（例如，不妨碍继续安全飞行和着陆）。

在飞机和模拟机上的飞行评价是相互关联的，特别是在产生故障之后，要通过判断飞行员操作决定是否继续飞行或者着陆时。评价和/或分析可能用来表明飞行员有足够有效的信息，并且飞机有足够的能力继续飞行和着陆。

3.1.8.4　排除错误或影响

错误是不可逆的，会导致潜在的安全问题，因此需采取防止错误的设计方法。可接受的防止错误的方式包括开关、联锁和复合确认。例如，许多飞机上的发电机驱动控制器可以防止开关的非故意驱动，因为一旦脱离，驱动器就不能在飞行中或发动机运转时重新被驱动。一个复合确认的例子是，飞行员在确认之前要重审。误导性的信息显示可能包括不准确的信息（如传感器故障），可以通过删除不准确的信息来提示。申请人应避免对故障使用冗余保护。如果它阻碍了飞行员判断和采取行动，特别是在申请人没有预测的，同时又处于关键时期的环境中，可能出现意外的安全后果。若保护措施成为飞行员日常最讨厌的事情，那么应通过更好的设计来规避它们。

3.1.9　综合化设计

许多系统，如飞行管理系统，从物理层面和功能层面植入驾驶舱，并且可能与其他驾驶舱系统交互。因此，对设计的考虑不能是孤立的，要考虑整个飞行过程。集成问题包括显示器或控制器的安装，以及其如何与其他系统交互，通过多功能显示器实现内部功能一致性，以及与驾驶舱里的设备一致。

这种一体化设计提供了识别和解决整合问题的一般准则，以及与整合性有关的符合性条例材料。这些条例包括 14CFR/JAR 的 25.771（a），25.771（c），25.773，25.777（a）、（b）、（c），25.1301（a），25.1302，25.1303（JAR），25.1309（a），25.1321，25.1322，25.1523 和附录 D。这适用于使用新安装的设备和新设计，修改、更新现有的驾驶舱，具体分为以下内容：

（1）一致性；

（2）一致性权衡；

（3）环境因素；

（4）与整合相关的工作量和故障。

3.1.9.1　一致性及其权衡

一致性需要考虑的对象是一个给定的系统和驾驶舱。不一致可能会导致工作负荷和错误的增加，尤其是在有压力的情况下。例如，在一些飞行管理系统中，通过不同的显示页面显示输入纬度和经度的格式，可能导致飞行员的错误，或至少增加飞行员的工作负荷。此外，如果精度和纬度的信息以与最常用的图表格式不同的方式来显示，也可能导致错误，下面所讨论的是在交叉系统中的协调性。

（1）符号、数据项公约、格式、色彩原理、术语和标签。

（2）功能和逻辑，例如，如果多个系统执行相同的功能，则它们应始终使用相同的界面风格。

（3）在驾驶舱中显示信息和与其具有相同类型的信息，例如，当在电子地图上使用一个新符号时，在其他驾驶舱中用的图标或者在纸质图标中也需要一并考虑使用。

（4）操作环境，例如，在飞行管理系统符合操作环境时，进入系统的步骤和在空中交通管理系统中给出的是一样的。

只有坚持驾驶舱设计理念，才能使其与所给系统以及整个驾驶舱相协调。

也可以使设计的各个方面都标准化，如采用可接受的行业标准，例如 ICAO 附录 8400/5。采用 ARP 5289 来使导航设备（如 VOR）标准化。然而，不恰当的标准化对创新和产品改进是一个障碍。此外，各方面都满足标准化是不可能的，因为各标准之间某些内容是矛盾的，只能尽量兼顾。因此，应促进一致性，而不是僵化标准。

即使与驾驶舱的设计理念和原则一致，设计方案仍可能产生具有不利影响的工作负荷，需要进行权衡。例如，所有的听觉告警可能遵循驾驶舱预警理念，但告警数量可能是不可接受的。此外，个人任务可能需要显著不同的格式来显示数据。例如，天气雷达只能显示环境的一部分，而移动地图显示器可以显示360°的视角。在这种情况下，界面设计和飞行任务的要求是一致的，它可以单独使用或与其他接口在系统和功能上互不干扰。

（1）申请人应提供每一段对数据和信息的分析，来证明数据以一致的方式显示。

（2）在信息不一致的情况下，不一致性要表现得显而易见，而不应该努力理解才能知道故障信息。

（3）在类似于系统设计偏离驾驶舱设计原理的情况下，对工作量和故障的影响需要考虑进去。

（4）申请人应当描述飞行员期望得到的结果与指令一致，以及当所显示的信息和驾驶舱的信息有冲突时，飞行员应当采取什么动作。

3.1.9.2 驾驶舱的环境

飞机系统的物理特性以及环境特征在驾驶舱内的影响也是需要考虑的。其包括湍流、噪声、环境光、烟雾和振动（例如，可能由于结冰或风扇叶片故障）。应该认识到这些因素可能会影响可用性、工作负荷和飞行员的任务绩效。例如，湍流和环境光可能影响显示信息的可读性；驾驶舱噪声可能影响听觉。非正常情况下的驾驶舱环境也必须考虑，如不寻常的姿态恢复或对飞机或系统恢复控制。

驾驶舱的环境也包括布置布局、控制和信息显示器。布置布局应考虑如下飞行员要求：

（1）控制的可达性；

（2）显示器和标签的可视性和可读性；

（3）机组任务与交互元素之间的关系。例如，机组执行正常操作程序时，操作的动作是有序的。

3.1.9.3　与工作负荷和故障相关的集成

当集成功能和/或设备时，设计成员应该意识到一体化对飞行员的工作负荷和故障管理会产生潜在的影响。系统的设计和评估都必须从独立和驾驶舱集成两方面考虑，从而确保飞行员能够探测、消除和修复故障。当集成系统采用更高级的自动化设备，与其他和驾驶舱系统相互依赖的系统高度交互时，系统集成将是一件非常有挑战性的事情。

申请人必须表明，集成设计在整个飞行过程中不会对工作负荷或故障产生不利影响（如增加理解性能，决定或采取适当的行动时间）。控制，特别是多功能控制或新的控制方式，会导致潜在的故障，增加反应时间。附带隐藏功能的多功能控制会增加成员的工作负荷和潜在的故障，一般应避免。

下面是两个对故障和工作负荷不产生影响的综合设计。

（1）用两种不同的形式表达信息。例如用条带或者刻度盘同时表达高度信息，这会增加工作负荷。然而，根据设计和飞行员任务的不同，不同的信息表达形式也可能是合理的。例如，用模拟显示屏显示发动机转数适合快速地浏览，用数字形式显示有助于精确输入。申请人有责任证明符合 14CFR25.1523，并且说明不同的信息表达形式不会导致工作负荷超过要求。

（2）冲突信息的表达。工作负荷和故障的增加可能是由驾驶舱中同时表达两种矛盾的高度信息导致的，不管用什么形式。例如，系统可能在不同的驾驶部位表现出细微的差别，但是对所有这些差别都应该予以具体评价，以确保可能产生的信息误解读是最少的，或者保证飞行员有办法检测不正确信息，或者保证这些故障的影响可以被排除。

还应说明，设计的功能不会因驾驶舱其他信息和任务分散了注意力而引起总体安全问题。虽然如此，在某些情况下，增加工作负荷的系统设计有时是可以接受的。例如，在驾驶舱中增加一个显示器可能会额外增加飞行员查看仪表的时间，从而增加工作负荷。然而，若这样的额外信息是可以保证安全的，则可以接受。

由于驾驶舱集成的新系统可能对工作负荷产生积极或消极的影响，因此应当单独或与其他系统结合起来进行评价，以符合 14CFR25.153 中确保所有的工作不超负荷的要求。例如，整个飞行任务没有不合理的连接，飞行员检测和解读信息没有超过响应时限。应特别注意 14CFR 的附件 D，以及用工作负荷因素所列出的符合性问题，如"对所有必要的飞行，电力和设备控制操作要无障碍、方便、操作简单"。

3.2 共通性设计

3.2.1 共通性的定义

不同领域和企业对共通性的定义可能存在差异。在商用飞机领域，共通性是指某商用飞机产品与其制造商的其他产品（特别是同系列产品）或其他制造商的产品，在各方面达到范围适当的一致性或高度相似性的属性。共通性设计的目标是以用户为中心，以市场效益为导向，通过实现现代商用飞机，特别是大型商用飞机的相似性或一致性，降低制造商的研发成本，提高研发效率，从而扩大市场份额。共通性的实现需要制造商从产品设计理念、元素和实用程序方面入手，着力使不同型号之间，特别是同系列产品之间，在某种程度上达到一致或极度相似的效果。共通性的实现可以有效地提高用户熟悉产品和组织运营体系的效率，减少运营支持体系要素的采购、转型和运行成本，以利于用户接受和运营该产品，同时也可以带来产品设计、制造和服务等环节在成本控制方面的收益。

3.2.2 共通性设计的目的

民用航空产品共通性设计的目的是提高用户对某型号飞机的熟悉度和组织相应运营体系的效率，从而帮助用户降低采购、转型和运营的成本。共通性设计的核心思想是将某些飞机的特定设计特征，比如机身结构、座舱布局、驾驶舱控制等，应用到多种型号的飞机上，从而提高用户的运营效率，降低用户的培训和认证成本。此外，共通性设计还可以帮助飞机制造商降低生产成本，提高生产效率，同时也可以降低用户的维修和保障成本，从而提高飞机的市场竞争力和市场占有率。

对飞机制造商来说，共通性设计可以帮助他们提高产品研发效率，降低产品研发成本，同时还可以缩短产品的研发周期，使飞机制造商可以更快地将新产品推向市场。共通性设计还可以帮助飞机制造商与用户建立长期的合作关系，提高用户忠诚度，促进两者之间的互惠互利。

对用户来说，共通性设计可以帮助他们降低购机、培训和认证成本，提高飞机的使用效率，减少停机时间和维修成本。此外，共通性设计还可以帮助用户更快地适应新型号的飞机，提高运营效率和安全性，从而增强市场竞争力和盈利能力。

总之，共通性设计是民用航空产品开发的一项重要策略，其目的是帮助飞机制造商和用户降低成本，提高市场竞争力，从而获得商业成功。共通性设计的核心在于将多个型号的飞机相似的设计特点进行整合，以提高效率和降低成本，同时提高用户满意度和忠诚度。

3.2.3　共通性与标准化、继承性、创新性之间的关系

共通性与标准化、继承性、创新性之间既存在关联性又有不同。

1）共通性与标准化的关系

共通性与标准化的关系在于，标准化是实现共通性的一种途径和保障，但并不是共通性的全部内容。共通性和标准化都是有明确目标、有意识活动的结果，但标准化的范围相对商用飞机共通性更宽泛。标准化追求一定范围内重复的事物、行为和过程的一致性，而商用飞机的共通性则体现为针对既定目的的优化配置，追求在一定范围内理念、事物、行为、过程和人的感受的一致性或高度相似性。

商用飞机型号共通性设计的目的是通过提高用户运营该产品的增值，实现制造商和用户的双赢。对象存在于其服务期内，面向目标细分市场用户的具体商用飞机型号，时间和空间范围相对有限，具有较强的针对性。而标准化的目的则是追求实现最佳秩序、社会效益和经济效益，面向广大总体目标和具体目标，范围

相对更广。

虽然标准化是实施共通性设计的有力保障，在一定程度上也是其结果之一，但共通性设计并不局限于标准化，还包括行为意识和习惯的一致性或趋同，这是共通性设计比标准化更广泛和灵活的一面，也是用户驱动催生的共通性升级版的新含义。然而，共通性设计的大多数效果还需要通过落实到物质化的一致性上来实现，例如，在不同型号的飞机产品中采用同一结构件或相同的操作方式即可认为是共通性设计。

2）共通性与继承性的关系

与共通性含义相近的词语还有"继承性"，它们之间存在一定的关联，但是内涵并不完全相同。

共通性是以用户利益为中心的设计理念，旨在实现用户利益的增值最大化。为达成这一目标，制造商需要充分考虑用户现有的资源，从而实现一致性或高度相似性。如果用户拥有多种不同的产品，那么共通性还需要考虑与其他产品的一致性，而不是单纯从制造商传承的角度考虑。

继承性则主要指企业文化和知识传承的自然结果，也可称为"自然共通性"。这种共通性是制造商降低自身研制、生产和服务的风险和成本的结果，从而保持自身设计特色，传承自己的成果经验。继承性的目标是实现制造商自身直接利益的传承。

继承性在某些方面可以提高商用飞机的共通性，但共通性"包含"继承性。这是因为共通性强调的是用户利益的增值最大化，而继承性则更侧重于保持制造商的设计特色和传承经验。因此，共通性和继承性都有其独特的内涵和目标，但它们之间存在一定的重叠和交集。

3）共通性与创新性的关系

在产品设计中，共通性和创新性并不是对立的概念，而是相辅相成的。共通性可以实现用户利益增值，提高产品的市场竞争力，而创新性可以推动产品的技术升级和发展。当产品设计采用新技术时，要保持原有的共通性，同时还要开拓新内容的共通性，减少用户因原有共通性被破坏而产生的疑虑或困难。同时，在推出新产品时，制造商也要提供相应的培训和支持，以帮助用户更好地适应新产品。

以波音公司推出波音737NG系列为例，虽然新产品的系统升级破坏了其与旧产品的一致性，但仍然保持了在操作环境和飞机结构方面的一致性，降低了新产品进入中国市场的阻力。同时，波音公司也采取了给予用户接受新型号的培训业务的优惠措施，为用户提供支持和帮助，实现了产品设计中共通性和创新性的有机结合。

3.2.4 共通性设计的由来

"共通性"一词从根本上说是舶来品，其英语表达为"commonality"，是波音公司在20世纪70年代后期在推介产品的活动中首次提出的，当时主要指波音737系列各型号产品的系统和结构件的相同性可为服务和器材保障带来便利，当时的中文翻译为"共同性"。

在研制波音757时，波音公司发现该型号与同时研制的波音767相似，决定修改部分设计，使两种机型在设计、制造和操作方面具有互换性。为了更好地推广波音757，波音公司专门编制了一份文件，其中涉及波音757和波音767飞机的共通性设计理念。该文件将两个型号之间的共通性作为一个设计目标，从航电系统构成、航电系统航线可更换单元（LRU）到液压系统、液压系统LRU等各方面，进行了详细的对比。文件的目的是更好地展示波音757与波音767之间的共通点，并说明在这些共通点的基础上进行设计可以提高生产效率和降低成本。通过此举，波音公司强调了系列化飞机的优势，也提高了用户对波音757的认知和接受度。

波音757和波音767除了使用许多相同的零部件外，驾驶舱几乎完全相同，因此拥有其中一种机型资格的机组人员也有另一种机型的资格，机组人员只需要稍稍适应即可。然而，此时波音并没有特意强调驾驶舱的共通性设计，而是将其作为一种系统、零件的共通性设计带来的额外收益。换句话说，当时波音主要考虑的是通过共同性设计来降低用户的维护成本，而驾驶舱共通性只是一个副产品。

在 20 世纪 90 年代，空客公司推出了 A320/A330/A340 等系列化产品，并使用"commonality"这一术语来强调这些系列化飞机之间的重要属性。这一术语的含义不仅包括系统和结构的相同性，还包括在驾驶舱布置和操作规律方面的相似性。这使得机组人员可以在不同飞机之间快速地转换。相似的驾驶舱布置和操作规律保障了不同型号间飞行员转型的快捷与方便。空客公司的这一举措推动了航空运输企业组织混合机型的机队进行运营，在应对不同的市场需求时具备了更大的优势。

相比之下，波音公司在系列化产品的共通性设计上主要是从制造商成本和质量的角度考虑。尽管波音 737/波音 747/波音 757/波音 767 飞机在大量使用相同部件的同时，驾驶舱几乎完全相同，飞行员资格也相同，但是波音并没有刻意强调驾驶舱共通性设计，仅将之作为系统、零件等采用共通性设计后带来的收益。空客公司的"commonality"概念更多地立足于用户使用增值效益的驱动，这有助于制造商和用户共赢。在竞争中，空客公司提出的概念更深刻，更注重在产品设计和制造过程中考虑用户的需求。

尽管波音公司对共通性概念的理解曾经相对空客公司稍落后，但随后迅速跟上步伐。在波音 787 的研制过程中，波音公司将波音 787 与其他系列飞机，如波音 737/波音 757/波音 767/波音 777 的驾驶舱共通性设计以及飞行员转型培训的便捷性作为一大卖点进行推广。如今，共通性设计已成为商用飞机航空制造商普遍认同的产品发展策略，波音和空客等商用飞机主制造商已将共通性设计纳入各自产品发展的活动中，推广产品的共通性设计以开拓市场已经成为制造商发展的战略层面，而驾驶舱作为共通性设计的重要特征场所，也成为重点宣传的领域。

3.2.5　驾驶舱共通性要素及要求

商用飞机驾驶舱共通性要素包括布置布局、控制界面、信息显示界面、机组告警、自动化、机组操作程序等。上述要素应遵循如下共通性设计要求。

（1）相似的驾驶舱布置布局，包括相同的功能分区（如顶部板、中央操纵台、遮光罩等），功能分区内部各主要系统操作界面相同的布置、相似应急程序的控制器件的位置等。

（2）相似的控制界面设计，包括相同的带指示灯按压开关（PBA）静暗理念、相同的控制器件类型选用原则、相同的控制器件操作方式、相同的标记方式、相似的防差错保护措施等。

（3）相似的信息显示界面设计，包括相同的信息显示布局、相同的与飞行阶段相关的显示法则、相同的颜色理念、相同的字体、相同的符号、相同的缩略语、相似的信息显示内容等。

（4）相似的机组告警设计，包括相似的机组告警的等级、颜色、抑制逻辑、命名方式等。

（5）相同的自动化设计，包括相同的飞行管理和导引系统，相同的系统自动化方式及其权限，相同的控制律及其保护规则。

（6）相似的机组操作程序设计，包括相同的机组任务分配原则、相同的正常程序、相似的非正常/应急程序及机组处置准则。

3.2.6　典型商用飞机的驾驶舱共通性设计

3.2.6.1　波音系列飞机驾驶舱共通性设计

作为历史悠久的航空制造商，波音是第一个提出"共通性设计"概念的公司，其生产的飞机型号众多，但尽管技术不断进步，其驾驶舱仍然保留了极大的共通性。

从波音737开始，波音系列飞机在驾驶舱设计理念、机组操作程序、操作方式、驾驶舱布局等方面尽可能做到共通。例如在发动机启动前机组巡视程序中，驾驶舱顶部控制板一直都是从上至下，如图3-1所示。再如飞机姿态操纵形式，波音系列飞机均采用了中央驾驶盘式。

波音公司推出了最新一代产品波音787"梦想客机"，它与波音其他飞机，尤其是波音777具有很强的共通性。波音公司声称波音787的驾驶舱引入了许多新技术，但仍保持了与其他波音飞机型号的共通性。这种设计可以为用户带来非常明显的好处。如图3-2所示，波音777飞机的飞行员只需要接受5天的培训

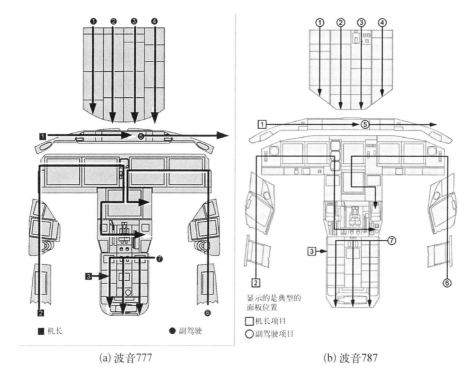

(a) 波音777　　　　　　　　　　　　(b) 波音787

图 3-1　波音 777 与波音 787 驾驶舱发动机启动前机组巡视程序

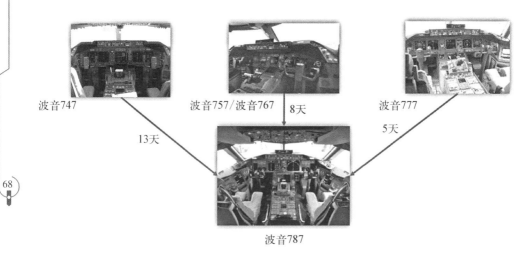

图 3-2　飞行员接受波音 787 培训所需的时间

就能胜任波音 787 的驾驶工作；波音 757 或波音 767 飞机的飞行员只需要接受 8 天的培训；波音 737 飞机的飞行员只需要接受 11 天的培训；其他波音系列飞机的飞行员，如波音 717、波音 727 和波音 747，需要接受 13 天的培训；没有任何波音飞机驾驶经验的人，则需要接受 21 天的培训。这充分展示了"共通性设计"所带来的巨大效益。

3.2.6.2　空客系列飞机驾驶舱共通性设计

空客公司在型号研发的过程中非常重视共通性设计，保留了具有空客公司特色的共通性设计元素。空客系列飞机的操纵器件，包括按键、PBA、拨动开关、旋钮、多位开关、手柄、脚蹬和特殊器件等，都保持了一致性，包括操纵形式和外形特征。特别是顶部控制板上的按钮开关和拨动开关等，设计特征表现明显。如图 3 - 3 所示，A320 的 PBA 遵循了空客系列的静暗驾驶舱设计理念，即在飞机正常工作的状态下，不会有任何指示。同时，故障提示信息一直在操纵器件上方，"ON"或"OFF"的字符一直在操纵器件下方。当某个操纵器件只有一个"ON"或"OFF"功能时，该字符也位于操纵器件的下方，上方则留空。这种设计保证了设计理念的一致性。空客公司的共通性设计是为了使不同型号的飞机的操纵器件的使用方式和使用感觉相同，从而降低飞行员的培训成本，并提高操作的便捷性和安全性。

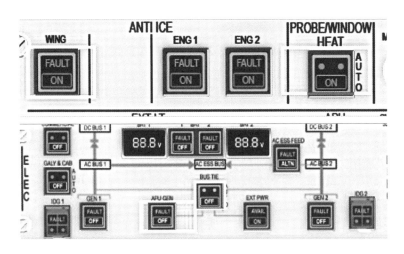

图 3 - 3　A320 飞机的 PBA 设计

此外，相较于波音飞机的驾驶盘，空客系列飞机采用被动侧杆设计作为控制姿态的操纵器件，如图3-4所示。这种形式的操纵器件与电传设计密不可分，极大地降低了飞行员的工作负荷，使驾驶更加简单。

特别地，空客公司官网专门列了一个共通性模块，围绕A380，详细介绍了空客系列飞机在系统、驾驶舱、程序和维修性上的共通性。这种共通性设计极大地方便了航空公司组建交叉机组和混合飞行机队。A380采用与A320/A330/A340系列相似的驾驶舱布局和操作程序，因此拥有获得空客其他电传操纵飞机许可的飞行员仅需进行最少的额外训练，就能驾驶A380的优势。图3-5展示了这种共通性设计的效果。

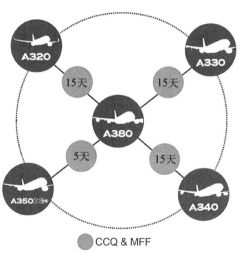

图3-4　空客系列飞机的侧杆　　　　图3-5　飞行员接受A380培训所需的时间

3.2.7　我国商用飞机驾驶舱共通性设计

在大型商用飞机领域，驾驶舱共通性设计对提高飞行安全、降低成本、提高效率等方面有着重要作用。中国商用飞机有限责任公司（以下简称"中国商飞"）作为我国商用飞机产业化的主要载体，在研发型号时，就把驾驶舱共通性纳入了系统性研究。例如，ARJ21飞机项目在启动时，就明确提出要具有与波音或空客飞机产品的共通性；C919 飞机选择主流干线飞机主要涉及的特征开展共通性设计，以适应航线飞行员等进行转机型培训时耗费最少的时间及精力的需求；同时，CR929 飞机的驾驶舱设计与 C919 飞机具备一定的共通性，如图 3 - 6 所示。这些共通性设计不仅使得不同型号的飞机之间的过渡更加顺畅，也降低了

(a) ARJ21-700飞机驾驶舱

(b) C919飞机驾驶舱

(c) CR929飞机驾驶舱

图 3 - 6　中国商飞公司的飞机产品驾驶舱

用户运营成本和飞行员执飞所需培训的成本。

然而，我国在大型商用飞机领域仍然处于发展阶段，需要借鉴成熟经验来增强研发能力，形成设计策略体系，尤其在驾驶舱共通性设计方面应注重研究，提高技术水平，以形成具有自主知识产权的商用飞机产品，培育自己的商用飞机产品品牌，增强竞争力。

第4章 基于系统工程的 驾驶舱研制流程

4.1 驾驶舱研制目标

驾驶舱研制的目标是为飞行员提供安全、高效、友好的驾驶环境和界面。驾驶舱既是飞行员的工作环境，也是飞行员驾驶飞机的工作站，飞行员通过驾驶舱内的操纵设备、控制器件、指示信息完成安全飞行所需要的操作和监控任务。飞行、导航、通信、系统管理是飞行员的四项工作任务。在飞行过程中，这四项任务往往交替进行，需要飞行员具备熟练的技能，飞行员之间以及飞行员与地勤、空管、签派员、空乘之间高效配合，实现点到点的安全飞行。

驾驶舱是飞机产品中很特殊的一个部分，它的特殊性体现在其是飞机产品中距离核心用户"飞行员"最近的部分，是飞机最核心的产品用户界面之一，集中体现了飞机与核心用户的交互。驾驶舱研制的最终目标是使飞行员非常容易上手，并能安全、高效、轻松地驾驶。围绕这个目标，必须将用户任务需求作为驾驶舱研制的出发点。

从用户任务需求的角度出发，驾驶舱与日常的消费电子设备的交互终端体现了相同的本源。在与计算机设备的交互中，电源键、鼠标、键盘、显示器是用户与计算机后台软硬件交互的界面。与之类似，驾驶舱也是飞行员和飞机后台系统设备交互的界面（见图4-1），不同之处在于驾驶舱的任务和用户不同，由此也带来了更高的复杂度，提出了更高的安全性要求。

图 4-1　人机交互的类比

在商用飞机驾驶舱设计中，偏离用户任务需求将导致灾难性的后果。近年来，大量航空事故都归因于驾驶舱中飞行员与飞机的交互问题，最新的也是最典型的灾难性案例是波音 737MAX 客机。2018 年 10 月 29 号，印度尼西亚狮子航空公司一架波音 737MAX 飞机（注册号：PK-LQP）在起飞 12 min 后，坠毁于机场东北约 35 n mile 的海面，机上 189 人全部遇难。2019 年 3 月 10 日，埃塞俄比亚航空公司一架波音 737MAX 飞机坠毁，机上 157 人全部遇难。波音公司对这起事故进行深入分析后发现，事故源于飞机上新增的机动特性增强系统（MCAS）功能。该功能激活后，飞行员没有建立清晰的情景意识，从而错失了采取正确操作的机会，最终导致空难，如图 4-2 所示。

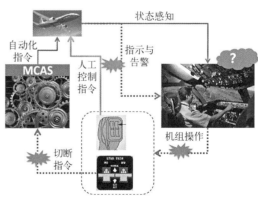

图 4-2　埃塞俄比亚航空公司波音 737MAX 事故现场与原因

波音 737MAX 的事故并非个例，随着飞机系统复杂度、自动化程度的增加，人机集成中的问题不断凸显，如何设计正确和完整的驾驶舱人机交互系统，是民用飞机设计所必须解决的问题。

4.2　驾驶舱研制思路

驾驶舱研制工作的本质是用户和产品的集成，既是系统集成，也是人机集成，"以人为中心"的设计思想是驾驶舱设计的核心理念。

驾驶舱研制的目标是提高飞行员-驾驶舱这一整体系统在各种运行环境下的性能。从驾驶舱产品全生命周期来考虑，为提高系统性能、减少人为差错、提高系统的鲁棒性，可以选择四种途径：① 飞机系统设计、飞行操作任务设计、驾驶舱人机界面设计；② 改进机组操作程序；③ 提高飞行员的选择标准；④ 完善飞行员的培训体系。最有效的方法是将这四种途径相结合。首先，可以将飞机系统和驾驶舱人机界面设计成易于使用、防错性好且可快速学习的；其次，为飞行员制定方便记忆、容易执行、不易出错的机组操作程序；再次，根据飞行任务的需要和工作环境选择合适的人员，建立合理、充分的飞行员培训体系；最后，建立完善的管理制度，培养良好的工作习惯和文化氛围。而其中最关键的基础是飞机系统和驾驶舱人机界面的设计及机组操作程序的开发。

驾驶舱研制工作的学科基础是人因工程，这是一门旨在提高人机系统整体性能的学科。电气电子工程师学会（IEEE）的系统工程标准指出，人应该作为系统的一个要素，在覆盖全生命周期的产品设计中进行考虑，包括操作人员、维护人员、制造人员、培训人员等，以便了解人机系统集成问题，并确保系统产品是可生产、可维护和可使用的。

为了提高飞机驾驶舱系统的可靠性和功能性，必须在驾驶舱产品设计的全过程采用人因工程的思维和方法，将人因工程与其他工程活动相结合。需要强调的是，在设计早期考虑人因工程非常重要，能提前发现和落实用户需求，降低项目的技术风险，避免后期更改导致的代价。驾驶舱产品全生命周期包括概念设计、初步设计、详细设计、生产制造、试验验证、航线运营，在这个过程中，人因工程并不是一次性通过的评估检查，而是贯穿生命周期的全过程。

人因工程是落实"以人为中心"设计思想的学科方法，在这一学科中目前比较成熟的是人体工效学，而最不成熟的是认知工效学。人类在认知、情感等方面具有高度多样性、复杂性和灵活性，目前仍然没有一个普遍使用的模型能够解释并预测人类的认知特点和行为响应，所以在项目中常常无法完整捕获用户的需求，也无法公式化地定义设计优化原则和设计约束。正因如此，评估成为人因工程，尤其是认知工效学设计中非常重要的手段。在驾驶舱研制中，设计和评估往往迭代进行，设计人员首先面向用户的使用场景和需求进行设计，然后通过评估来确认不同场景下产品方案对用户需求的满足程度，以及预设的使用场景和需求是否充分。设计和评估的迭代是驾驶舱研制中的一个特点，为了保证设计质量，需要多轮迭代，导致驾驶舱的研制周期比系统的研制周期要长，因此驾驶舱的研制往往先于飞机整体项目而启动。

正如前文所述，驾驶舱是一个综合、复杂的集成产品，既要面向用户，也要面向诸多系统，上承飞机整体运行任务，下启飞机各系统的控制任务。在商用飞机项目这样的复杂系统工程中，产品设计和验证往往分层级开展，而驾驶舱产品的设计贯穿了飞机级和系统级，因此驾驶舱产品本身的研制也必须按层级开展。需求是产品研制的基础，在驾驶舱研制中，需求既自上而下，也自下而上。例如，为了满足飞行员管理飞机系统的需要，驾驶舱内应具备机组告警功能，这是飞机级对驾驶舱产品的具体需求，自上而下；而在机组告警系统中，发动机滑油压力低的告警来源于动力装置系统的健康管理需求，自下而上。驾驶舱研制过程必须兼顾自上而下和自下而上的思路，将驾驶舱产品层级化分解，有条理地捕获需求、定义方案、进行验证。驾驶舱产品功能需求的来源如图 4 - 3 所示。

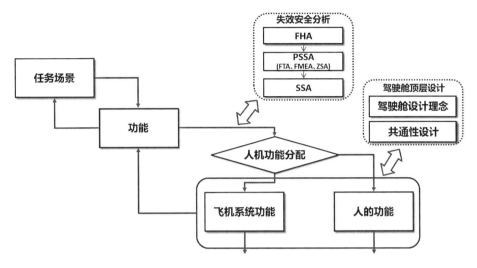

图4-3 驾驶舱产品功能需求的来源

4.3 驾驶舱研制阶段

驾驶舱研制是飞机研制的重要组成部分，是商用飞机研制系统工程中的一个重要环节。商用飞机研制的阶段性特征非常明显。为了进行工程项目的管理，系统工程领域提出了"产品生命周期模型"的概念。对用户而言，商用飞机驾驶舱是完整的产品，它的研制、运行、退役也适用商用飞机研制生命周期模型的概念。

《中国商用飞机有限责任公司系统工程手册》对商用飞机研制生命周期模型进行了定义，将商用飞机产品生命周期划分为4个阶段，如图4-4所示。

（1）需求分析与概念定义阶段：项目初期逐步形成一个可行的产品概念方案，并启动项目。包括从市场和商机分析开始，通过构思、酝酿产生飞机方案，对方案可行性进行分析，到最终项目正式形成的过程。在这个过程中，形成产品概念和可行性方案。

（2）产品与服务定义阶段：可行性方案获批，项目立项之后，从开始研制飞机到最终形成飞机产品的全过程，是开发一个满足用户需求的产品系统的过程。

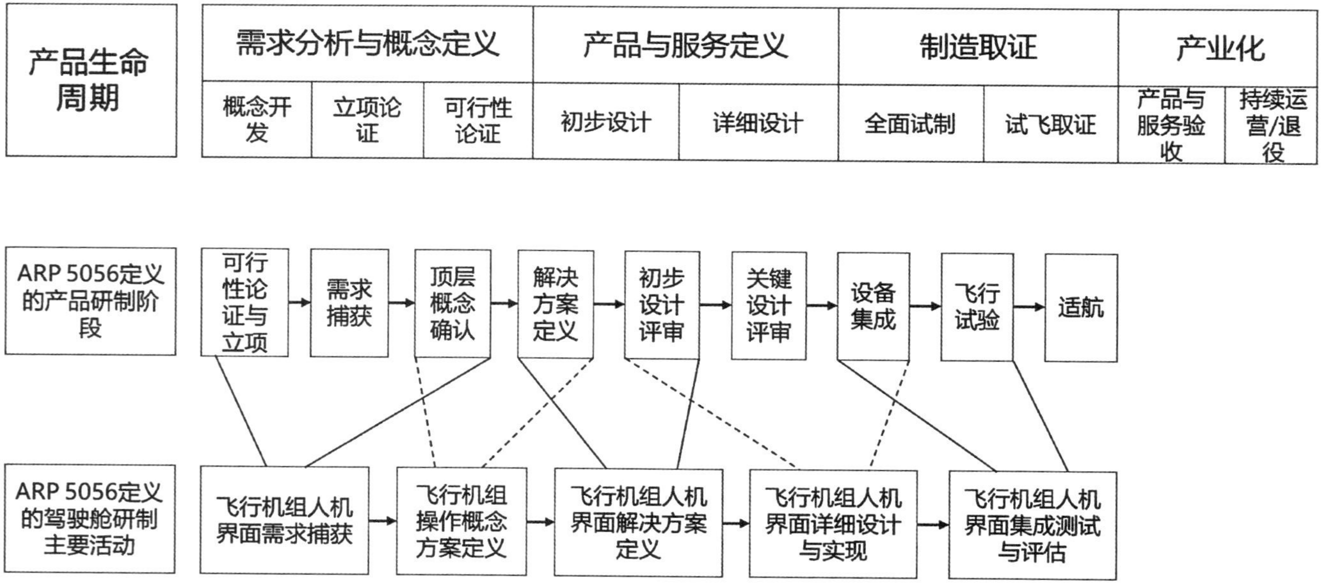

图 4-4 商用飞机产品生命周期阶段划分及 ARP 5056 对驾驶舱研制主要活动的定义

这个阶段针对商用飞机这一类高度复杂产品的特点，主要采用 V 形过程，来实现自上而下的研制过程。其中的产品定义阶段位于"V"的左边，主要是基于概念方案的飞机产品需求定义及设计分解的不断细化的活动，最终完成飞机产品的详细设计的过程。

（3）制造取证阶段：位于 V 形研制阶段的右边，主要是逐级进行产品的制造、集成、实现验证和产品确认的飞机产品实现过程，最终形成飞机产品并完成首架或者首批飞机的交付。具体可以分为两个子阶段，即全面试制阶段和试飞取证阶段。

（4）产业化阶段：完成产品研制后，根据运营情况，进行产品和服务的改进，完成产品和服务的确认，最终验收项目。同时，产品转入批生产阶段，根据市场订单进行生产，根据需要开展使用改进，进行产品支援和用户服务工作，逐步实现规模化和产业化，并随着时间的推移，根据实际情况退役型号。具体可以分为产品与服务验收阶段和持续运营/退役阶段。

驾驶舱研制是一项高度复杂的工作，工业标准 ARP 5056 中对驾驶舱产品生命周期模型中的需求分析与概念定义、产品与服务定义、制造取证等三个阶段进行了详细阐述，并将驾驶舱研制细分为飞行机组人机界面需求捕获、飞行机组操作概念方案定义、飞行机组人机界面解决方案定义、飞行机组人机界面详细设计与实现、飞行机组人机界面集成测试与评估等五个细分阶段，如图 4-4 所示。

飞行机组人机界面需求捕获阶段的重点工作在于收集公司外部和公司内部两方面的功能性与非功能性需求，以确保最终的设计满足利益攸关方的期望。过程中需要考虑驾驶舱设计理念、飞机任务和运行需求、民航规章要求、公司市场策略、产品策略、飞行员特性。最终输出驾驶舱人机界面功能清单。

飞行机组操作概念方案定义阶段的重点工作在于定义飞行机组如何执行需求中描述的功能和任务，包括在各飞行阶段机组执行任务的方法，飞行机组与自动化系统之间的任务分配，特殊运行考虑（如长航程运行或短途调机），系统使用规则和使用限制的定义。

虽然在 ARP 5056 中将人机界面需求捕获与操作概念方案定义划分为两个阶

段，但在实际工作中，人机界面需求捕获阶段包含市场分析、利益攸关方需要捕获、功能分析、需求定义等部分的内容。而且，人机界面需求捕获与操作概念方案定义两个阶段并不是先后关系，而是相互迭代以逐步完善的两个活动。在 4.4 节中对驾驶舱研制过程的活动进行了分解，并说明每项活动的关键工作过程和交付物。

飞行机组人机界面解决方案定义阶段的重点工作在于定义驾驶舱人机界面功能描述文件，包括驾驶舱控制设备的位置、外形、手感，显示信息的功能性需求，告警信息的功能性需求，以及系统行为、使用方案等。人机界面功能描述是系统功能描述的一部分，可作为系统需求或系统描述的输入。

飞行机组人机界面详细设计与实现阶段的重点工作包含从建立人机界面需求到形成具体软硬件规范的整个工作过程。为确保具体设备能实现人机界面规范的要求，需要定义非常详细的需求文件。这一阶段开展软硬件的制造、集成，需要设计人员和实现人员持续互动，建立最初的需求体系，定义设计方案，开发软硬件，并完成人机界面的初步设计评审和关键设计评审。

飞行机组人机界面集成测试与评估阶段的重点工作在于验证功能需求是否已经被正确实现，并通过评估确认产品是否满足用户需求。尽管在组件、部件或系统的研制过程中，都必须开展基于部分任务的测试与评估，但在集成到一起后仍有必要对驾驶舱整体进行集成的验证和确认，确保驾驶舱整体能满足人为因素的需求。

4.4 驾驶舱研制过程

驾驶舱的产品生命周期模型包含概念开发、立项论证、可行性论证、初步设计、详细设计、全面试制、试飞取证、产品与服务验收、持续运营/退役等九个阶段，其中前七个阶段组成了驾驶舱研制过程。这是一个以人为中心，从市场分析、利益攸关方需要捕获开始，持续开展设计与评估迭代，使设计不断完善成熟，确保最终的驾驶舱产品满足用户使用需要以及适航要求的过程。

驾驶舱研制过程从市场分析出发，包含市场分析、利益攸关方需要捕获、功能分析、需求定义、设计综合、产品实施、系统集成、产品验证、产品确认等环节。通用系统工程研制过程、驾驶舱系统工程研制过程如图4-5和图4-6所示。

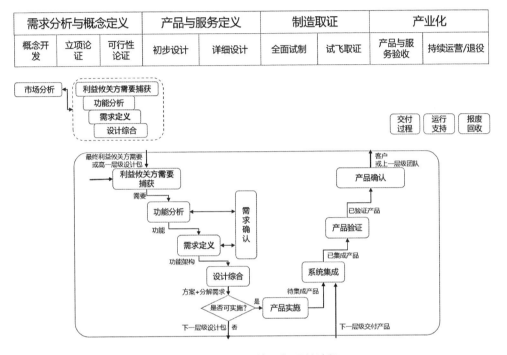

图4-5 通用系统工程研制过程

驾驶舱产品作为飞机整体产品的一部分，其研制活动与飞机级、系统级研制工作紧密关联。驾驶舱设计活动的输入一部分来源于飞机级设计活动的输出，例如飞机级设计综合形成的机头外形是驾驶舱空间设计的约束。此外，驾驶舱设计活动的输入也可以来源于系统设计活动，例如燃油供油顺序一定程度上决定了驾驶舱显示的方案和逻辑，机组告警信息的方案和逻辑，以及机组操作程序的编制。驾驶舱设计活动的输出也作为系统级的顶层需求，用于开展与驾驶舱相关的系统的设计，完成与驾驶舱相关的系统、设施设备、人机界面的设计、实现、集成、验证。

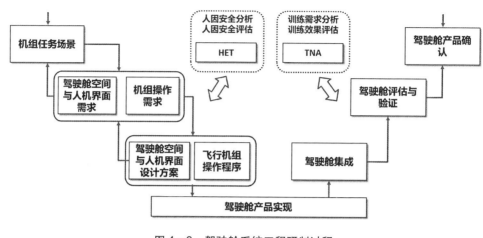

图 4-6　驾驶舱系统工程研制过程

在本节中，我们将对商用飞机驾驶舱研制过程中的各个环节进行详细介绍。考虑到在研制过程中，利益攸关方需要捕获、功能分析、需求定义、设计综合是驾驶舱研制过程的核心设计环节，决定了产品方案技术是否可行并满足用户需要。接下来将着重对这几个环节进行详细分析，深入探讨驾驶舱设计活动的输入、输出、过程、方法。

4.4.1　市场分析

市场需求是启动商用飞机系统工程活动的重要依据。在市场分析环节，需要确定航空市场和用户对商用飞机产品的需求。在商用飞机驾驶舱研制中，市场分析活动主要开展航空运输环境分析、适航规章分析、产品定位与策略、共通性策略、竞品分析、新技术成熟度分析、新技术应用权衡分析，这些工作有的需要与飞机和系统的市场分析同步开展。在此过程中，关注航空运输环境引发的新的交互需求以及与驾驶舱相关的适航规章要求，根据产品定位和策略确定驾驶舱基本原型，建立共通性策略条件下的驾驶舱设计约束，收集并建立驾驶舱原型人机界面的问题清单；开展竞争机型的驾驶舱人机界面、机组告警、操作程序分析，分析新技术的成熟度和应用可行性，完成新技术应用的权衡分析；调研技术发展带来的人机交互新技术，明确其应用需求。

4.4.2 利益攸关方需要捕获

产品的使命在于满足市场需求和用户需要，驾驶舱产品也不例外。驾驶舱产品的利益攸关方需要来自航空市场的研究结果、航空公司的运营需要、用户群体的使用需求等多个渠道。

主制造商在规划新型号驾驶舱产品时，必须确认公司产品的战略和定位，对比标杆产品型号驾驶舱技术水平，了解当前显示、控制、机载系统、空管系统等方面新技术的技术成熟度以及供应商的技术水平，结合型号产品的市场定位，确定驾驶舱产品的市场策略和定位。

在利益攸关方需要捕获过程中，应充分分析飞机的任务和运营环境，准确识别系统需要运行的环境，定义系统的特殊需求，以保证其可在特定运行环境中安全、高效地运行。运行环境包括航线（极地、海洋、非 ICAO 航线），飞机限制（巡航高度、航程、速度），环境条件，跑道类型和条件，沙漠和极地运行以及维护支持。与航空公司、飞行员、维护人员、签派人员、空管人员等利益攸关方深入沟通，建立驾驶舱操作概念方案，建立驾驶舱内人机协作的运作场景。

此外，应确认新型号的驾驶舱产品是否进行与原有型号的共通性设计，因为驾驶舱的共通程度决定了交付运营后航线飞行员能否混飞、训练难度、培训时间。对航空公司而言，机组成本占据运营成本的 20%，是不容忽视的用户关注点。

为营造公司产品的一致性品牌特征，新型号驾驶舱应当继承公司系列产品的驾驶舱设计理念，符合公司内部的技术标准与规范的要求。此外，适航要求作为型号取证必须考虑的强制性要求，应及时纳入审定基础，作为重要的利益攸关方需要。

对已有飞机型号在航线中运营的主制造商，新的驾驶舱构型需求往往来源于针对原有驾驶舱构型的特定问题的改进，或是新技术带来的机遇。对原有驾驶舱构型改进的情况，特定运行问题要求定义新的设计方案，可以分析与该运行问题相关的事故或事件的数据，这种情况下需要与运行人员合作，对事故或事件数据进行详细的深度分析，重点识别问题产生的根本原因。对新技术应用带来的改进，主要研究新技术或新创意带来的更可靠、更高效的设计方案，以替代现有方案。这些创意可能来自主制造商、设备供应商、航线用户、政府机构、工业界或其他利益攸关方。在两种情况中需要开展问题和机会的评估，以确保成本、重量、周期等资源需求能够匹配利益攸关方需要。

4.4.3　功能分析

驾驶舱功能是对驾驶舱产品作用或使用效果的描述，通常采用"动-名词"或"输入流-输出流"的方式进行表达，具有高度概括性和抽象性，从顶层功能的角度对驾驶舱产品需要具备的使用价值进行描述。在利益攸关方需要捕获过程中形成的驾驶舱需要清单是功能分析过程的输入。

在功能分析过程中，针对驾驶舱需要清单中的每一项或多项特定需要，基于产品运营场景分析，将每个场景中的用户需要进行归类、概括和抽象，并采用特定的方式表达出来。例如，对飞行员应通过驾驶舱界面管理动力装置系统这一需要，可以通过罗列动力装置系统的正常运营场景和非正常运营场景进行分析，得出动力装置系统应有的控制或管理功能。

这些控制或管理功能作为高层级的功能，应在驾驶舱设计理念（人的职责与权限、自动化的应用）的指导下分配给操作人员（飞行员、机务或其他人员）与机器（飞机、驾驶舱、机载系统），这一活动称为"人机功能分配"。

人机功能分配工作的输出包括与系统目标、飞行场景各事件相关联的机组系统功能的详细分解，以及功能的初步分配。

设计中的重要决策是操作人员与系统之间的功能分配，这类分配常常基于惯例和当前的技术条件。在重新设计系统时，设计人员很容易沿袭原有的方式，而忽视潜在的功能。例如，在现有设计中，单个旋转开关可能集成了多个关联的功能，重新设计系统时可能需要将这些功能分开为独立的控制活动。此外，机组决策也需要进行功能分析，以确定飞行员做出合理决策所需要的信息。人机功能分配对应了人和机器的职责，为了匹配这一职责，飞行员和飞机的接口必然需要以飞行员的任务为导向，满足以飞行员为中心的用户需求。

驾驶舱功能清单源于对飞机系统任务场景的分析，这些场景描述了为保证飞机系统运行所要求的功能。利益攸关方需要和驾驶舱运行概念方案是功能分析的起点，在系统概念逐步清晰时应不断确认、改进功能分析的结果。经过系统性的功能分析工作，人机接口的功能清单将逐渐清晰。在此基础上，建立父、子功能之间的层级关系，形成功能架构；同时，明确功能架构中同层级功能之间的接口关系，也是功能分析过程的主要结果。

这一步骤的输出包括驾驶舱功能清单、人机功能分配、人机接口功能清单，以及更加详细的驾驶舱运行概念方案。驾驶舱功能应该基于飞机系统的主要目标和任务场景，这些目标和任务场景应包含不同的飞行阶段、航段中的正常和特殊场景。

驾驶舱功能的主体是支持工作人员使用的功能，使用方包括飞行机组、维护人员和其他可能使用界面的人员。驾驶舱功能也与飞机系统功能和架构密切相关，来源于飞机系统的监控任务需要也会衍生出相应的状态指示、信息显示和机组告警的功能需求，而对与飞机系统故障状态相关的处置，衍生出了相应的故障处置界面（控制器件）的需求。

驾驶舱功能还会因新的飞机系统技术、人机交互技术的发展而改变，新交互技术常常能简化机组任务，提高驾驶舱人机交互的效率。在评估新技术应用可行性时，必须综合考虑安全、舒适、效率等三个方面的收益。

4.4.4 需求定义

驾驶舱需求定义是形成驾驶舱产品需求或研制过程需求的过程，形成的需求应能够被验证，并且能够被用户（利益攸关方）接受。

与需要相比，驾驶舱需求是设计师在理解和把握用户（飞行员、维护人员等）意图的基础上，结合自身的知识和经验，在其认知架构中将需要解析成为一种对驾驶舱产品定性或定量的描述，例如定义驾驶舱人机界面的内容需求或延迟指标等。

驾驶舱功能本身也是一种需求，但驾驶舱需求包括的范围更加广泛。另外，功能描述通常是一种定性描述，而需求的表达往往是定性和定量描述相结合。在系统工程正向设计过程中，需求分析是形成需求的主要过程，包括对与该系统相关的其他利益攸关方需要、项目目标和约束进行分析，并进行一系列的定义活动，形成产品非功能性需求，最后用标准的语言对需求进行描述，形成一致的、可追溯的、可验证的驾驶舱产品设计需求。

驾驶舱功能清单、人机分配方案、人机接口功能清单是需求定义的基础。在需求定义环节中，应对人机接口功能清单进行详细分析，将功能需求描述得更加准确，并确定功能需求所需的性能需求。

通常采用任务分析的方法分解功能，以捕获详细的需求，针对功能需求确定应用场景，分析应用场景下的机组任务，将顶层的任务定义分解为小颗粒度的、可管理的决策或操作行为。通过详细任务分析可达到如下目的。

（1）识别所有人机界面需求，包括控制、显示、告警等。

（2）通过认识基本任务步骤，发现任务之间的相似性，以在设计中对任务进行综合。

在任务分析活动中，通过对顶层任务逐步迭代，将其分解为底层子任务，持续进行这个过程，直到分解为单项的操作或决策。由于机载设备的可靠性和运算能力的提升，如果任务分解到某一层级更有利于简化培训或减少差错，则无须再往下分解。

在任务分析中，通过分析所有主要的决策或行动特征，还能识别风险和相关的人的能力与限制。

需求定义活动对设计过程的成功开展起到至关重要的作用，因为驾驶舱需求直接来源于详细的任务。通过任务分析能发现大部分的驾驶舱人机界面问题，有助于在设计初期对人为因素问题进行澄清。由于任务与任务支持信息关系密切，因此任务分析工作通常与需求定义反复迭代开展。

基于详细任务分析中对任务的详细分解结果，明确哪些驾驶舱要素对支持每项决策和操作步骤是必要的，以产生驾驶舱需求清单，从而建立任务-驾驶舱要素清晰的关联关系，使得设计人员能开发具体的驾驶舱要素功能需求，并建立每项界面要素的相对次序和重要性等级；定义驾驶舱要素的驱动逻辑，并为驾驶舱要素的输入、输出关系定义相应的功能接口。

驾驶舱需求必须定量地定义为界面大概形式、范围与精度等，对动态信息还需要考虑延迟、带宽、刷新率等特性。定性的驾驶舱需求不那么规范化、标准化，常常随着应用场合不同而变化。

在建立驾驶舱需求后，设计人员需要确认在原有驾驶舱原型中是已经有相应的要素，还是需要通过增加其他要素才能满足需求。当缺乏完全匹配的要素时，可以重新开展详细任务分析活动，而且可能需要多轮迭代才能找到行为与决策动作的合理合并，确定所需的驾驶舱要素，建立完整的需求文档。

非功能性需求定义也是需求定义环节中的一项重要活动。作为直接指导驾驶舱方案设计的技术要求，非功能性需求包含从适航条款、人为因素设计原则、型号经验、共通性考虑、设计理念等方面引出的人为因素设计要求，以及具体的驾驶舱布置布局、控制器件、显示信息、机组告警系统的设计原则。驾驶舱非功能性需求是对物理工效、情景意识、人为差错、工作负荷等设计考虑的具体体现，与驾驶舱功能性需求一起，直接指导驾驶舱设计方案的定义。驾驶舱非功能性需求与功能性需求如图4-7所示。

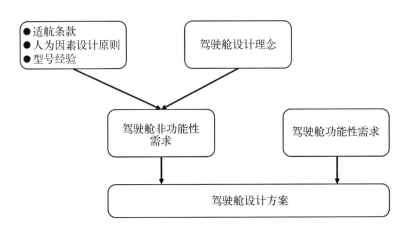

图4-7 驾驶舱非功能性需求与功能性需求

需求定义的重点工作在于分析公司外部和公司内部两方面的需要，从而产生功能性与非功能性需求，以确保最终的设计满足利益攸关方的期望。过程中需要考虑驾驶舱设计理念、飞机任务和运行需求、民航规章要求、公司市场策略、产品策略、飞行员特性。最终输出驾驶舱功能性与非功能性需求清单。需求定义阶段和飞机系统的概念设计迭代开展，设计人员将根据设计特征的新颖性、复杂性、集成性来确定分析、评估和试验等工作的开展方式及细致程度。

4.4.5　设计综合

设计综合指根据驾驶舱功能和需求进行设计、权衡，形成驾驶舱产品的方案。在不同产品研制阶段，方案的详细程度和表现形式不同。在概念设计阶段，驾驶舱方案主要以布置布局图的形式呈现。经过初步设计，驾驶舱方案中各要素的设计方案将逐步以更清晰的形式呈现，包括产品规范、接口定义文件等；详细设计阶段结束后，驾驶舱产品方案通常以三维数模、图纸的形式呈现，能够用于生产制造从而形成产品的物理实体。

驾驶舱通常都不是从零开始设计的，大部分都符合以下情况中的一类：已经存在提供相似能力的系统；新系统需要集成到现有的驾驶舱；出于适航考虑，新系统的性能必须能达到现有系统的同等水平。因此，必须建立新系统或改进系统的驾驶舱参考原型。

如果项目包含一个全新的驾驶舱，则可能需要选择一个现有驾驶舱进行对比，建立驾驶舱参考原型。驾驶舱参考原型是设计的起点，作为理解现有系统的缺陷以及需要改进以满足运营需求的方面的参考。

设计任务需要对比新的驾驶舱需求与现有驾驶舱要素，发现是否有标准的驾驶舱要素可以选择。一方面，标准化驾驶舱要素可以简化培训需求；另一方面，标准化驾驶舱要素可以降低错误解读的风险。

应从密切关联的任务出发，设计合适的标准化驾驶舱要素，然后再考虑其他关联任务，最后考虑其他应用中的相关通用驾驶舱要素。搜寻的范围应包含用户能用到的所有媒介，如顶部板、仪表板、遮光罩、侧操纵台等。

静态的标准化驾驶舱要素很容易找到，因为符号或编码通常简单，总体环境引起的限制很少。如果主任务是动态的，则有必要在整体界面环境中，将动态元素与所需完成的动态任务进行匹配。同样地，如果具体行为或决策步骤中包含对比操作，则设计人员必须确保支持对比操作的所有驾驶舱要素的特征和动态变化都是匹配的。目前，动态的特征往往通过显示技术来实现。

尽可能地采用现有标准或建议的通用驾驶舱要素，以提高标准化水平，方便培训。应尽量避免相同的任务采用不同的符号，因为差异带来的潜在混淆风险很难被纠正。

驾驶舱要素不能只与其编码信息关联，其响应关系也非常重要。驾驶舱要素与各种行为（基于知识、规则、技能）的关联是评估标准化驾驶舱要素的重要方面。

对基于技能的行为任务（如手动飞行），操作员只需投入很少的意识水平就可以处理。例如，在转弯时飞行员直接操作，而不需要思考将驾驶盘转向哪个方向。基于技能的行为主要通过建立特殊驾驶舱要素与特定操作之间的联系，实现自动响应，达到很高的任务水平。

驾驶舱要素-状态信息之间能否建立直观、高效的链接，直接影响新任务的训练效率。如果新的驾驶舱要素-状态信息链接打破原有的链接，则即使经过高强度的培训，操作员仍有可能回到原有驾驶舱要素-状态信息的思维定式中，尤其是在高工作负荷或高压力环境下。

通过改变驾驶舱要素或重构任务可以避免这类人为差错。应避免不同任务、不同响应采用相同的驾驶舱要素，否则会导致在基于技能的任务这类情况下的操作差错急剧增加。即使经过合理的培训，操作员在高压力场景下仍会回到原有行为。

尽管在基于规则和基于知识的行为中不存在自动响应，但仍然需要确保已经习得的驾驶舱要素-状态响应关系不会对状态的判断产生干扰。如果多项任务采用同一个驾驶舱要素，则应确保驾驶舱要素-状态信息关系判断的上下文背景是充分的。

有很多文件提供了标准或通用驾驶舱要素的使用指南或范例，包括控制器件、显示符号、告警信息等，这些文件是搜寻标准化驾驶舱要素的首选参考材料。

在设计过程中，应当建立标准驾驶舱要素的完整、简洁的说明，避免标准驾驶舱要素的用途发生偏离，导致设计混乱。设计人员必须充分判断标准驾驶舱要素对支持特定任务步骤是必要的和充分的，否则就需要开发新的标准驾驶舱要素。将标准驾驶舱要素用于正常相关任务以外的使用环境往往会使任务表现降级，而且驾驶舱要素的使用必须符合用户的感知和使用习惯。

如果详细分析表明没有适合的标准驾驶舱要素，则设计人员必须创建并测试新的要素，包括新的控制器件、显示信息、告警方式等。在建立新驾驶舱要素时，应做到简单和显著。要素的选取往往取决于交互媒介和相关的技术，因此，候选要素的选择过程需要不断考虑是否能实现的问题。

对于重要的信息，必须采用两项以上的信息特征进行编码（颜色、大小、形状），余度编码的目的是应对用户的个体差异，为用户提供感知差异裕度，并在设备降级时确保认知水平。

必须谨慎使用能吸引强注意力的图形特征（如闪烁、颜色），确保只用于相对其他用户任务具备高优先级的顶层任务，并符合文化多样性。这对保持驾驶舱整体注意力水平非常必要。

设计人员必须决定现有交互技术是否能支持该驾驶舱方案，并在安全性、可靠性上满足要求。特定的交互技术有可能与所需方案的特征相冲突，例如特定方案可能与显示、触屏、音响处理等技术相关。

在显示界面设计中，现有技术能达到的颜色、像素大小、分辨率、对比度、混叠效应等有可能制约显示界面元素的选用，因此必须对主要的界面元素特征进行评估，以评价在特定界面交互技术基础上的任务绩效。还需要评估显示技术的失效模式影响，以确定这些失效模式对显示信息的感知和解读造成的影响。

任何负面的发现都可能会导致需要重新考虑和选择交互技术，如果候选的驾驶舱要素无法满足可用性、完整性要求，则有必要寻找其他的要素。

必须确保在所有可能的环境和运行条件下，界面元素都能满足可视性、可达性、可用性的要求，适应使用人员的物理特征及外界环境的多样性。

对于动态的界面元素，必须在合适的动态环境下进行可读性测试。

如果界面元素有独特的失效模式或降级运行特征，必须进行各类情况下的可读性检查。可读性的通过准则取决于界面元素的重要性，相应误读、未及时操作、误操作的影响，以及特定可读性降级情况下操作的可能性。

对于在评估中发现的不符合可视性、可达性标准的项目，应同时分析如何改进界面元素才能达到要求。如果当前交互技术不能支持这类更改，则必须寻找新的交互元素和方式。

使用是检验界面方案的最终标准，因此在研发过程中必须对界面方案进行评估，通过获取客观的性能数据，确认界面方案对任务绩效需求的落实情况。如果界面方案无法满足任务绩效的需求，则有必要回到功能分析、需求定义等活动，重新认识任务，或从任务绩效的角度改进设计方案。

评估试验的类型应与被测对象的特征、任务特点等相匹配，基于被测对象和关联任务的新颖性、复杂性、集成性特征，选择评估试验的方法和场景，以及相应的评估平台。选择场景时应综合考虑正常、非正常、未定义的使用场景。尤其需要关注对人为差错、信息丢失、交互界面降级、交互界面失效的影响。

为保证设计方案对广泛终端用户群体差异的适应性，需要使用多个试验主体，对交互界面进行评估。试验人员的选择需要综合考虑身体差异、生理差异、知识水平、技能水平、语言背景、文化背景等。具体的评估方法可以参考相关的标准规范、设计手册和文献资料。

评估界面方案应支持驾驶舱主任务的完成，通过主观试验确认新的或改进的界面方案能让操作人员保持可接受的全局任务绩效。评估界面方案整体应兼容，确保操作人员在执行所有驾驶舱任务时都能达到可接受的任务绩效水平。

保持简单、直观、一致的任务-界面元素映射关系是使复杂驾驶舱集成简单化的最佳方法，尤其需要注意以下方面：

（1）确保对局部的界面元素产生的所有非预期交互或解读影响都不会导致全

局任务绩效达不到要求。

（2）由于驾驶舱存在很多界面元素，因此采用不同的媒介和形式，界面元素之间的相互作用会干扰机组执行任务，或导致非预期的、潜在的感知、决策、处置后果。

（3）应确保驾驶舱内的界面元素的特征、逻辑、编码、使用、管理都是兼容的。在现有驾驶舱构型中增加设备时，尤其是采用新的技术时，需要全面考察局部界面元素的兼容性。

通过全功能飞行模拟器或在飞行试验中开展"人在环"评估，是给设计人员提供界面方案集成满意度的最佳保障。

针对评估过程中发现的问题，应准确定位问题，分析问题机理。在航线运营过程中，如果经过充分培训的用户没有达到一致的任务绩效水平，则需要进行深入分析。针对这类任务绩效不满足的情况，有必要检查所有相关的用户任务。

经验表明，绩效不达标很有可能是任务定义不完整或任务绩效指标定义不准确导致的，因为交互界面需求是根据任务绩效标准确定的。

在分析问题的过程中，应检查完成任务所需要的界面元素是否都已被识别，并使用了合理的范围、精度、灵敏度、分辨率、限制、动态响应。如果提供给飞行员的界面元素的类型或性能不充分，则会导致机组任务无法得到充分的支持。

在航线运营过程中，如果用户使用该界面方案仍不能达到所需的任务绩效，一般有以下几个方面的可能原因：

（1）在实际运行环境中，操作人员对界面的使用和解读可能发生偏离。

（2）飞行员的个体差异可能比预期的要大得多。

（3）运行群体的期望可能与界面设计过程中其对使用需求的理解不一致。

（4）任务改进导致在原有界面方案的基础上产生新的需求。

用户是反馈可能的任务绩效困难的最佳来源，这类反馈对识别绩效问题非常有帮助，能准确反映问题的影响，并定位问题的范围。因此在航线运营过程中应持续征集用户意见。

在分析用户反馈时应注意，大部分原始意见对识别低绩效问题的原因并没有帮助，因此需要对任务定义、任务绩效需求、操作员知识、训练与指导、实际设备的性能特征进行结构化检查，以完整地捕获并解决在役过程中的绩效问题。而且，实际服役数据应能用于设计过程中的任务分析、界面需求定义和界面方案定义。

4.4.6 产品实施

在完成驾驶舱方案后，需要将方案从虚拟的图纸、数模、原型转化为驾驶舱实物产品。根据方案的不同，具体的产品可以是驾驶舱整体产品，也可以是驾驶舱内某些设备、部件，或是驾驶舱内某个显示界面或者界面中的某一个元素，甚至是驾驶舱内某个系统（如自动飞行、自动油门的逻辑改变）。

驾驶舱产品实现通常交给具体的产品团队去开展。设计团队通过系统需求、人机界面需求、产品规范等形式，将方案和相关的需求传递给产品团队。产品团队捕获这些需求后，进行相应的功能分析、需求定义、设计综合，然后形成具体的设备级、软件级或硬件级需求，并自行开展或交由其他团队开展具体的软硬件和设备的开发、测试、验证工作。

对主制造商而言，驾驶舱产品通常通过采购的形式实现，在采购过程中必须充分考虑设备之间的物理接口、设备的安装位置、设备的终饰要求、驾驶舱内环境约束等，确保供应商提供的产品能匹配驾驶舱整体环境和飞机系统。

由于驾驶舱内的设备来源于各家不同的供应商，因此常常会出现接口不匹配、特性不一致的情况，很可能需要开展进一步的调试、排故和修改。

4.4.7 系统集成

系统集成连接了产品实施和产品验证、产品确认等环节，是集成多个简单子系统从而实现一个复杂系统的过程，实现了设计集成过程中 V 形右边自下而上形成产品。在功能分析、需求定义和设计综合的递归过程中，复杂度逐级分解，直到把每个单元分解到可实施、可管理的程度，而系统集成则是对单元进行组合，是一个把复杂度逐层聚合的过程。

在系统集成环境中，驾驶舱产品的集成与飞机系统的集成同步开展，将驾驶舱内的设备以及相关的系统设备进行组装和调试，确保接口调试正常，在物理层面实现驾驶舱整体与人机界面要素的综合集成。

4.4.8 产品验证

产品验证过程的目的是表明产品满足相应的需求，包括① 确定预期功能已经正确实现；② 确定所有的需求都已得到满足；③ 对所实现的系统，确保其安全性分析是有效的。

驾驶舱产品的验证主要包括功能性需求的验证及适航符合性的验证。功能性需求的验证主要通过试验室试验或地面试验进行，确保最终的产品满足原定的功能性需求，包括设施/设备、控制器件、显示信息、机组告警等。功能性需求的验证可以结合飞机全机或各系统的功能验证开展，以节省人员和验证平台的资源。

驾驶舱适航符合性验证是针对相关适航条款要求的验证，主要目的是确保驾驶舱内的系统和设备满足条款要求，并向审定方表明符合性。这些条款可以分为两类，第一类是针对驾驶舱内某个具体要素或界面的适航要求，第二类是针对驾驶舱整体的适航要求。第一类适航条款在上述章节中已经有所述及；第二类适航条款是驾驶舱整体的适航要求，主要包括 FAR/CS25.1302，以及 FAR/CS25.1523。

4.4.9 产品确认

产品确认是指确认最终的驾驶舱整体产品能够在预期的运行环境中满足用户等利益攸关方最初的期望，具体用户包括航空公司、飞行员、维护人员等使用驾驶舱开展各项工作的群体。在产品研制的初期已经开展这些利益攸关方的需要捕获，明确这个群体的需求，但在还未将最终的产品交付用户时，始终无法百分百确认最终的产品能否满足用户的所有需求。为此，必须引入验收测试、分析、检查和试运行等方式，证明最终的驾驶舱产品能够满足这些期望。

与型号研制过程中各阶段的产品验证不同，驾驶舱产品确认需要追溯到最终用于利益攸关方需要捕获的运营场景，引入典型用户，在运营场景下使用驾驶舱，例如地面试验、飞行试验，让用户在既定飞行任务中确认产品可以成功、有效地达到预期性能。

产品验证与产品确认都在最终的驾驶舱产品物理实现之后进行。产品验证证明的是"系统被正确地实现了"，而产品确认证明的是"设计实现的是一个正确的系统"。换言之，产品确认是从用户的立场出发，证实将最终产品投放到运营环境中后能够实现其预期用途；并且，在驾驶舱整体产品确认过程中出现的任何必改的问题都必须在飞机交付前得到解决。

商用飞机驾驶舱是民用航空安全责任的重要承载单元。由于其涉及功能多、专业广、接口复杂，因此是商用飞机产品研制中一个很复杂又非常关键的系统。在过去的产品研制过程中，驾驶舱被当作各类控制功能、状态信息、告警信号的集散地，新型号的驾驶舱往往在某个驾驶舱原型的基础上稍做修正便投入市场，这也导致了航空安全事故中人为因素问题的凸显。从另一个角度看，信息技术和材料技术的高速发展推动了商用飞机气动、结构、机载系统技术的不断提升，但对人，尤其是飞行员自身的研究目前仍没有突破性的进展。在这种情况下，商用飞机产品中的人为因素问题显得尤为突出，如何在产品研制中做好驾驶舱内的系统集成和人机集成，成为航空业的一个重要课题。

本章从驾驶舱研制的特点出发，结合商用飞机产品生命周期模型和系统工程方法，建立了商用飞机驾驶舱研制的初步过程，对过程中的活动进行了阐述，旨在为业界提供一个工程实践的模板。在当前的商用飞机系统研制过程中，基于模型的系统工程方法以其准确性高、可读性强、利于沟通、便于共享等优势，正在稳步推广应用，逐渐发挥出其潜在优势。在商用飞机驾驶舱研制过程中，基于模型的系统工程方法可以建立需要捕获阶段中可视化的交互场景，改善功能分析阶段的信息传递和检查，提高需求定义阶段的需求传递效率，并实现设计综合阶段的方案快速验证。相信在不久的将来，基于模型的系统工程方法将在驾驶舱研制中充分展现它的潜力。

第5章　驾驶舱布置布局研制实践

5.1　驾驶舱布置布局

驾驶舱是一个典型的人-机-环系统。现代商用飞机驾驶舱一般由天花板、顶部控制板、遮光罩、主仪表板、中央操纵台、左右操纵台、飞行员座椅和各种控制器件等组成，如图5-1所示。飞机驾驶舱布置布局设计实际上就是满足各种

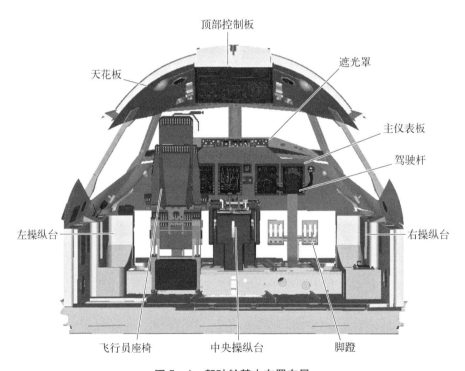

图 5-1　驾驶舱基本布置布局

需求的设计结果，也就是说，通过对空间和设备的最佳选择、最优化设计和合理布局等途径，达到最佳的人-机-环工效。

5.2 设计理念

驾驶舱设计理念通常是描述性的，并不具体规定设计要素，而是把握设计方向，为设计过程中的决策和判断提供顶层依据。

各大飞机制造商对飞机驾驶舱设计的理念方向基本趋同，同时融入企业自己的特色。

目前被广泛接受的基本设计理念有以下描述：

（1）以人/飞行机组为中心。

（2）以安全和高效为最主要目标。

（3）优化人与系统或自动化之间的关系，达到优势互补，人机融合。

根据对上述基本理念的不同理解，飞机制造商可形成自己的设计理念，以指导飞机设计。

驾驶舱设计理念涉及驾驶舱设计，包括但不限于飞行员的责任、飞行员的权限、飞行员的特性、自动化、新技术和新功能的应用、人为差错、通信、设计优先级、飞行机组任务简化。

在 ARP 5056 文件中，详细介绍了波音和空客以人为中心的驾驶舱顶层设计理念。

5.3 利益攸关方需要捕获

利益攸关方需要捕获是指识别完整的与驾驶舱相关的利益攸关方，同时收集、协调和维护利益攸关方的需要。针对驾驶舱布置布局需要捕获，这里着重介绍三部分内容：一般需要捕获、机组任务捕获和运行场景捕获。

5.3.1 一般需要捕获

在开展一般需要捕获工作时，应关注以下四个方面：

（1）与驾驶舱相关的利益攸关方可分为四类，其需要可概括为表 5 - 1 中所述的各个方面。

表 5 - 1　与驾驶舱相关的利益攸关方及其需要

序号	利益攸关方	需要的主要方面
1	适航当局、空中交通管理局	最新的政策法规、更新的运行规章、未来空域环境的中长期规划、运行新技术等
2	航空公司、飞行员、培训机构	公司运控政策、航线计划、机组人员资质、机组人机交互、签派工作模式、机组培训和共通性需求等
3	机场、地勤和维护人员	机场发展规划、软硬件升级趋势、工作人员日常工作、管理和培训需求等
4	竞争机型和系统供应商	竞争对手的型号战略规划、飞机设计目标、技术改进升级、新技术、经验与教训、供应商技术成熟度和知识产权等

（2）由于利益攸关方主要为驾驶舱的使用用户，因此基于个人经验的主观性意见较多，应通过访谈、调查问卷和头脑风暴方式完成需要捕获，部分需要的捕获可结合原理样机或仿真平台评估等活动进行。

（3）收集利益攸关方的相关意见之后，应结合各种内外部约束，对需要进行取舍、合并、折中，编制完整的利益攸关方需要文档。在此阶段，应重点关注飞行员需要，分析机组任务，从安全、舒适、高效的角度出发，重点分析其必要性和可实现性，深入对比相关竞争机型的优缺点，并考虑未来航空技术的发展趋势。

（4）需要捕获完整之后，应再次与利益攸关方确认，并按需完成若干次迭代。

将捕获的利益攸关方需要和功能分析结果转化为正式的驾驶舱需求。开展该项工作时，应注意以下三个方面：

（1）定义与驾驶舱相关的功能性需求（飞机级）。应依据迭代后的相对成熟的飞机级功能清单，列出与驾驶舱人机接口相关的飞机和系统的特征，将其转化为需求并用规定的统一语言进行描述，从而生成与驾驶舱相关的功能性需求，属于飞机级功能性需求的重要组成部分。

（2）定义与驾驶舱相关的非功能性需求（飞机级）。该工作是为了支持飞机人机接口功能的更好实现，应通过分析使用环境和外部约束，得到飞机的非功能性需求，主要包括驾驶舱人为因素设计需求、驾驶舱控制器件设计需求、驾驶舱显示设计需求、驾驶舱告警设计需求。

（3）应将定义的需求进行筛选，确认其满足各利益攸关方的需要，并开展与下游系统专业的需求握手工作，以保证预期的驾驶舱需求能够被实现，输出与驾驶舱相关的需求文件集。

ARJ21－700飞机驾驶舱典型设计如图5－2所示。

图5-2　ARJ21-700飞机驾驶舱

除去一般需要之外，驾驶舱在设计之初还需要额外考虑预期的机组任务和运行场景，这样才能更加完整地捕获设计需要。

5.3.2　机组任务捕获

机组任务是指飞行员将乘客从起始地运输到目的地所从事的所有工作，主要包括飞行、导航、通信、系统管理四大方面。结合运行场景开展机组任务分析，可以确定用户的操作使用需求。

1）飞行工作

在飞机运行包线和飞机系统的使用限制范围内，飞行员驾驶飞机的具体工作包括如下方面：

（1）在飞机的重心范围内控制住飞机。

（2）沿预定的路径建立并保持飞机的轨迹。

（3）控制飞机的飞行构型，如襟翼、副翼、减速系统、起落架。

（4）控制飞机的能量。

（5）在地面上引导飞机。

（6）在地面上刹住飞机。

飞行员需要借助下列合适的控制措施完成上述工作：飞行控制系统，襟翼、副翼、减速系统，起落架及刹车、转弯，推力控制。

2）导航工作

导航工作内容包括如下方面：

（1）以合适的精度知道飞机的位置。

（2）定义合理的飞行计划。

（3）按预期的路径驾驶飞机。

（4）获得正确的飞机横、纵向位置等判断（关于机场、障碍、交通状况、天气等的情景意识）。

飞行员需要合适的导航手段完成上述工作：精确、可靠的多传感器导航系统；启动正确的控制系统，利用包含机场、防撞、障碍物、导航设备（信标）等可靠的数据库及相关高度时间和速度限制的信息，定义和修改预期的飞行路径。

3）通信工作

通信意味着与 ATC 和其他的飞机、地面服务站等之间进行沟通。因此，设计应提供通信媒介，包括甚高频（VHF）、高频（HF）、卫星通信（SATCOM）、内话系统、应答机；正确的界面，建立连接，并收发、处理信息和数据；管理和控制音频的接收和发射。

4）系统管理工作

系统管理工作包括控制和监管飞机的不同系统（电、油、发动机等）；在正常和非正常/紧急情况下使用操作程序。

5.3.3　运行场景捕获

运行场景是指飞机在用户（飞行机组、维修人员等），外部环境（大气、无线电、地形、电磁等），以及内部状态（故障）的组合中的预期行为（即功能）。

在设计初期，通过定义场景，开展场景分析，将研发的驾驶舱置于其运行场景中，分析其在场景中的预期行为，从而获得驾驶舱的功能架构和需求。运行场景定义需要从以下三个维度进行考虑。

（1）时空维度：即飞机所处的运行或者维护阶段，包括地面阶段、地面滑跑、起飞、爬升、巡航、进近、着陆等。

（2）环境维度：主要考虑飞机运行所在地的宏观气候、微观的天气、重力场、电磁环境、跑道的长度、跑道所在位置的海拔高度、风沙、空气含盐量等。

（3）状态维度：状态即飞机的状态，如单发失效、双发失效、舵面卡阻、单套液压系统失效等，主要考虑所有预期运行中可能发生的影响机组任务的单个系统故障或多系统组合故障状态。

在场景定义的过程中，应依据实际需要，调整各维度的颗粒度，提高基于此场景分析得到的需求的完整性和正确性。

5.4　功能分析

功能分析是在机组任务分析和运行场景的基础上，描述驾驶舱的功能特性；对预期功能进行识别和定义，给出功能清单；通过功能分解产生驾驶舱产品的功能架构，在分解之中产生功能接口。开展该项工作时，应关注以下五个过程：

（1）在飞机运行场景的基础上，应建立相对完整的、细化的驾驶舱运行场景，涵盖时空（飞行阶段）、环境、状态三个维度。

（2）针对上述过程（1）中的运行场景，进行机组任务分析时，应结合此阶段的飞机级功能定义文件，分析、筛选出与驾驶舱相关的飞机级功能。

（3）将分析确定的相关功能进行提炼和归纳，完成功能定义、功能架构和功能分解。在此过程中，应根据驾驶舱设计理念中的自动化理念，完成人机功能分配。

（4）应特别注意驾驶舱是整个飞机的有效组成部分，与驾驶舱相关的功能定义是飞机级功能定义工作的一部分；经分析确定的功能应与飞机级功能清单进行迭代更新，少部分相对独立、细化的功能也可放入相关的系统级功能中；最终保证驾驶舱功能定义与飞机级和系统级功能清单、功能架构和功能分解相匹配。

（5）此过程后期需要将编制好的功能架构文件与利益攸关方进行确认。

5.4.1　人机功能分配

人机功能分配是指根据系统功能、飞行员能力、自动化水平和人、机特性，在需要执行多项任务时，确定哪些由机器来完成，哪些由人来完成的过程。建议遵循如下基本原则：

（1）占用系统资源少、飞行员易完成的任务，可分配给飞行员。

（2）占用飞行员大量精力和简单、重复性的任务，在系统安全性允许的前提下，可分配给自动控制系统。

（3）至关重要的、涉及安全的任务，在自动控制系统之外，应提供人工控制备份，确保安全性。

（4）机组操作和自动控制系统应最大限度地各自独立。

（5）考虑飞行员的生理、心理能力，如飞行员是否有足够的认知能力来同时完成几项信息的判读。

人机功能分配是驾驶舱设计过程最基本的环节之一，可为人机界面设计提供可靠的定量和定性理论基础，并在很大程度上决定实际执行飞行任务时人和飞机的相互作用。通过功能分配，可以获得合理的人机界面，有助于改善飞行员的情景感知水平，提高飞行员对任务状况的了解、评定，以及对未来事件的评估和决策能力，确保整个飞行任务的成功率。

5.4.2　人机界面开发

驾驶舱人机界面指由驾驶舱控制器件、显示信息、机组告警、自动化特征组成的，支持飞行机组与飞机系统进行交互的工作界面。驾驶舱人机界面服务于飞机的整体任务，为保证安全、高效运行，需要综合考虑飞机性能、操稳、重量等飞机总体特性，以及动力装置、燃油系统、飞控系统、液压系统、起落架系统等的功能和运行特征，结合人的物理特性（如操作能力、已有的驾驶经验、操作习惯、飞行员生理极限）与认知特点进行设计开发。

驾驶舱人机界面研制是飞机设计的重要组成部分，是商用飞机研制系统工程中的一个重要环节，开发过程参见图4-4中的ARP 5056商用飞机驾驶舱人机界面研制流程，如图4-4所示。

5.5　设计综合

根据HB 8525—2017，商用飞机研制过程可分为需求和概念论证、初步设计、详细设计、试制和验证、批量生产五个阶段，驾驶舱设计和评估工作贯穿于这五个阶段。

在飞机的整个研制过程中，驾驶舱设计和评估工作以人为中心、以满足所有利益攸关方为目标开展驾驶舱集成设计活动，自顶向下开展驾驶舱整体集成，实现驾驶舱安全、舒适和高效的设计目标。

驾驶舱布置布局设计一般包括总体布置布局设计、驾驶舱装饰和辅助设施设计、驾驶舱标记和标牌设计、机组座椅设计、驾驶舱环境设计和驾驶舱维修性设计等内容。

5.5.1　总体布置布局

驾驶舱布置布局是在满足飞行员的可视性、可达性、舒适性及操作空间足够的前提下，对驾驶舱内各系统与设备进行综合布置。驾驶舱布置布局建议遵循如下原则。

（1）驾驶舱的布置布局应符合 CCAR–25–R4 中的条款 25.771（a），25.773（a），25.773（b）（1），25.773（b）（2），25.775（e）；CS 中的条款 25.1302，25.1307（d），25.1307（e），25.1321（a）、（b）、（c），25.1329（i），25.1381（a）、（b），25.1383，25.1403，25.1411，25.1423（f），25.1439（a）、（b），25.1441（c），25.1447（c）（2），25.1457（b），25.1523，25.1563 等要求。

（2）驾驶舱的布置布局应以设计眼位为中心，通过满足飞行员外视界来设计风挡，通过满足可视性、可达性及舒适性要求来布置仪表板、显示装置及控制与操纵设备。

（3）驾驶舱的布置布局应考虑人体的尺寸限制。由于人体尺寸存在较大差异，因此驾驶舱布置应确保第 50 百分位数尺寸的飞行员取得最优的可达性和可视性，同时使第 5 和第 95 百分位数这 2 个极限尺寸的飞行员处于设计眼位时的可达性和可视性可接受。

（4）驾驶舱布置布局主要的工作是确定驾驶舱内各系统或设备的位置参数，从而确定各系统或设备在驾驶舱中的相对位置，这些参数主要涉及如下方面：

a. 设计眼位点位置；

b. 座椅中立参考点（NSRP）位置；

c. 仪表板距眼位点的位置及内部设备的布置；

d. 遮光罩距眼位点的位置及内部设备的布置；

e. 地板距眼位点的位置；

f. 脚蹬距座椅参考点的位置；

g. 顶部控制板距眼位点的位置；

h. 中央操纵台距眼位点的位置；

i. 侧杆距眼位点的位置；

j. 风挡相对于眼位的位置和轮廓；

k. 内外视界；

l. 头部、腿部和机组进出的活动空间；

m. 主要操纵手柄（如油门台、转弯手轮、襟缝翼手柄、起落架收放手柄等）。

与驾驶舱布置布局相关的具体指南包括 ARP 4101、GJB 4856—2003、HB 7496—2014、HB 8535—2016。图 5 - 3 为国产 C919 飞机驾驶舱布置布局。

图 5 - 3　C919 飞机驾驶舱布置布局

5.5.2　驾驶舱装饰和辅助设施

驾驶舱装饰一般由左右操纵台、天花板、窗框装饰罩、后装饰板组成。驾驶舱辅助设施一般包括遮阳设施（如遮阳帘、遮阳板），目视定位仪，就餐辅助设施（如可收折小桌板），进出座位辅助手柄，杯托，烟灰缸，插笔袋和文件夹架等。

驾驶舱装饰和辅助设施设计应遵循如下原则：

（1）应符合 CCAR‐25‐R4 中条款 25.853 的耐火、阻燃要求。

（2）应提供使飞行机组人员能安全、高效、舒适地完成对飞机的操纵、控制、显示和监控所需的工作环境和必要的储藏设备。

（3）驾驶舱装饰应保证飞行员设计眼位与装饰板之间的头部活动空间。

（4）需留有足够的储藏空间放置航图、手册和其他飞行需用物品，并易于获取。

（5）驾驶舱辅助设施应根据人体的使用习惯布置，应具有较好可达性且易操作。

（6）应满足飞机驾驶舱的视界要求，并且在保证装饰板覆盖结构件的基础上提供最大的驾驶舱视界。

（7）对驾驶舱内装饰色彩和纹理的选取，应在操作区域采用深色色调，以提高表面耐脏度，例如左右操纵台上部、观察员操纵台上部等区域；在左右操纵台下部、侧壁板、天花板采用明亮色调，以提高大面积区域视野的明亮效果；窗框装饰罩采用灰色调，在阳光过渡区域采用中性色彩，以避免阳光照射在窗框装饰罩表面产生强光；窗框装饰罩和操纵台表面采用中度纹理，以避免阳光在装饰表面产生反射。驾驶舱内装饰的装饰条颜色应该统一，驾驶舱内装饰表面的漆层和色号应在装配图中明确。

（8）对于驾驶舱内装饰造型，应尽可能减少装饰件的覆盖空间，或利用视错觉造成空间的扩大感；驾驶舱的天花板配色应明亮、流畅，减少压抑、拥挤的感觉。

（9）目视定位仪的设计应符合 CCAR‐25‐R4 中条款 25.773（d）的要求。

与驾驶舱装饰和辅助设施相关的具体指南见 HB 8535—2016。

5.5.3 驾驶舱标记和标牌

驾驶舱标记和标牌的主要指示对象是机组人员可能使用的各种操纵器件和应急

救生设备，包括逃生绳、氧气面罩、便携式氧气设备、手电筒、灭火瓶、应急斧等。

标记和标牌的设计原则如下：

（1）驾驶舱标记和标牌应符合 CCAR－25－R4 中的条款 25.1541、25.1543（b）、25.1545、25.1555、25.1563 的要求。

（2）标记和标牌可采用图文和文字的形式，颜色建议采用无光泽的或是亚光的，通常可采用红、白、黑三色。白色通常作为标牌底色，或用于红、黑底色上的文字；红色表示告警，用于紧急情况下提示机上人员注意的告示牌；黑色通常用于文字、图案、边框线等。此外，还有一些特殊颜色应用在图形类标记和标牌中，如氧气瓶图案可以采用绿色，救生衣图案可以采用橙黄色等。

（3）标记和标牌应布置在有关设施上，或紧靠在它的旁边，或在其维护口盖上，并应该尽可能做到在不移动设备的情况下就可以见到。如果标记和标牌不易看到，则应该有相应的标志和箭头来指示。当标牌位置过高、过低或无法布置在紧靠设施的旁边时，可以通过移动位置、增加箭头、组合标牌等方法灵活地解决。

（4）标记和标牌应置于醒目的位置，且在正常使用情况下能够清楚看到，标牌不宜过高或过低。

（5）对国籍登记标牌、型号合格证、生产许可证、制造人信息等标牌，应固定在驾驶舱门入口附近。

5.5.4　机组座椅

机组座椅是确保飞行员安全完成飞行任务的重要设备，机组座椅通常由座椅主结构、椅盆、椅背、扶手、头靠、腰靠、座椅的调节机构以及五点式躯干约束系统等组成。

机组座椅的设计原则如下：

（1）机组座椅的设计应符合 CCAR－25－R4 中的条款 25.562、25.785 的要求。

（2）机组座椅的调节装置应适用于用户群体第 5 到第 95 百分位数飞行员的人体参数，可保证使身高不同的飞行员在驾驶飞机时眼睛处于眼位点。建议机组座椅可以进行前后、左右及上下调节；应优先考虑电动调节方式，当电动调节装置出现故障时，飞行员应有其他手段对座椅进行调节（如机械手动调节）；为了使各个百分位数的飞行员在驾驶飞机时姿态舒适，驾驶员的椅背、扶手、头靠、腰靠等均应设计为可以调节的。

（3）座椅应安装五点式躯干约束系统（即有肩带、腰带和裆带）。

（4）座椅表面不应有会造成人员或安全带损伤的尖角和凸出物，也不应有可使操作座椅的人员双手刮伤和衣服撕破的尖角和凸出物。

与机组座椅相关的具体指南见 ARP 4101/1、HB 7046—94。

5.5.5　驾驶舱环境

驾驶舱环境包括驾驶舱的空间、温度、照明、压力、湿度和内部气流的流速等，是保证驾驶员安全、高效、舒适地操纵飞机，完成飞行任务的必备条件。环境的舒适度对驾驶员的工作效率和健康状况会产生明显的影响。

驾驶舱环境的设计原则如下：

（1）应为飞行机组提供从设计眼位点至内饰表面半径至少为 215.9 mm（8.5 in）的球形头部活动空间。

（2）驾驶舱结构渗漏要求应满足 CCAR - 25 - R4 中的条款 25.771（d）的要求。

（3）驾驶舱通风应满足 CCAR - 25 - R4 中的条款 25.831 的要求。

（4）在整个飞机飞行包线内，应维持一个稳定、均匀和舒适的驾驶舱温度。

（5）驾驶舱设备的振动和噪声应满足 CCAR - 25 - R4 中的条款 25.771（e）的要求。

（6）应采取驾驶舱隔音措施，以保证在正常飞行的任何阶段，周围的噪声水平都是充分低的，从而实现可靠的、不需增音的语音通话。

（7）应对窗口和口盖密封区噪声、风挡雨刷声、管道声、电子设备声、仪表声和其他使人主观不舒适的声音源进行抑制。

（8）巡航状态下，两位飞行员设计眼位的中间位置的驾驶舱连续噪声水平不应超过75 dB；起飞着陆时，允许短时间内噪声峰值水平达到90 dB。

（9）应能使通过看、听或接触而被检测到的座椅、地板、控制杆或设备的振动最小化，以保证正常的飞行状态。

（10）舱内臭氧浓度应满足CCAR‒25‒R4中的条款25.832的要求。

（11）对于增压座舱，应满足CCAR‒25‒R4中的条款25.841的要求。

（12）驾驶舱内应提供仪表和控制板的整体照明。

（13）在从夜晚到阳光明媚的所有天气条件下，所有操纵器件、仪表、指示器和信号的照明应确保设备有足够的可视度，并且亮度可以调节。

（14）不论白天或夜间飞行，驾驶舱外部或内部产生的光、眩光和反射光都不应影响飞机的安全操作。

（15）对飞行机组成员需要的每一块仪表板和中央操纵台，应采用亮度可变的面板泛光照明。

（16）每个机组成员座位处的照明装置的定位应尽量减少对相邻机组人员的干扰。

（17）所有驾驶舱区域照明均应使用白色光源。

5.5.6　驾驶舱维修性

维修性作为商用飞机产品的重要特性，对商用飞机生命周期成本有着决定性影响。驾驶舱的维修性需要考虑设备维修的可达性、互换性，同时需要开展标准化、模块化设计，实现部件互相通用、快速更换修理，简化驾驶舱维修工作，降低备品成本。

驾驶舱维修性的设计原则如下：

（1）对驾驶舱进行统筹安排、合理布局，应考虑为维修人员在拆装设备、零组件时留出必要的维修空间，以便进行测试或拆装；故障率高、维修空间需求大的部件应尽量安排在系统外部或者容易接近的部位。

（2）尽量做到检查或者维修驾驶舱任一部分时，不拆卸、不移动或少拆卸、少移动其他部分。

（3）驾驶舱易损件和常用件拆装应简便，拆装时零部件进出的路线最好是直线或平缓的曲线，不要使拆下的产品拐弯或者颠倒后再移出。

（4）驾驶舱内各系统和设备应尽量采用功能模块（件）化设计。应按照功能设计成若干个能够完全互换的模块，且便于进行单独测试。模块在更换后一般应不需要进行调整，若必须调整，则应能单独进行。

（5）设计驾驶舱时，应优先选用标准化的设备、附件和零组件，与维修有关的尺寸、螺纹规格等均应实现标准化，并减少其品种和规格。

（6）对驾驶舱内故障率高的、航线不易排除和修复的飞机组件和设备，应具有良好的互换性和必要的通用性。

（7）驾驶舱内各系统和设备尽可能按最小可更换单元设计，以降低维修和维护成本。

（8）为了便于支持维护人员的排故活动，中央维护系统应能实现维护消息与相应的驾驶舱消息、定期维护任务、维护服务消息以及机载维护文档等信息的关联，并能将维护消息链接到相应的电子维护文档，通过维护文档中的信息指示启动相关的地面测试、调整测试等。

5.6　集成与验证

5.6.1　概述

对于新的飞机设计项目，本章所说的适航验证指的是型号合格审定过程中的验证工作，即中国民用航空局对民用航空产品（这里指航空器）进行设计批准的过程，其重点是民用航空产品本身的安全性。在需要捕获阶段，商用飞机制造商应及早与项目利益攸关方进行沟通和协调。对于本章的研究对象，项目利益攸关方是型号合格审定审查组。

按照 AP‐21‐AA‐2011‐03‐R4 的要求，在概念设计阶段，商用飞机制造商和审查组进行对潜在审定项目的熟悉和对审定适用规章的指导。在此阶段，民用飞机制造商可及早捕获其需求。在需求确认阶段，即 AP－21－AA－2011－03－R4 定义的"要求确定阶段"，商用飞机制造商应就适航审定需求反复迭代，与审查组不断讨论，以审定基础问题纪要的形式予以确认。而在符合性计划制定阶段，适航审定需求会进一步以审定计划的形式予以固化。需求确认完成后，驾驶舱适航审定的适用规章就已确定，需求基线也就建立起来了。驾驶舱设计是否满足需求主要通过适航规章条款的符合性验证来完成。

适航规章条款对驾驶舱设计的要求主要分为驾驶舱布置布局、驾驶舱视界、驾驶舱操纵器件或面板、驾驶舱设备、驾驶舱最小机组工作量、驾驶舱人为因素、飞行操纵等。

适航规章作为驾驶舱设计的最低标准，应强制将条款的要求转化至设计顶层需求（设计原则、设计规范和设计要求）。

5.6.2　建议的符合性方法

1）相似性声明

相似性声明是待批准系统和之前已批准的系统针对符合性要求，在物理、逻辑和运行层面的相似性的详细描述。

可与先前已通过审定的系统进行比较，来证明设计的充分性，这种比较可表明系统设计会尽可能少地产生机组差错，或当差错发生时，可以增强飞行机组进行相应处理的能力。

相似性声明方法的适用范围较窄，驾驶舱设计审定是以任务为基础的，强调整体动态过程，因此该方法只能在局部适用，并作为符合性材料的一部分。

2）设计说明

设计说明方法可采用图样、构型描述和设计理念等设计描述，来证明设计符合特定规章的要求。

图样（如驾驶舱布置图、工程图或两者均可）可通过直观的方式描述硬件的几何布局或显示器的图形界面，以表明对规章的符合性。

系统设计描述将驾驶舱人机界面的显示、操纵、功能逻辑、防错设计、对设计要求符合性等信息作为符合性验证材料。系统设计描述信息通常以机组操作手册的形式提供，但需补充人为因素的相关信息。系统设计描述更多的是提供重要的背景信息，而符合性的最终确认应通过其他方法，如演示验证或试验。由系统设计描述提供的背景信息可减少与演示验证或试验有关的复杂性和风险。

在驾驶舱设计规范中，详细说明了以安全为中心的总准则可以作为一种设计理念，来证明设计能够满足某项具体规章的要求。比如在驾驶舱内增加一个新的告警信号时，若该告警信号遵循现行可接受的告警准则，则可用设计理念作为其符合性方法。

3）计算/分析

计算/分析是分析性评估，参与者无须直接与实际设备样件互动，此方法应提供具有详细结果与结论的报告，包括对其组件、部件、评定假设以及决策依据的透彻分析。

然而，审查方可能会要求对此方法采用的任何计算工具均予以确认。例如，申请人可以通过虚拟仿真分析来演示、验证飞行机组有清晰或不失真的窗外视界；通过虚拟仿真分析证明从飞行机组成员的工作位置可以看清飞行、导航和动力装置信息；通过在数字样机中建立合理的人体模型，对驾驶舱的可达性进行分析；通过人为差错分析识别潜在的差错关注点，作为后续评估的重点关注点。

申请人可能需要通过地面或飞行试验来确认该分析的结果。

4）评估

驾驶舱评估是驾驶舱符合性验证的重要方法之一。驾驶舱评估并不要求一定在达到最终状态时才开始，在设计过程中即可与局方沟通，进行驾驶舱评估，但局方一般不到场。

评估一般是申请人进行的设计评估，随后由其向审查方提供一份结果报告。评估不要求申请人做制造符合性说明，评估可以在工程样机、部分任务模拟器、全任务模拟器中进行，也可以是飞行评估。在不同的平台上开展的评估工作均可以作为取证过程中的一种验证信用积累，这在符合性验证工作中尤为重要。

驾驶舱评估通常采用飞行员主观评估的方法，评估平台为工程样机、工程模拟器和真机。评估可按照以下四个步骤开展：

（1）建立评估问卷，内容包括驾驶舱各区域的可达性与可视性、驾驶舱视觉环境、驾驶舱显示界面设计、驾驶舱控制面板设计等内容。

（2）确定工程样机、工程模拟器和真机驾驶舱构型，准确记录驾驶舱构型状态，确保评估对象可控、可追溯，建立专门的构型管理体系对评估平台状态进行管理。

（3）组织实施飞行员在环评估。评估之前向参与评估的飞行员详细讲解驾驶舱构型状态、问卷内容、问卷填写方式等，上机过程中全程陪同飞行员进行评估，对评估过程中的问题进行解释。

（4）数据收集处理。完成评估后对试验数据进行处理。数据包括以生理测量学方法获得的客观数据和主观评估意见两部分。

5）试验

试验是一种实施方式，是与上述的评估很相似的符合性方法，但两者存在一项很大的差别，即试验要求在真正制造符合的产品/系统以及系统下开展。试验可在台架、试验室、模拟器或飞机上进行。试验是在审查方在现场的情况下进行的设计评估。

（1）制造符合性。

按 CCAR‐21‐R4 的要求，申请人必须表明待评定的产品/系统、驾驶舱/系统接口符合制造要求，用于试验的模拟器需满足 CCAR‐60 的要求。

（2）试验室试验。

这类试验通常仅限于表明零部件设计工作符合要求。通常试验室试验单独作为符合性方法是不充分的。不过，在结合其他方法的情况下，其可以提供有用的支持数据。例如，申请人可以用试验室试验表明显示器在预期的最亮照明条件下的可视性，前提是有支持信息来定义预期的照明条件。这类支持信息可能包括表明太阳照到显示器的潜在方向的几何分析，以及预期视角的计算。这些条件随后应可在试验室复现。

（3）模拟器试验。

模拟器试验应利用代表驾驶舱综合仿真的装置以及运行环境（通过使用飞行硬件和软件、模拟系统或其组合），这些装置还可模拟飞机响应的响应特性。模拟器应能满足模拟的物理性和功能性逼真度的要求。

只有满足制造符合性的驾驶舱零部件才可以用于模拟器试验。申请人可使用工程模拟器或飞行机组训练模拟器，确认大部分正常的和应急的程序以及设备对飞行机组工作负荷的影响。若驾驶舱已全面满足制造符合性且其航电设备由满足制造符合性的硬件和软件驱动，则申请人可进行并使用综合的航电试验来表明符合性。对于任何给定的符合性问题，并非始终要求其在模拟的所有方面都必须具有高等级的逼真度（见 CCAR - 60 附录 A）。逼真度要求可以根据要评估的问题来确定。

（4）飞行试验。

飞行试验可在地面或空中实施。例如，地面试验的一个例子是对显示器潜在反射的评估。这一试验通常需要遮挡驾驶舱窗户来模拟黑暗，并将驾驶舱照明调节到需要的程度。光源、显示器硬件和窗户构造的不同，决定了该项特定试验可能无法在模拟器上实施。

在合格审定期间，飞行试验是对设计的最终演示试验。这些试验是在满足制造符合性的飞机的飞行期间实施的，飞机及其零部件（驾驶舱）是待审定型号设计的最终体现，并且是最接近真实设备运行情况的。

空中飞行试验是最真实的试验环境，但仅限于可以安全实施的评估项，可用来确认和证实在项目研发和合格审定期间先期进行的其他试验。对用其他符合性方法（包括计算/分析、评估）收集到的数据资料，最好通过飞行试验进行最终确认。

飞行试验可能受限于一些特殊飞行条件（如天气、失效或异常姿态）以及安全评定等级。比如，对有些评定等级为高风险的科目就不建议进行飞行试验，可选择模拟器试验替代。

第6章 驾驶舱控制器件研制实践

6.1 系统概述

6.1.1 控制器件的范围与作用

驾驶舱控制器件是飞行员与系统交互的主要途径。FAA 将驾驶舱内的控制器件定义为飞行机组操作、配置、管理航空器及飞行操纵面、操纵系统和其他设备而使用的装置。常规的飞机控制器件包括操纵杆（盘）、脚蹬、油门杆、按钮、旋钮、按键和开关等。随着技术发展，机械仪表被大屏幕显示器取代，新型控制器件包括光标控制器、触屏控制和轨迹球等，替代了大量的机械按钮、旋钮、按键等传统控制器件。但无论控制方式如何演变，驾驶舱控制器件的核心作用没有变化，依然是飞行员控制和驾驶飞机的界面，是飞行员下达指令的窗口。飞行员通过控制器件来控制与驾驶飞机，这种控制主要是以力的形式传递，现代的触屏控制也可以理解为力的一种形式，飞机得到指令后做出相应的响应，这种响应一般以视觉（如显示仪表、指示灯等），听觉（如告警音），触觉（如抖杆）等形式反馈给飞行员。控制器件的指令输入与响应输出如图 6-1 所示。

图 6-1 控制器件的指令输入与响应输出

6.1.2　操纵杆（盘）与脚蹬

在飞行过程中，飞行员主要通过操纵杆（盘）和脚蹬操纵升降舵、方向舵、副翼，从而控制和驾驶飞机，使飞机从一种飞行状态转变为另一种飞行状态，以完成起飞、爬升、巡航、下降、进近、着陆等过程。在地面滑行阶段，脚蹬还起到刹车的作用。

操纵杆（盘）是飞机操纵系统的关键部件之一，也称驾驶杆（盘），它将飞行员与飞控系统联系在一起，为飞机飞控系统提供操纵指令，实现飞机的俯仰、横滚、偏航的三轴控制。现代商用飞机使用的操纵杆一般为中央杆（盘）或侧杆（见图6-2），波音系列飞机一般为中央杆（盘），而空客系列飞机大多采用侧杆。两者各有优缺点，但对航线飞行员而言，民航局一般不予签注同时采用中央杆（盘）和侧杆两种类型的飞机。

图6-2　中央操纵杆与侧杆

在设计布局上，中央杆（盘）位于飞行员的两腿之间，通过双手操作前后运动，控制飞机的俯仰、左右旋转和滚转运动。侧杆由弹簧和阻尼装置组成，采用固定杆力曲线，飞行员可以通过前后左右移动手柄，控制飞机的俯仰和滚转运动。

中央杆（盘）的一个显而易见的特点是可以通过双手操纵，飞行员可以根据自己的习惯使用左手或右手进行操作；而侧杆位于飞行员身体的一侧，飞行员很难用另外一只手操作，因此无法双手交替操纵驾驶杆。

中央杆（盘）的零部件比侧杆要多，包括传力钢索、扭力杆、杆力机构、伺服电机等，其重量与占用的空间一般是侧杆的几倍。中央杆（盘）的安装比较复杂，不便于拆卸，整个装置一般只能在日常维修时更换，而侧杆为独立的可更换单元部件，可在半小时内完成更换。中央杆（盘）的接口比较复杂，侧杆相对简单，通过机械接口安装在飞行员外侧的操纵台上，通过电气接口与相关的设备进行通信。

中央杆（盘）是联动的，任何一个人操作的话，在另一根操纵杆上也会有同样的位移量；侧杆是独立的，一个人操作不会影响另一个人，在两根侧杆上各有一个抢夺控制权的按钮，可实现控制权交换。

由于侧杆和飞机受控面之间不存在机械连接，飞行员操纵时无法直接感受到飞机受控运动后的反作用力，使飞行员"感觉匮乏"，因此可能会造成飞行操纵过快、过量或难以及时做出修正的问题。为了弥补"感觉匮乏"，近些年来，随着伺服控制技术的成熟，开始研究"主动侧杆技术"。具体来看，主动侧杆能够根据不同飞行环境和要求，调整操纵杆的力位移特性，获得良好的操纵性能；也能通过驱动装置，实现可变的杆力曲线，并能够反驱驾驶杆运动，实现左右驾驶的联动。目前还没有主动侧杆在商用飞机上应用的案例，主要的研究集中在地面试验或在直升机、战斗机上的应用，如 BAE 公司在 F‑35 战斗机、JAS‑39 战斗机、UH‑60 直升机、CH‑53 直升机等飞机上使用主动侧杆。主动侧杆可实现左右驾驶的电气耦合联动，自动驾驶仪在操纵飞机时侧杆也跟随移动，与传统的中央杆（盘）左右联动操纵模式相似。主动侧杆不仅和被动侧杆一样，具有机组操作权限的视觉通知，以及两个人在同时操纵飞机的提示音，还可以实现左右联动功能。

现代飞机都采用电传操纵系统，驾驶飞机已相对省力许多，但飞机制造商将操纵杆的选择作为一个重大构型选择方向，审慎决策。这是因为它不仅代表着飞行员对飞机的驾驶习惯，而且代表着两种飞机设计理念。以波音公司系列飞机为代表的中央杆（盘）的设计理念给予飞行员最大权限，飞机通过计算机将所有飞行数据都清晰呈现给飞行员，由飞行员来进行决策和执行；以空客系列飞机为代表的侧杆的设计理念是计算机权限高于飞行员，更强调减轻飞行员的工作负荷，提高飞行员的舒适性。

6.1.3　油门杆

油门杆是发动机控制系统的一个部件，飞行员在驾驶舱内操纵油门杆，通过拉杆、摇臂、扭力管、钢索、滑轮、扇形轮等操纵系统构件传送到发动机上的汽化器或燃油调节器进行控制。现代涡轮喷气发动机的基本工作原理是通过提高空气温度，增加流经它的空气的速度，因此发动机控制的基本要求是控制加热空气的燃料流量。这个过程需在合适的空气流量、发动机转速、高度、气流速度和环境温度的综合条件下，以十分精确的方式完成。为此，现代涡轮喷气发动机都配置有全权数字化发动机控制装置（FADEC）以完成对发动机的精确控制。对飞行员来说，操纵涡轮喷气或涡轮风扇发动机就变得相当简单。在驾驶舱油门台上有很多操作杆和按钮，其中最大的是油门杆（见图6-3），飞行员通过移动油门

图6-3　油门杆

位置，对发动机上的机构进行操纵，调节燃料流量，控制发动机转速和推力，从而控制飞机的飞行速度、高度以及其他机动操作。油门杆控制机构如图6-4所示。

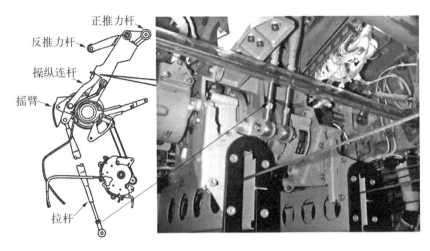

正推力杆
反推力杆
操纵连杆
摇臂
拉杆

图6-4　油门杆控制机构

　　根据飞机发动机的数量，每台发动机配置一根油门杆。在完成发动机启动后，由一名飞行员同时操纵两根油门杆，以保持两个发动机的推力相同，实现飞机的左右推力平衡。

　　对油门杆的操纵总是前推增大发动机功率（推力），后拉减小发动机功率（推力）。

　　以A320飞机为代表的空客系列飞机的油门杆通常有5个挡位，从高到低是TOGA最大起飞复飞推力、MCT最大连续推力（灵活起飞推力）、CL最大爬升推力、慢车/反推慢车推力、最大反推推力。这样的设计为飞行员提供了极大的便利，飞行员可以根据飞机状态，把飞机油门设置到相应的刻度位置，由计算机根据飞机的构型状态控制油门。而波音737飞机就未设置这些状态位的刻度，由飞行员自主操控。从这点也能看出两家飞机制造商的设计理念的差别。A320和波音737飞机的油门挡位如图6-5和图6-6所示。

图 6-5　A320 飞机油门挡位

图 6-6　波音 737 飞机油门挡位

6.1.4　控制面板开关器件

驾驶舱控制面板开关器件主要包括带指示灯按压开关（PBA）、拨动开关、旋转开关、按钮、按键等。这些开关也称为"电门"，通常以独立形式布置或者以开关控制板的形式集中布置在驾驶舱顶部板区域、前仪表板区域、中央操纵台区域。

1）PBA

PBA 是一种带有状态指示灯的按压开关（见图 6-7），通过机械按压和释放来接通和断开电路，同时还可以通过状态指示灯来指示开关的物理位置或系统状态。

从操作上来说，PBA 有瞬通（momentary）和交替通断（alternate）两种。所谓瞬通是指按下开关，开关接触器接通；释放后开关接触器回到释放位置，开关接触器断开。所谓交替通断是指按下开关，开关

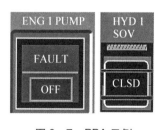

图 6-7　PBA 示例

接触器接通，释放后开关门闩激活，确保开关在按入位；再次按压开关，开关门闩装置释放，开关接触器回到释放位，开关接触器断开。

从状态指示颜色来说，PBA 指示灯一般有红色、琥珀色、青色、绿色、白色五种常用的颜色。其中红色用于故障指示；琥珀色用于故障指示或系统状态指示；青色、绿色、白色用于系统/开关状态指示。根据具体机型的设计理念，对指示灯颜色的使用定义会略有不同，但颜色使用一致性原则是机型驾驶舱控制器件设计的核心原则之一，不能出现同样颜色的 PBA 指示灯在不同的系统或状态下表示不同含义的情况。

2）拨动开关

拨动开关通过机械拨动来接通和断开电路，包括两位和三位两种，通过开关两位或三位之间的切换改变电路状态。图 6-8 左图为三位拨动开关，右图为两位拨动开关。

3）旋转开关

旋转开关按照功能可分为连续旋转开关和多级旋转开关（见图 6-9）。其中连续旋转开关又称"旋钮"，分为单层旋钮和双层旋钮，通常情况下所述的"旋钮"仅指单层旋钮。

图 6-8　拨动开关示例

图 6-9　旋转开关示例

4）旋钮

当系统控制需要连续选择位时，可考虑选用旋钮，以实现控制变量连续变化的功能。旋钮分为单层旋钮和双层旋钮（见图 6-10 和图 6-11）。当系统控制需要连续选择位，且面板上的空间位置不足以布下多个单层旋钮时，可考虑选用双层旋钮，以实现控制变量的连续变化功能。

图 6-10 单层旋钮示例

图 6-11 双层旋钮示例

总的来说，驾驶舱控制面板上的电门（开关）的常见种类如上所述，其他类型的开关不在此枚举。在电门设计方面，空客飞机与波音飞机存在设计理念的差异。空客驾驶舱电门多为 PBA，正常时是熄灭状态，有故障时指示灯点亮，简单方便。波音新机型的设计采用类似的理念，清晰明了。但老式飞机，如波音737 有大量拨动开关，极不易于观察开关的位置状态，且不利于驾驶舱资源的管理。

本节介绍了驾驶舱常用的控制器件的主要功能和常见形式，下面将以某个特定类型的控制器件为例，分别从利益攸关方需要捕获、功能分析、需求定义、设计综合、安全性分析、产品实施、集成与验证几个方面详细阐述基于系统工程方法的设计流程。

6.2 利益攸关方需要捕获

利益攸关方需要捕获、功能分析、需求定义、设计综合、安全性分析、产品实施、集成与验证这几项活动是系统工程研制流程的主要过程。这些活动应在项目研制的不同阶段、不同层级重复实施、循环迭代。其主要目的是不断分解需求、确认需求；逐级集成与验证产品；最终达到预期的项目研制目标。

利益攸关方需要捕获作为系统工程研制活动的第一步，包括输入、过程活动、输出三个方面的要素，具体如图 6-12 所示。

利益攸关方需要捕获过程的输入包括已识别的利益攸关方，型号设计的市场要求，上级分配的需求，下层设计向上的反馈等；输出包括利益攸关方清单，利

图 6-12　利益攸关方需要捕获过程

益攸关方需要，产品概念文档，效能指标等；过程活动包括识别项目的利益攸关方，捕获、综合、权衡各利益攸关方的需要，确认利益攸关方的需要。下面将以驾驶舱控制面板开关器件系统（下文简称"控制板系统"）为例，重点阐述这三个过程活动。

6.2.1　识别利益攸关方

飞机研制流程和产品设计过程涉及的利益攸关方非常多，必须梳理才能最大限度地识别利益攸关方，捕获他们的需要。设计通用模板是一个比较可行的办法，图 6-13 是本书采用的利益攸关方识别模型。识别控制板系统的利益攸关方的方法通常有头脑风暴、营销或技术问卷、专家法等。

控制板系统上游输入端主要应分析供应商和资金提供方的需要。中国商飞公司的商用飞机研制采用"主制造商-供应商"模式，因此供应商作为重要的利益攸关方之一，应重点加以分析。通常，设备的供应商包括设计供应商、制造供应商和试验供应商。控制板系统的供应商统一负责零部件的产品集成，包括产品的

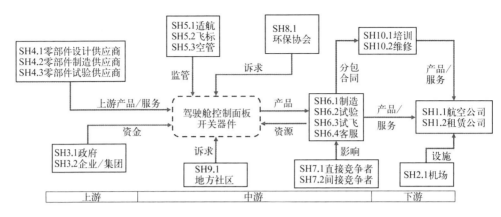

图 6-13　利益攸关方识别模型

设计、制造和试验工作。供应商是控制板系统需求定义过程中识别出的利益攸关方之一，本章将其编号为 SH4。对资金提供方来说，不涉及与本系统直接相关或影响本系统功能定义的利益攸关方。

控制板系统下游输出主要涉及的利益攸关方有产品制造方（SH6.1）、产品试验承接方（SH6.2）、产品试飞承接方（SH6.3）、产品用户服务方（SH6.4）以及用户方。其中用户方包括培训方（SH10.1）、维修方（SH10.2）、航空公司（SH1.1）、租赁公司（SH1.2）等。

此外，在产品设计过程中要考虑监管方的利益需要，这些利益攸关方主要有适航监管方（SH5.1）、飞标监管方（SH5.2）、空管监管方（SH5.3）。具体的利益攸关方及其需要捕获的方法如表 6-1 所示。

表 6-1　控制板系统利益攸关方

序　号	利益攸关方类型	利益攸关方	需要捕获的方法
SH4	上游	零部件供应商	联合工作
SH1.1	下游	航空公司	场景分析、市场分析
SH1.2	下游	租赁公司	场景分析、市场分析
SH10.1	下游	培训方	联合工作

序　号	利益攸关方类型	利益攸关方	需要捕获的方法
SH10.2	下游	维修方	联合工作
SH6.1	下游	产品制造方	内部渠道
SH6.2	下游	产品试验承接方	内部渠道
SH6.3	下游	产品试飞承接方	内部渠道
SH6.4	下游	产品用户服务方	内部渠道
SH5.1	监管方	适航监管方	规章符合性研究
SH5.2	监管方	飞标监管方	规章符合性研究
SH5.3	监管方	空管监管方	规章符合性研究

6.2.2　捕获利益攸关方需要

识别出相关的利益攸关方后，下一步需对这些利益攸关方进行详细的需要捕获。

1）零部件供应商需要捕获

由表6-1可知，通过联合工作的方法可识别和捕获零部件供应商对驾驶舱控制板系统的需要。零部件供应商需要捕获如表6-2所示。

表6-2　零部件供应商需要捕获

序　号	利益攸关方需要
SH4_ Needs_ 001	希望采用其已研发的成熟的系统架构
SH4_ Needs_ 002	希望采用其零部件目录中的元器件
SH4_ Needs_ 003	希望基于原系统做相似性分析来验证产品，尽量少重做试验

2）航空公司需要捕获

由表6-1可知，通过场景分析和市场分析的方法可识别和捕获航空公司对驾驶舱控制板系统的需要。航空公司需要捕获如表6-3所示。

表 6 - 3　航空公司需要捕获

序　号	利益攸关方需要
SH1.1_ Needs_ 001	顶部板按钮开关逻辑应统一，灯光显示应一致
SH1.1_ Needs_ 002	飞行控制板（FCP）上按钮应有灯光反馈
SH1.1_ Needs_ 003	调整高度时需按住高度旋钮才能调百位英尺的高度
SH1.1_ Needs_ 004	驾驶杆（盘）上的无线电发射按键位置不应造成误操作
SH1.1_ Needs_ 005	驾驶杆（盘）上的内话（PTT）按钮位置应便于操作
SH1.1_ Needs_ 006	油门杆上的起飞复飞按钮应具备可达性，降低复飞操作难度

3）租赁公司需要捕获

由表 6 - 1 可知，通过场景分析和市场分析的方法可识别和捕获租赁公司对驾驶舱控制板系统的需要。租赁公司需要捕获如表 6 - 4 所示。

表 6 - 4　租赁公司需要捕获

序　号	利益攸关方需要
SH1.2_ Needs_ 001	产品应可靠性高、维修成本低

4）培训方需要捕获

由表 6 - 1 可知，通过联合工作的形式可识别和捕获培训方对驾驶舱控制板系统的需要。培训方需要捕获如表 6 - 5 所示。

表 6 - 5　培训方需要捕获

序　号	利益攸关方需要
SH10.1_ Needs_ 001	两块显示控制面板应完全一致，以便于教员后续互换左右座，降低工作负荷

5）维修方需要捕获

由表 6－1 可知，通过联合工作的形式可识别和捕获维修方对驾驶舱控制板系统的需要。维修方需要捕获如表 6－6 所示。

表 6－6　维修方需要捕获

序　号	利益攸关方需要
SH10.2_ Needs_ 001	电子产品修理周期应小于 10 天
SH10.2_ Needs_ 002	进行操纵舵面的地面操作检查时，应尽量少采用专用设备
SH10.2_ Needs_ 003	控制板电连接器选型和布置应确保设备具备良好的维修性

6）产品制造方需要捕获

由表 6－1 可知，通过内部渠道可识别和捕获产品制造方对驾驶舱控制板系统的需要。产品制造方需要捕获如表 6－7 所示。

表 6－7　产品制造方需要捕获

序　号	利益攸关方需要
SH6.1_ Needs_ 001	控制板产品应易于装配

7）产品试验承接方需要捕获

由表 6－1 可知，通过内部渠道可识别和捕获产品试验承接方对驾驶舱控制板系统的需要。产品试验承接方需要捕获如表 6－8 所示。

表 6－8　产品试验承接方需要捕获

序　号	利益攸关方需要
SH6.2_ Needs_ 001	系统及产品的试验应基于明确的试验大纲开展，并确保试验安全

8）产品试飞承接方需要捕获

由表6-1可知，通过内部渠道可识别和捕获产品试飞承接方对驾驶舱控制板系统的需要。产品试飞承接方需要捕获如表6-9所示。

表6-9　产品试飞承接方需要捕获

序　号	利益攸关方需要
SH6.3_ Needs_ 001	系统及产品的试验应基于明确的试飞大纲开展，并确保飞行安全

9）产品用户服务方需要捕获

由表6-1可知，通过内部渠道可识别和捕获产品用户服务方对驾驶舱控制板系统的需要。产品用户服务方需要捕获如表6-10所示。

表6-10　产品用户服务方需要捕获

序　号	利益攸关方需要
SH6.4_ Needs_ 001	在飞行模拟器上的系统或设备构型应与真机保持一致

10）适航监管方需要捕获

由表6-1可知，通过规章符合性研究的方法可识别和捕获适航监管方对驾驶舱控制板系统的需要。适航监管方需要捕获如表6-11所示。

表6-11　适航监管方需要捕获

序　号	利益攸关方需要
SH5.1_ Needs_ 001	FCP上各按钮和旋钮的标示字符应醒目、易辨识，防止部分标志被旋钮遮挡
SH5.1_ Needs_ 002	FCP上按钮应布置为防止被其他按钮遮挡；不同功能的按钮（如返航道、半坡度按钮）的外形应便于区分，防止混淆，确保飞行安全

序　号	利益攸关方需要
SH5.1_ Needs_ 003	建议增大 FCP 上功能按键的尺寸，目前按键偏小；希望增加当该按键按入，开始工作时的灯光指示
SH5.1_ Needs_ 004	应确保顶部板按压式开关工作与显示逻辑一致，不易形成混淆
SH5.1_ Needs_ 005	应简化夜航灯光调整旋钮
SH5.1_ Needs_ 006	应急通风开关应换成红色保护盖
SH5.1_ Needs_ 007	应统一地形及襟缝翼抑制开关位置

11）飞标监管方需要捕获

由表6-1可知，通过规章符合性研究的方法可识别和捕获飞标监管方对驾驶舱控制板系统的需要。飞标监管方需要捕获如表6-12所示。

表6-12　飞标监管方需要捕获

序　号	利益攸关方需要
SH5.2_ Needs_ 001	APU 引气开关不应通过按压开关的位置判断其在按入位或按出位
SH5.2_ Needs_ 002	控制板上"EMER DEPRESS"和"DITCHING"开关处于"AUTO"工作模式时应有特别状态指示
SH5.2_ Needs_ 003	控制板上指示"AUTO+FAIL"的设计应优化
SH5.2_ Needs_ 004	顶部板开关指示灯逻辑应统一
SH5.2_ Needs_ 005	发动机防冰开关经常使用，不应设置保护盖
SH5.2_ Needs_ 006	风挡雨刷开关所在的控制面板需倾斜布置
SH5.2_ Needs_ 007	空调控制面板上应急通风按钮名称应通俗易懂，便于培训
SH5.2_ Needs_ 008	气源开关指示灯不应有延迟
SH5.2_ Needs_ 009	控制板上的跑道转弯灯和滑行灯开关类型应相同
SH5.2_ Needs_ 010	增压控制板上"MAN RATE"旋钮应有清晰的刻度。"incr"表示座舱压力降低，气压高度增加；"decr"表示座舱压力增加，气压高度降低
SH5.2_ Needs_ 011	增压控制板上"PRESS CTRL"开关未按入时，应有琥珀色指示灯提示

（续表）

序　号	利益攸关方需要
SH5.2_ Needs_ 012	中央操纵台上方向舵配平旋钮设计应便于机组人员操作，防止旋转时松脱或滑动
SH5.2_ Needs_ 013	左右发动机发电机、APU 发电机开关应由"FAULT"灯指示系统故障状态

12）空管监管方需要捕获

由表 6-1 可知，通过规章符合性研究的方法可识别和捕获空管监管方对驾驶舱控制板系统的需要。空管监管方需要捕获如表 6-13 所示。

表 6-13　空管监管方需要捕获

序　号	利益攸关方需要
SH5.3_ Needs_ 001	驾驶舱 FCP 上按钮布置应防止互相遮挡，不同功能的按钮选用的旋钮应有区分，防止混淆

6.3　功能分析

功能分析的目的是从已捕获的利益攸关方的需要中归纳、提炼、抽象出飞机级和系统级功能，进而围绕功能进行需求捕获、接口定义、权衡分析等。该过程包括功能识别、功能定义、功能架构生成、功能架构确认等活动，如图 6-14 所示。

6.3.1　功能识别

功能识别基于已确认的利益攸关方需要进行。利益攸关方需要捕获通常是经过反复迭代和确认的过程，有时简单的访谈或问卷调查并不能充分、准确地捕获利益攸关方需要。实践中通常是基于场景分析，通过仿真、MOCKUP 等手段来

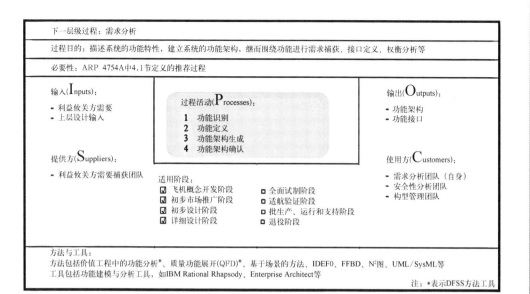

下一层级过程：需求分析

过程目的：描述系统的功能特性，建立系统的功能架构，继而围绕功能进行需求捕获、接口定义、权衡分析等

必要性：ARP 4754A中4.1节定义的推荐过程

输入(Inputs)：
- 利益攸关方需要
- 上层设计输入

提供方(Suppliers)：
- 利益攸关方需要捕获团队

过程活动(Processes)：
1 功能识别
2 功能定义
3 功能架构生成
4 功能架构确认

输出(Outputs)：
- 功能架构
- 功能接口

使用方(Customers)：
- 需求分析团队（自身）
- 安全性分析团队
- 构型管理团队

适用阶段：
☑ 飞机概念开发阶段   ☐ 全面试制阶段
☑ 初步市场推广阶段   ☐ 适航验证阶段
☑ 初步设计阶段   ☐ 批生产、运行和支持阶段
☑ 详细设计阶段   ☐ 退役阶段

方法与工具：
方法包括价值工程中的功能分析*、质量功能展开(QFD)*、基于场景的方法、IDEF0、FFBD、N²图、UML／SysML等
工具包括功能建模与分析工具，如IBM Rational Rhapsody、Enterprise Architect等

注：*表示DFSS方法工具

图6-14　功能分析过程

确认利益攸关方需要，最后形成一份完整的与本系统/专业相关的利益攸关方需要清单，如表6-2~表6-13所示。

对上述利益攸关方需要进行归类，抽象、概括出产品或系统的功能，从需要清单中识别得出初步功能清单。这些功能清单可能是不成体系的，也可能无层级关系，但只要是对后续系统或架构的功能需求的定义有影响，都应识别出来，以便进一步归纳、提炼。本系统识别的功能清单如表6-14所示。

表6-14　功能清单

需 要 编 号	需 要 描 述	功 能 归 类	功能编号
SH1.1_ Needs_ 002	飞行控制板（FCP）上按钮应有灯光反馈	提供自动飞行系统按键灯光指示功能	F1
SH5.1_ Needs_ 003	建议增大 FCP 上功能按键的尺寸，目前按键偏小；希望增加当该按键按入，开始工作时的灯光指示	提供自动飞行系统按键灯光指示功能	

需 要 编 号	需 要 描 述	功 能 归 类	功能编号
SH5.2_ Needs_ 003	控制板上指示"AUTO+FAIL"的设计应优化	提供自动运行类系统灯光指示功能	F2
SH5.2_ Needs_ 008	气源开关指示灯不应有延迟	提供气源系统按键灯光指示功能	F3
SH5.2_ Needs_ 011	增压控制板上"PRESS CTRL"开关未按入时，应有琥珀色指示灯提示	提供气源系统按键灯光指示功能	
SH5.2_ Needs_ 002	控制板上"EMER DEPRESS"和"DITCHING"开关处于"AUTO"工作模式时应有特别状态指示	提供环控系统按键灯光指示功能	F4
SH1.1_ Needs_ 001	顶部板按钮开关逻辑应统一，灯光显示应一致	提供各系统按键灯光指示功能	F5
SH5.1_ Needs_ 004	应确保顶部板按压式开关工作与显示逻辑一致，不易形成混淆	提供各系统按键灯光指示功能	
SH5.2_ Needs_ 004	顶部板开关指示灯逻辑应统一	提供各系统按键灯光指示功能	
SH5.2_ Needs_ 001	APU引气开关不应通过按压开关的位置判断其在按入位或按出位	提供动力装置系统按键灯光指示功能	F6
SH5.2_ Needs_ 013	左右发动机发电机、APU发电机开关应由"FAULT"灯指示系统故障状态	提供电源系统按键灯光指示功能	F7
SH5.1_ Needs_ 005	应简化夜航灯光调整旋钮	提供控制板系统开关器件操作功能	F8
SH5.2_ Needs_ 009	控制板上的跑道转弯灯和滑行灯开关类型应相同	提供控制板系统开关器件操作功能	
SH1.1_ Needs_ 003	调整高度时需按住高度旋钮才能调百位英尺的高度	提供自动飞行系统开关器件操作功能	F9

需 要 编 号	需 要 描 述	功 能 归 类	功能编号
SH10.1_ Needs_ 001	两块显示控制面板应完全一致，以便于教员后续互换左右座，降低工作负荷	提供自动飞行系统开关器件操作功能	
SH5.1_ Needs_ 002	FCP上按钮应布置为防止被其他按钮遮挡；不同功能的按钮（如返航道、半坡度按钮）的外形应便于区分，防止混淆，确保飞行安全	提供自动飞行系统开关器件操作功能	F9
SH5.3_ Needs_ 001	驾驶舱 FCP 上按钮布置应防止互相遮挡，不同功能的按钮选用的旋钮应有区分，防止混淆	提供自动飞行系统开关器件操作功能	
SH5.2_ Needs_ 012	中央操纵台上方向舵配平旋钮应便于机组人员操作，防止旋转时松脱或滑动	提供飞控系统开关器件操作功能	F10
SH5.1_ Needs_ 001	FCP上各按钮和旋钮的标示字符应醒目、易辨识，防止部分标志被旋钮遮挡	提供自动飞行系统开关器件标记标志功能	F11
SH5.2_ Needs_ 010	增压控制板上"MAN RATE"旋钮应有清晰的刻度。"incr"表示座舱压力降低，气压高度增加；"decr"表示座舱压力增加，气压高度降低	提供气源系统开关器件标记标志功能	F12
SH5.2_ Needs_ 007	空调控制面板上应急通风按钮名称应通俗易懂，便于培训	提供空调系统开关器件标记标志功能	F13
SH5.2_ Needs_ 005	发动机防冰开关经常使用，不应设置保护盖	提供防冰除雨系统开关器件操作保护功能	F14
SH5.1_ Needs_ 006	应急通风开关应换成红色保护盖	提供环控系统开关器件操作保护功能	F15

需 要 编 号	需 要 描 述	功 能 归 类	功能编号
SH5.1_ Needs_ 001	FCP 上各按钮和旋钮的标示字符应醒目易辨识，防止部分标志被旋钮遮挡	合理布置自动飞行系统开关器件	F16
SH1.1_ Needs_ 004	驾驶杆（盘）上的无线电发射按键位置不应造成误操作	合理布置通信系统开关器件	F17
SH1.1_ Needs_ 005	驾驶杆（盘）上的 PTT 按钮位置应便于操作	合理布置通信系统开关器件	
SH1.1_ Needs_ 006	油门杆上的起飞复飞按钮应具备可达性，降低复飞操作难度	合理布置飞控系统开关器件	F18
SH5.2_ Needs_ 006	风挡雨刷开关所在的控制面板需倾斜布置	合理布置防冰除雨系统开关器件	F19
SH5.1_ Needs_ 007	应统一地形及襟缝翼抑制开关位置	合理布置导航系统开关器件	F20
SH1.2_ Needs_ 001	产品应可靠性高、维修成本低	非功能性需求	NA
SH10.2_ Needs_ 001	电子产品修理周期应小于 10 天	非功能性需求	NA
SH10.2_ Needs_ 002	进行操纵舵面的地面操作检查时，应尽量少采用专用设备	非功能性需求	NA
SH10.2_ Needs_ 003	控制板电连接器选型和布置应确保设备具备良好的维修性	非功能性需求	NA
SH4_ Needs_ 001	希望采用其已研发的成熟的系统架构	非功能性需求	NA
SH4_ Needs_ 002	希望采用其零部件目录中的元器件	非功能性需求	NA
SH4_ Needs_ 003	希望基于原系统做相似性分析来验证产品，尽量少重做试验	非功能性需求	NA
SH6.1_ Needs_ 001	控制板产品应易于装配	非功能性需求	NA

需 要 编 号	需 要 描 述	功 能 归 类	功能编号
SH6.2_ Needs_ 001	系统及产品的试验应基于明确的试验大纲开展，并确保试验安全	非功能性需求	NA
SH6.3_ Needs_ 001	系统及产品的试验应基于明确的试飞大纲开展，并确保飞行安全	非功能性需求	NA
SH6.4_ Needs_ 001	在飞行模拟器上的系统或设备构型应与真机保持一致	非功能性需求	NA

6.3.2 功能定义

将表6-14中识别的功能清单进一步合并、整理，最后形成驾驶舱控制板系统飞机级功能，如表6-15和表6-16所示。

表6-15 飞机级功能

功 能 归 类	功能编号	飞机级功能	飞机级功能编号
提供自动飞行系统按键灯光指示功能	F1	提供按键灯光指示功能	AF1
提供自动运行类系统灯光指示功能	F2		
提供气源系统按键灯光指示功能	F3		
提供环控系统按键灯光指示功能	F4		
提供各系统按键灯光指示功能	F5		
提供动力装置系统按键灯光指示功能	F6		
提供电源系统按键灯光指示功能	F7		
提供控制板系统开关器件操作功能	F8	提供开关器件操作功能	AF2
提供自动飞行系统开关器件操作功能	F9		
提供飞控系统开关器件操作功能	F10		

(续表)

功　能　归　类	功能编号	飞机级功能	飞机级功能编号
提供自动飞行系统开关器件标记标志功能	F11	提供开关器件标记标志功能	AF3
提供气源系统开关器件标记标志功能	F12		
提供空调系统开关器件标记标志功能	F13		
提供防冰除雨系统开关器件操作保护功能	F14	提供紧急开关器件操作保护功能	AF4
提供环控系统开关器件操作保护功能	F15		
合理布置自动飞行系统开关器件	F16	合理布置开关器件	AF5
合理布置通信系统开关器件	F17		
合理布置飞控系统开关器件	F18		
合理布置防冰除雨系统开关器件	F19		
合理布置导航系统开关器件	F20		

表 6-16　飞机级功能清单

飞机级功能编号	与驾驶舱控制板系统相关的飞机级功能	功　能　描　述
AF1	提供按键灯光指示功能	飞机系统的按键应提供灯光反馈指示功能
AF2	提供开关器件操作功能	飞机系统的开关器件设计应满足预期的操纵功能
AF3	提供开关器件标记标志功能	飞机系统的开关器件应有标记标识
AF4	提供紧急开关器件操作保护功能	紧急状态下使用的开关器件应具备防误操作功能
AF5	合理布置开关器件	开关器件的布置应符合可达性、舒适性等人为因素要求

6.3.3 功能架构生成与确认

功能架构是经过功能定义和功能分解形成的待设计产品的功能框架体系。功能架构通常包括功能分解之后形成的纵向层级关系，以及每一层级中若干功能之间的逻辑关系。

工程实践中应充分利用功能流程图、用例分析等工具合理、充分地分解功能，形成功能结构树（见表 6-17），根据功能初步分析其物理实现方式；对已分配的功能的完整性进行确认，确保利益攸关方需要得到覆盖。

表 6-17 功能结构树

飞机级功能编号	与驾驶舱控制板系统相关的飞机级功能	功能分解编号	功能分解	物理域
AF1	提供按键灯光指示功能	AF1.1	提供操作反馈的灯光指示功能	控制板系统
		AF1.2	提供系统状态的灯光指示功能	各相关系统
				控制板系统
		AF1.3	提供系统告警的灯光指示功能	各相关系统
				控制板系统
AF2	提供开关器件操作功能	AF2.1	提供按压操作控制功能	各相关系统
		AF2.2	提供旋转操作控制功能	各相关系统
		AF2.3	提供拨动操作控制功能	各相关系统
AF3	提供开关器件标记标志功能	AF3.1	提供操作状态位置标记标志功能	各相关系统
		AF3.2	提供开关器件名称、刻度、单位等标记标志功能	各相关系统

（续表）

飞机级功能编号	与驾驶舱控制板系统相关的飞机级功能	功能分解编号	功 能 分 解	物理域
AF4	提供紧急开关器件操作保护功能	AF4.1	提供物理操作保护功能	各相关系统
		AF4.2	提供信号逻辑操作保护功能	各相关系统
AF5	合理布置开关器件	AF5.1	满足视觉可达性、可视性需求	各相关系统
		AF5.2	满足操作可达性需求	各相关系统

在梳理得到功能清单之后，通常用 N^2 图的形式从系统的角度表达和确认主要功能之间的交互关系或接口。将表 6-17 中的功能清单放到 N^2 图中，两两分析接口关系，梳理功能接口，供后续系统方案设计使用，N^2 图分析结果如图 6-15 所示。

6.4 需求定义

功能分析过程输出了功能清单和功能架构，但是这些功能清单和功能架构尚不具备设计物理架构所需要的全部技术要求，换言之，不具备可操作性、不够具体。

需求定义过程是将捕获的利益攸关方需要和功能分析结果（功能清单和功能架构）转化为正式的技术需求的过程，如图 6-16 所示。需求定义过程的输入包括其他利益攸关方需要、功能清单和功能架构、功能接口、安全性分析评估结果等；需求定义过程的输出是满足利益攸关方需要的产品需求集。

AF1.1提供操作反馈的灯光指示功能 ←								↓			
	AF1.2提供系统状态的灯光指示功能							↓			
		AF1.3提供系统告警的灯光指示功能						↓			
↑	↑	↑	AF2.1提供按压操作控制功能						↓		
				AF2.2提供旋转操作控制功能					↓		
					AF2.3提供拨动操作控制功能				↓		
			↑	↑	↑	AF3.1提供操作状态位置标记标识功能			↓		
			↑	↑	↑		AF3.2提供开关器件名称、刻度、单位等标记标识功能		↓		
			↑	↑	↑			AF4.1提供物理操作保护功能	↓		
			↑	↑	↑				AF4.2提供信号逻辑操作保护功能		
										AF5.1满足视觉可达性、可视性需求	
											AF5.2满足操作可达性需求 →

图 6-15　功能接口 N^2 图分析结果

6.4.1　进一步分析利益攸关方需要

进一步分析利益攸关方原始需要，将这些需要归纳成明确的设计依据，这些依据包括适航规章、行业标准、企业规范等，这些是定义飞机级需求、系统级技术需求、子系统级技术需求等的直接依据性文件。同时，应充分梳理主制造商的设计标准和规范等指导性文件是否能够覆盖前期梳理的利益攸关方需要，如表 6-18 所示，对缺失的企业标准和规范应组织撰写。

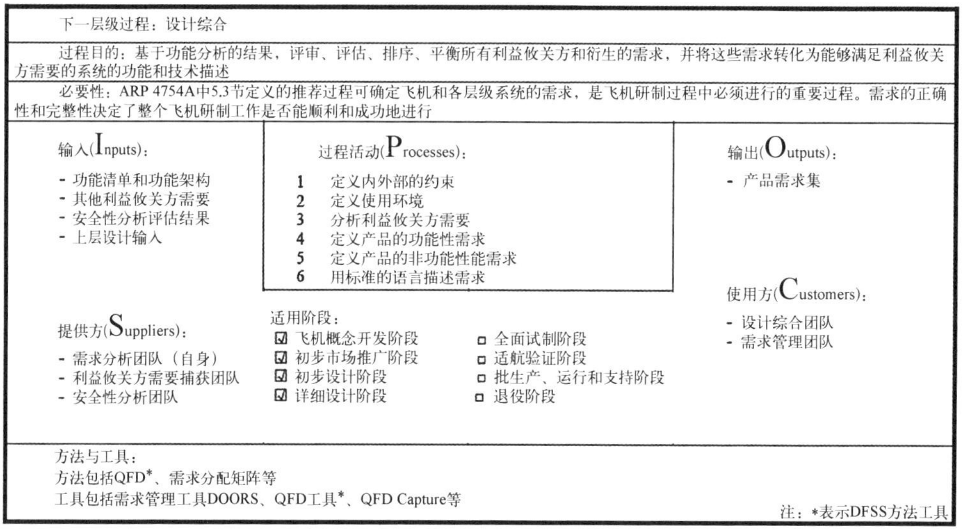

下一层级过程：设计综合

过程目的：基于功能分析的结果，评审、评估、排序、平衡所有利益攸关方和衍生的需求，并将这些需求转化为能够满足利益攸关方需求的系统的功能和技术描述

必要性：ARP 4754A中5.3节定义的推荐过程可确定飞机和各层级系统的需求，是飞机研制过程中必须进行的重要过程。需求的正确性和完整性决定了整个飞机研制工作是否能顺利和成功地进行

输入(**I**nputs)：
- 功能清单和功能架构
- 其他利益攸关方需要
- 安全性分析评估结果
- 上层设计输入

过程活动(**P**rocesses)：
1 定义内外部的约束
2 定义使用环境
3 分析利益攸关方需要
4 定义产品的功能性需求
5 定义产品的非功能性能需求
6 用标准的语言描述需求

输出(**O**utputs)：
- 产品需求集

使用方(**C**ustomers)：
- 设计综合团队
- 需求管理团队

提供方(**S**uppliers)：
- 需求分析团队（自身）
- 利益攸关方需要捕获团队
- 安全性分析团队

适用阶段：
☑ 飞机概念开发阶段　　☐ 全面试制阶段
☑ 初步市场推广阶段　　☐ 适航验证阶段
☑ 初步设计阶段　　　　☐ 批生产、运行和支持阶段
☑ 详细设计阶段　　　　☐ 退役阶段

方法与工具：
方法包括QFD*、需求分配矩阵等
工具包括需求管理工具DOORS、QFD工具*、QFD Capture等

注：*表示DFSS方法工具

图 6-16　需求定义过程

表 6-18　设计依据梳理

利益攸关方编号	需 要 描 述	设 计 依 据
SH1.1	FCP上按钮应有灯光反馈	CCAR-25.1381；《民用飞机驾驶舱飞行控制板设计规范》（企业标准规范）
SH5.1	应简化夜航灯光调整旋钮	《民用飞机驾驶舱控制板设计规范》（企业标准规范）
SH5.2	控制板上的跑道转弯灯和滑行灯开关类型应相同	《民用飞机驾驶舱控制器件一致性设计规范》（企业标准规范）
SH5.2	控制板上指示"AUTO+FAIL"的设计应优化	《民用飞机驾驶舱人机界面信息集成规范》（企业标准规范）
SH1.1	调整高度时需按住高度旋钮才能调百位英尺的高度	《民用飞机驾驶舱飞行控制板设计规范》（企业标准规范）
SH10.1	两块显示控制面板应完全一致，以便于教员后续互换左右座，降低工作负荷	《民用飞机驾驶舱人因工程设计要求》（企业标准规范）
SH5.1	FCP上按钮应布置为防止被其他按钮遮挡；不同功能的按钮（如返航道、半坡度按钮）的外形应便于区分，防止混淆，确保飞行安全	CCAR-25.611；《民用飞机驾驶舱飞行控制板设计规范》（企业标准规范）；《民用飞机驾驶舱人因工程设计要求》（企业标准规范）

利益攸关 方编号	需 要 描 述	设 计 依 据
SH5.3	驾驶舱 FCP 上按钮布置应防止互相遮挡，不同功能的按钮选用的旋钮应有区分，防止混淆	CCAR‐25.611；《民用飞机驾驶舱人因工程设计要求》（企业标准规范）
SH5.1	FCP 上各按钮和旋钮的标示字符应醒目、易辨识，防止部分标志被旋钮遮挡	CCAR‐25.1555；《民用飞机驾驶舱字体设计要求》（企业标准规范）；《民用飞机驾驶舱人因工程设计要求》（企业标准规范）
SH5.1	建议增大 FCP 上功能按键的尺寸，目前按键偏小；希望增加当该按键按入，开始工作时的灯光指示	CCAR‐25.1381；《民用飞机驾驶舱飞行控制板设计规范》（企业标准规范）
SH5.2	增压控制板上"MAN RATE"旋钮应有清晰的刻度。"incr"表示座舱压力降低，气压高度增加；"decr"表示座舱压力增加，气压高度降低	《民用飞机驾驶舱控制器件一致性设计规范》（企业标准规范）
SH5.2	气源开关指示灯不应有延迟	《民用飞机气源系统设计规范》（企业标准规范）
SH5.2	增压控制板上"PRESS CTRL"开关未按入时，应有琥珀色指示灯提示	《民用飞机驾驶舱告警设计规范》（企业标准规范）
SH5.2	空调控制面板上应急通风按钮名称应通俗易懂，便于培训	《民用飞机驾驶舱人机界面信息集成规范》（企业标准规范）
SH5.1	应急通风开关应换成红色保护盖	《民用飞机驾驶舱控制板系统开关保护盖设计要求》（企业标准规范）
SH5.2	控制板上"EMER DEPRESS"和"DITCHING"开关处于"AUTO"工作模式时应有特别状态指示	《民用飞机驾驶舱人因工程设计要求》（企业标准规范）
SH1.1	顶部板按钮开关逻辑应统一，灯光显示应一致	《民用飞机驾驶舱控制器件一致性设计规范》（企业标准规范）
SH5.1	应确保顶部板按压式开关工作与显示逻辑一致，不易形成混淆	《民用飞机驾驶舱人因工程设计要求》（企业标准规范）
SH5.2	顶部板开关指示灯逻辑应统一	《民用飞机驾驶舱控制器件一致性设计规范》（企业标准规范）

利益攸关 方编号	需 要 描 述	设 计 依 据
SH5.2	发动机防冰经常使用，不应设置保护盖	《民用飞机驾驶舱控制板系统开关保护盖设计要求》（企业标准规范）
SH5.2	APU 引气开关不应通过按压开关的位置判断其在按入位或按出位	《民用飞机驾驶舱人因工程设计要求》（企业标准规范）
SH5.2	左右发动机发电机、APU 发电机开关应由"FAULT"灯指示系统故障状态	《民用飞机驾驶舱告警设计规范》（企业标准规范）
SH5.2	中央操纵台上方向舵配平旋钮应便于机组人员操作，防止旋转时松脱或滑动	《民用飞机驾驶舱人因工程设计要求》（企业标准规范）
SH1.1	驾驶杆（盘）上的无线电发射按键位置不应造成误操作	CCAR－25.611；《民用飞机驾驶舱人因工程设计要求》（企业标准规范）
SH1.1	驾驶杆（盘）上的 PTT 按钮位置应便于操作	CCAR－25.611；《民用飞机驾驶舱人因工程设计要求》（企业标准规范）
SH1.1	油门杆上的起飞复飞按钮应具备可达性，降低复飞操作难度	CCAR－25.611；《民用飞机驾驶舱操纵器件可达性设计规范》（企业标准规范）
SH5.2	风挡雨刷开关所在的控制面板需倾斜布置	CCAR－25.611；《民用飞机驾驶舱人因工程设计要求》（企业标准规范）
SH5.1	应统一地形及襟缝翼抑制开关位置	《民用飞机驾驶舱人机界面布局设计规范》（企业标准规范）
SH1.2	产品应可靠性高、维修成本低	《民用飞机可靠性、维修性设计要求》（企业标准规范）
SH10.2	电子产品修理周期应小于 10 天	《民用飞机可靠性、维修性设计要求》（企业标准规范）
SH10.2	进行操纵舵面的地面操作检查时，应尽量少采用专用设备	《民用飞机可靠性、维修性设计要求》（企业标准规范）
SH10.2	控制板电连接器选型和布置应确保设备具备良好的维修性	《民用飞机可靠性、维修性设计要求》（企业标准规范）
SH4	希望采用其已研发的成熟的系统架构	《民用飞机可靠性、维修性设计要求》（企业标准规范）
SH4	希望采用其零部件目录中的元器件	《民用飞机设备机载元器件设计选用要求》（企业标准规范）

利益攸关方编号	需 要 描 述	设 计 依 据
SH4	希望基于原系统做相似性分析来验证产品，尽量少重做试验	《民用飞机验证与评估一般要求》（企业标准规范）
SH6.1	控制板产品应易于装配	—
SH6.2	系统及产品的试验应基于明确的试验大纲开展，并确保试验安全	《民用飞机验证与评估一般要求》（企业标准规范）
SH6.3	系统及产品的试验应基于明确的试飞大纲开展，并确保飞行安全	《民用飞机验证与评估一般要求》（企业标准规范）
SH6.4	在飞行模拟器上的系统或设备构型应与真机保持一致	《民用飞机构型定义》（企业标准规范）

6.4.2　定义内部和外部约束

企业标准规范作为"内部约束"，是开展技术需求定义的依据。此外，还应梳理外部约束，通常外部约束主要有适航规章条款和行业标准。

对驾驶舱控制板系统所涉及的适航规章条款梳理如表6-19所示。

表6-19　与驾驶舱控制板系统相关的适航规章条款

条　款	标　题	内 容 分 类
CCAR-25.611	可达性措施	布置布局
CCAR-25.672	增稳系统及自动和带动力的操纵系统	机组告警-功能-飞行控制
CCAR-25.729	收放机构	机组告警-功能-起落架形态 机组告警-虚警管理 机组告警-音响告警抑制
CCAR-25.773	驾驶舱视界	驾驶舱外视界 驾驶舱眩光

（续表）

条 款	标 题	内 容 分 类
CCAR‐25.777	驾驶舱操纵器件	控制器件-方向 控制器件-布置 控制器件-可达性 控制器件-形状 控制器件-防差错
CCAR‐25.779	驾驶舱操纵器件的动作和效果	控制器件-方向
CCAR‐25.781	驾驶舱操纵手柄形状	控制器件-外形
CCAR‐25.1145	点火开关	控制器件-功能-动力装置 控制器件-防错-动力装置
FAR25.1302	为机组安装的设备	驾驶舱综合性条款-控制器件、信息显示、任务匹配、差错管理
CCAR‐25.1321	布局和可见度	信息显示-布置-飞行、导航、动力装置仪表 驾驶舱控制板-仪表控制板
CCAR‐25.1322	警告灯、警戒灯和提示灯	机组告警-告警灯
FAR/CS25.1322	机组告警	机组告警-综合性条款
CCAR‐25.1381	仪表灯	驾驶舱控制板-仪表
CCAR‐25.1523	最小飞行机组	驾驶舱综合性条款-机组工作量 控制器件-可达性
CCAR‐25.1541	总则	驾驶舱综合性条款-标记标牌
CCAR‐25.1543	仪表标记：总则	标记标牌-可读性
CCAR‐25.1555	操纵器件标记	控制器件-标志 控制器件-颜色 控制器件-防错

行业标准是另一项需要参照执行的外部标准，与驾驶舱控制器件系统相关的工业标准主要包括 ARP 4102、MIL‐HDBK‐759 以及 MIL‐STD‐1472H。ARP 4102 对驾驶舱控制器件的操作需求、布置提出了要求，并明确了特定的控制器件，如起落架控制器件、襟翼控制器件、刹车控制器件和方向舵控制器件的设计

关注项。MIL‑HDBK‑759 建立了机载系统、设备在人因工程应用方面的通用设计准则，即详细的设计检查判据。MIL‑STD‑1472H 规定了控制器件的分组、布置、标志、操作反馈和运动方向等方面的设计要求。

6.4.3　定义功能性与非功能性需求

综合分析、总结功能性需求与非功能性需求，梳理形成控制板系统飞机级技术需求，如表 6‑20 所示。

表 6‑20　技术需求

功能编号	飞机级功能性需求/非功能性需求	技术需求编号	飞机级技术需求描述
AF1.1	提供操作反馈的灯光指示功能	Req_ 001	集成式驾驶舱控制板上的按压开关指示灯设计应遵循"静暗座舱"理念，即原则上需遵循"在正常工作状态下无告警或指示，在故障或非正常工作状态下触发告警或指示"
AF1.2	提供系统状态的灯光指示功能	Req_ 002	集成式驾驶舱控制板应提供各系统 PBA 状态指示功能
		Req_ 003	系统状态指示显示应为隐形彩色字符，在白天或夜晚观察时，彩色字符均应透明
		Req_ 004	灯电路通电且选定亮模式时，PBA 上的"RED"和"AMBER"字符的亮度应为 300±100 fL①
		Req_ 005	灯电路通电且选定暗模式时，PBA 上的"RED"和"AMBER"字符的亮度应为 7.5±2.5 fL

① fL：英尺朗伯，光亮度单位，1 fL≈3.427 cd/m^2。

功能编号	飞机级功能性需求/非功能性需求	技术需求编号	飞机级技术需求描述
AF1.3	提供系统告警的灯光指示功能	Req_006	故障指示灯被触发时应在机组告警系统（CAS）信息页面中有相应的指示
		Req_007	PBA、信号器上的名词、标记指示灯共有红色、琥珀色、青色、绿色、白色五种，应根据以下原则选择指示灯颜色： （1）警告——红色（RED）表示有故障，需要立即采取行动 （2）警戒——琥珀色（AMBER）表示有故障，无须马上处理，但须注意 （3）提示——绿色（GREEN）系统工作正常 （4）提示——青色（CYAN）临时使用的系统工作正常 （5）提示——白色（WHITE）按钮开关不在正常位置，测试结果或维护信息
		Req_008	灯电路通电且选定亮模式时，PBA上的"GREEN""BLUE"和"WHITE"字符的亮度应为225±75 fL
		Req_009	灯电路通电且选定暗模式时，PBA上的"GREEN""BLUE"和"WHITE"字符的亮度应为7.5±2.5 fL
AF2.1	提供按压操作控制功能	Req_010	同类控制器件的操作方式和相关效果应尽可能一致
		Req_011	PBA应采用上下分层的信号器，"告警""预位""FAULT""AVAIL"的标示应位于指示灯的上部（面对飞行员）
		Req_012	当PBA的某一层无须显示任何系统信息时，应在PBA上用一条不发光的横线表示
		Req_013	在所有可预期的驾驶舱光照条件下，所有PBA和信号器均应清晰可读
		Req_014	在所有控制板环境条件下，当观角从0°到90°变化时，PBA和信号器不应出现肉眼可觉察的闪烁现象和眩光、杂散光

功能编号	飞机级功能性需求/非功能性需求	技术需求编号	飞机级技术需求描述
AF2.1	提供按压操作控制功能	Req_ 015	在所有环境照度和工作条件下，在0°到70°观角范围内，所有PBA和信号器均应清晰可读
		Req_ 016	灯电路通电时，在8 000 fc① 环境光照条件下观察，PBA和信号器上的字符与黑色背景的对比度应不小于0.6
		Req_ 017	灯电路未通电时，在8 000 fc 环境光照条件下观察，PBA和信号器上的字符与黑色背景的对比度应不大于0.1
		Req_ 018	当PBA的调光信号失效时，PBA应处于亮模式
		Req_ 019	在亮模式和暗模式下，PBA的平均亮度均匀性应不超过2∶1
		Req_ 020	按照ASTM D523的条件（60°到85°）测量时，PBA和信号器表面光泽度不应超过5个单位
AF2.2	提供旋转操作控制功能	Req_ 021	同类控制器件的操作方式和相关效果应尽可能一致
		Req_ 022	离散旋转开关上相邻的两个位置通常应保持45°
		Req_ 023	离散旋转开关的定位应使"NORM"或"AUTO"状态处于12点钟的位置（面对飞行员）。离散旋转开关顺时针方向旋转为接通或增加；逆时针方向旋转为关断或减小
		Req_ 024	操作连续旋转开关时定义顺时针方向为"开启""增加""调亮"
		Req_ 025	连续旋转开关应该是锯齿形的，精确的调整旋钮使用细锯齿；在粗调旋钮上应该使用粗糙的锯齿

① fc：英尺烛光，照度单位，1 fc≈10.764 lx。

功能编号	飞机级功能性需求/非功能性需求	技术需求编号	飞机级技术需求描述
AF2.3	提供拨动操作控制功能	Req_ 026	同类控制器件的操作方式和相关效果应尽可能一致
		Req_ 027	驾驶舱拨动开关统一执行向前/向上为"ON"的"V形"原则，即对顶部板区域的拨动开关，定义顺航行方向操作为"开"；对仪表板区域的拨动开关，定义向下为"开"；对中央操纵台区域的拨动开关，定义顺航行方向操作为"开"
		Req_ 028	对于三位拨动开关，定义中间位为"NORM"或"AUTO"
		Req_ 029	起落架手柄的运动和作用应符合 CCAR - 25.779 条的规定
AF3.1	提供操作状态位置标记标志功能	Req_ 030	在所有可预期的驾驶舱环境控制板条件下，控制器件上的字符和标记均应清晰可读
		Req_ 031	每个连续旋转开关上都应尽可能有一个足够醒目的分度标示线和指针
AF3.2	提供开关器件名称、刻度、单位等标记标志功能	Req_ 032	驾驶舱内控制器件的标记应满足 CCAR - 25.1555 的相关要求
		Req_ 033	控制器件上的缩写应符合 ARP 4105 的规定
		Req_ 034	通常有两种识别双层旋钮的对应关系的图示方法：外层对应左侧/上部标志，内层对应右侧/下部标志（面向飞行员方向）；外层对应半圆，内层对应实心点
		Req_ 035	集成式控制板应具备自动调光功能
		Req_ 036	当手动调光时，亮度应平滑且连续可调
		Req_ 037	当驾驶舱进入雷暴模式时，集成式驾驶舱控制板的 PBA、指示灯及八段显示器应处于亮模式

功能编号	飞机级功能性需求/非功能性需求	技术需求编号	飞机级技术需求描述
AF3.2	提供开关器件名称、刻度、单位等标记标志功能	Req_ 038	除非亮度控制输入发出命令，否则3 s间隔内局部亮度变化不应超过5%，20 s间隔内亮度变化不应超过10%
		Req_ 039	当导光板的调光信号失效时，导光板应处于最亮状态
		Req_ 040	当整个调光范围变化时，导光板的显示亮度应均匀，最高与最低亮度比不应大于2：1
		Req_ 041	当灯电路未通电时，在50 fc的环境光照条件下，导光板上的字符和背景的对比度应不小于5
		Req_ 042	各集成式控制板之间应亮度均匀、光色匹配
		Req_ 043	在所有可预期的驾驶舱环境控制板条件下，所有导光板上的字符和标记均应清晰可读。控制板未通电时，导光板上的标记应在50 fc的环境光照条件下，进行可读性测试；控制板通电时，导光板上的标记和PBA指示应在8 000 fc的环境光照条件下，进行可读性测试
		Req_ 044	在所有环境光照和工作条件下，在最小观角为70°的范围内，导光板上的字符和标记应清晰可读
		Req_ 045	缩写应符合ARP 4105A的规定
		Req_ 046	当灯电路通电时，在CIE标准光源"A"和"D65" 1076±538 lx的照度下，导光板颜色均应符合专用规范的要求
		Req_ 047	当在暗室环境中且输入端电压为额定电压时，导光板的字符、标记和图符在CIE 1931中的色度坐标应符合专用规范要求

功能编号	飞机级功能性需求/非功能性需求	技术需求编号	飞机级技术需求描述
AF4.1	提供物理操作保护功能	Req_ 048	任何保护控制器件免于意外操作的方法，都不应妨碍对控制器件在所需时间内的操作
		Req_ 049	开关保护盖的颜色应为 FED‑STD‑595C 中定义的色号
		Req_ 050	按压开关保护盖应向上开启（面向飞行员方向）
		Req_ 051	拨动开关保护盖应采用红色或黑色，其操作与拨动的方向应一致
		Req_ 052	保护盖的外表面应耐磨
AF4.2	提供信号逻辑操作保护功能	Req_ 053	信号逻辑保护应符合专用规范中的原则
AF5.1	满足可达性、可视性需求（非功能性需求）	Req_ 054	导光板控制板的调光曲线应适合人眼的视觉
		Req_ 055	驾驶舱导光板控制板不应成为驾驶舱直接眩光的来源
		Req_ 056	在任意驾驶舱控制板条件下，从任何亮度等级下的视角包线的任意观察位置进行观察，显示表面都不应出现闪烁现象
AF5.2	满足操作可达性需求（非功能性需求）	Req_ 057	集成式驾驶舱控制板系统设计应满足 CCAR‑25.611 的要求
		Req_ 058	显示器调光控制旋钮应靠近显示器布置
		Req_ 059	按钮表面应凹入（缩进）以适应手指。若无法提供凹入的控制器件表面，则控制器件表面应具有较高的摩擦阻力
AF6	材料需求（非功能性需求）	Req_ 060	导光板应采用 LED 光源
		Req_ 061	PBA 和信号器应选用 LED 光源

功能编号	飞机级功能性需求/非功能性需求	技术需求编号	飞机级技术需求描述
AF6	材料需求（非功能性需求）	Req_ 062	导光板耐溶剂和液体阻抗的要求应符合 MIL‐DTL‐7788H 第 3.13 节和 W233RE112 第 4.3 节的要求
		Req_ 063	导光板的表面耐用度要求应符合 MIL‐DTL‐7788H 第 3.14 节的要求
		Req_ 064	控制器件的类型应限制到最少
		Req_ 065	控制器件的选择原则应遵循专用规范中的要求
AF7	安装需求（非功能性需求）	Req_ 066	开关器件应集成在集成式控制板上
		Req_ 067	集成式控制板应采用直角转弯式的 DZUS 紧固件（适用处）、PFSC35 紧固件或者与之类似的、符合 MIL‐F‐25173A 要求的紧固件
		Req_ 068	安装连接器时应确保无液体积聚在插座里或其周围
		Req_ 069	控制板采用符合 MIL‐DTL‐38999 要求的Ⅲ系列圆形连接器
		Req_ 070	集成式驾驶舱控制板应设计成可快速拆装
		Req_ 071	控制器件的设计和安装位置应使其不易被意外或无意移动，特别是在操作可能导致设备损坏、人身伤害或系统性能下降的重要控制时
AF8	可靠性、维修性、测试性需求（非功能性需求）	Req_ 072	集成式驾驶舱控制板系统的最小计划维修大纲间隔应满足飞机级分解的指标
		Req_ 073	集成式驾驶舱控制板应提供指示灯与按压开关上的指示灯的测试功能
		Req_ 074	集成式驾驶舱控制板按钮应易于更换，且更换时无须拆除盖板或前面板
		Req_ 075	集成式驾驶舱控制板系统设备应避免使用需要专用工具的紧固件

功能编号	飞机级功能性需求/非功能性需求	技术需求编号	飞机级技术需求描述
AF8	可靠性、维修性、测试性需求（非功能性需求）	Req_ 076	控制面板与指示灯应能从面板的外面就可以用标准工具进行安装和拆卸
		Req_ 077	集成式驾驶舱控制板系统所有与签派相关的部件（MMEL）应仅由一人就可断开断路器
		Req_ 078	集成式驾驶舱控制板系统设计应避免同一断路器同时用于 MMEL 候选项目和非 MMEL 候选项目的断电
		Req_ 079	集成式驾驶舱控制板系统应提供机上自检测（BIT），实现故障自检与上传功能
		Req_ 080	灯的故障应易于发现
AF9	外观要求（非功能性需求）	Req_ 081	安装板上表面的颜色应与导光板的背景颜色保持一致，应按照 FED‑STD‑595 的要求定义具体色号
		Req_ 082	控制器件的外观、纹理、终饰应确保飞行员易于操作
		Req_ 083	控制器件的设计应避免误操作和混淆，应能从布局逻辑，视觉编码，触觉编码（不同外形、尺寸和颜色等）等方式区分不同的控制器件
		Req_ 084	操纵手柄应设计成 CCAR‑25.781 规定的形状，这些手柄应是同色的
AF10	重量要求（非功能性要求）	Req_ 085	集成式驾驶舱控制板重量应不超过飞机重量分解的指标
AF11	人为因素要求（非功能性要求）	Req_ 086	功能不同、位置相近、外形相似、容易安装错的集成式驾驶舱控制板系统零部件、组件等，应从结构上加以区别和限制，并加上明显标志，避免装错
		Req_ 087	对称配置的集成式驾驶舱控制板系统零部件若功能上不能互换，则应在结构、连接上采取措施，避免装错

功能编号	飞机级功能性需求/非功能性需求	技术需求编号	飞机级技术需求描述
AF11	人为因素要求（非功能性要求）	Req_ 088	凡是需要引起维修人员注意或容易发生维修差错的集成式驾驶舱控制板系统零部件，都应在容易看见的位置设有明显的维修标志、符号和说明标牌
		Req_ 089	集成式驾驶舱控制板系统同一设备如果不采用不同形状的连接器，则应采用色码、标牌等方式防差错
AF12	结构强度要求（非功能性要求）	Req_ 090	集成式驾驶舱控制板系统设备应能满足 DO - 160G 第 7 章的冲击、坠撞试验要求
		Req_ 091	在正常飞行振动环境条件下，控制板设备必须能保持其功能的正常使用
		Req_ 092	在持久的振动条件下，集成式驾驶舱控制板系统设备必须能继续良好工作，保持设备的功能和结构两个方面的完整性，满足对振动疲劳的要求
AF13	电磁环境要求（非功能性要求）	Req_ 093	集成式驾驶舱控制板系统设备必须电搭接到金属结构或飞机接地网上
		Req_ 094	集成式驾驶舱控制板系统设备屏蔽层应双端接地
		Req_ 095	在集成式驾驶舱控制板系统的电缆束中间的所有分离面处，电缆屏蔽都应端接接地
		Req_ 096	对安装位置与磁罗盘或磁通传感器之间距离小于 30 cm 的集成式驾驶舱控制板系统设备，试验类别应满足 DO - 160G 第 15 章 Y 类
		Req_ 097	集成式驾驶舱控制板系统设备必须满足 DO - 160G 第 17 章 A 类电压尖峰试验要求
		Req_ 098	集成式驾驶舱控制板系统设备应满足 DO - 160G 第 19 章感应信号敏感性要求

(续表)

功能编号	飞机级功能性需求/非功能性需求	技术需求编号	飞机级技术需求描述
AF13	电磁环境要求（非功能性要求）	Req_099	集成式驾驶舱控制板系统设备安装在金属机身结构内部时，试验类别应满足 DO‑160G 第 21 章 M 类要求；安装在金属机身结构外部，或机翼后缘等暴露区和复材结构区域时，试验类别应满足 DO‑160G 第 21 章 H 类要求

6.5　设计综合

设计综合过程是通过设计综合活动，形成一个满足需求和功能架构的系统物理架构，该物理架构包括产品的定义和规范。对设计综合过程的总结描述如图 6‑17 所示。在此过程中，基于功能对设计方案进行权衡分析与论证，并选取最佳方案进行详细设计与验证，最终将设计方案纳入产品基线。

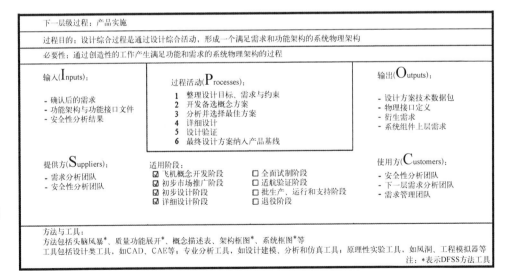

图 6‑17　设计综合过程

本节选取表6-20技术需求中的AF1.1"提供操作反馈的灯光指示功能"作为设计综合分析过程的示例进行阐述。

1）暗舱设计理念

"提供操作反馈的灯光指示功能"通常可表现为在操作前后，反馈灯光由亮变暗（或全暗），或者由暗（或全暗）变亮。如图6-18所示，PBA上的指示灯点亮与熄灭的切换可传递给飞行员操作反馈。

然而，随着方案设计的深入，总是有新的问题需进一步分析、论证与确认。现代飞机顶部板大量采用PBA代替老式的拨动开关，飞机在正常飞行的过程中，驾驶舱顶部板区域的白色小灯会持续点亮，当顶部板区域大量采用白色小灯和PBA时，就会带来视觉上的人为因素问题。首先，位于驾驶舱顶部板区域的大量白色小灯在夜间会"照亮"

图6-18 PBA操作反馈指示灯（1）

驾驶舱，对驾驶舱光环境控制不利，造成视觉不舒适。其次，飞行员在检查、确认顶部板区域的PBA开关状态时，存在"灯下找黑"的现象，即在大片白色灯光区域中寻找个别未点亮的PBA是比较困难的。

为解决这个问题，波音777与A320飞机采用了不同的解决方案，并都称之为"暗舱设计理念"。如图6-19所示，左侧是以波音777为代表的PBA操作反馈指示灯，右侧是以A320为代表的PBA操作反馈指示灯。

波音将白色小灯改成绿色字符，且赋予"ON"字符以表示开关位置接通，即"ON"仅代表开关状态，不代表系统状态。这种暗舱设计理念的优点是符合人们对开关"打开"有反馈灯光的认知习惯；正常飞行时顶部板区域大量点亮的"绿色ON"并不影响驾驶舱"暗舱"的环境。

图6-19 PBA操作反馈指示灯（2）

空客的暗舱设计理念则"暗"得更加彻底，它用字符"OFF"表示系统/开关未接通。这种暗舱设计理念的优点更加明显，它比波音的暗舱设计更加"暗"，在正常飞行过程中，驾驶舱顶部板区域"全黑"，能为飞行员提供更加暗的驾驶舱环境。缺点是未能明确区分"OFF"是表达"开关断开"还是"系统未工作"。大多数情况下，开关断开与系统未工作是一致的，而有些情况则不然，比如开关已经机械接通了，但系统由于逻辑状态不到位而未工作，此时点亮的"OFF"无法确定代表开关状态还是系统状态，这就会造成误解。

梳理完这两种暗舱设计理念的优缺点后，还需通过专家评估的方式进行综合比较，最终确认采用哪种方案。

2）PBA 字符颜色

文字虽然可以准确地表达含义，但一般来说颜色比文字更能引起用户的注意，比如红色表示紧急情况，绿色表示正常。自从 PBA 大量代替老式拨动开关而进入飞机驾驶舱后，字符颜色就成了必须要认真考虑的问题。需要通过颜色来区分和定义的驾驶舱系统工作状态有系统工作正常、系统工作不正常。为进一步归类，前者又可分为临时工作、长时工作；后者又可分为高风险故障、一般故障、低风险异常等。

A320 驾驶舱顶部板 PBA 指示灯的颜色定义如下，此定义摘自机型手册。

（1）红色（RED）：有故障，需要立即采取行动。

（2）琥珀色（AMBER）：有故障，无须立刻处理，但须注意。

（3）绿色（GREEN）：系统工作正常。

（4）蓝色（BLUE）：临时使用系统工作正常。

（5）白色（WHITE）：按钮开关位置不正常，测试结果或维护信息。

准确定义 PBA 字符颜色能向飞行员传达清晰的意思，但真正准确地定义字符颜色却并非易事。从 A320 飞机现状反过来验证这些定义时，总会发现有不符合手册中的颜色定义的情况。从正向设计角度来讲，判断 PBA 字符颜色定义是否准确的唯一标准是具体的 PBA 字符能够准确地归类，不能出现一个系统的某个 PBA 字符根据颜色定义能够同时适用于两种或两种以上颜色的情况，尤其是绿色、青色与白色的定义较为困难，极易造成系统方案设计时颜色归类困难。在定义 PBA 颜色字符时，同样应采用专家评估的方式进行反复确认和验证。

某机型经过确认和验证后，驾驶舱顶部板 PBA 指示灯颜色定义如下。

（1）红色（RED）：表示警告级别的故障指示，该告警级别需要飞行员立刻予以执行。

（2）琥珀色（AMBER）：表示警戒级别的状态或故障指示，需要飞行员知晓并稍后执行操作。

（3）绿色（GREEN）：表示系统预位。

（4）青色（SYAN）：表示正常系统临时使用、短暂使用。

（5）白色（WHITE）：表示人工选择的非正常形态。

根据上述 PBA 指示灯字符颜色定义原则，设计驾驶舱各系统 PBA 指示灯字符颜色如表 6-21 所示，这些定义的字符分属各 ATA 章节，将作为后续各系统详细方案设计的输入。

表 6-21　驾驶舱 PBA 指示灯字符定义

ATA 章节名	PBA 名称	PBA 类型	显 示 字 符
电源	L GEN	非瞬通开关	FAULT OFF
	R GEN	非瞬通开关	FAULT OFF
	APU GEN	非瞬通开关	FAULT OFF
	RAT	瞬通开关	FAULT
	L IDG	瞬通开关	FAULT DISC
	R IDG	瞬通开关	FAULT DISC
	L BUS TIE	非瞬通开关	FAULT OFF
	R BUS TIE	非瞬通开关	FAULT OFF

ATA 章节名	PBA 名称	PBA 类型	显 示 字 符
电源	DC BUS TIE	非瞬通开关	FAULT OFF
	EXP PWR	瞬通开关	AVAIL ON
	MAIN BATT	非瞬通开关	FAULT OFF
	APU BATT	非瞬通开关	FAULT OFF
	GALLEY	非瞬通开关	OFF
	E TRU	非瞬通开关	FAULT OFF
	GND SVCE ELEC PWR	非瞬通开关	AVAIL ON
导航	TERR	瞬通开关	INHB
	FLAP	瞬通开关	INHB
	GS	瞬通开关	INHB
	L PROBE HEAT	非瞬通开关	FAULT OFF
	R PROBE HEAT	非瞬通开关	FAULT OFF
通信	ELT	仅指示灯，无按压开关	ELT
呼叫	ATTD	瞬通开关	ON
	MECH	瞬通开关	ON
	ATTD CALL	瞬通开关	ATTD CALL
燃油	L PUMP 1	非瞬通开关	FAULT OFF
	L PUMP 2	非瞬通开关	FAULT OFF
	R PUMP 1	非瞬通开关	FAULT OFF
	R PUMP 2	非瞬通开关	FAULT OFF
	DC PUMP	非瞬通开关	FAULT OFF
	X FEED VALVE	非瞬通开关	FAULT ON

ATA 章节名	PBA 名称	PBA 类型	显 示 字 符
飞控	CUT OUT CH1	非瞬通开关	CUT OUT
	CUT OUT CH2	非瞬通开关	CUT OUT
	GLD DISARM	非瞬通开关	DISARM
自动飞行	YD	非瞬通开关	FAULT OFF
	STALL ADVANCE	非瞬通开关	ON
液压	EDP1	非瞬通开关	SHUT OFF
	EDP2	非瞬通开关	SHUT OFF
动力	L START	瞬通开关	START
	R START	瞬通开关	START
	L STOP	瞬通开关	STOP
	R STOP	瞬通开关	STOP
	L FADEC	非瞬通开关	ON
	R FADEC	非瞬通开关	ON
	ATTCS	非瞬通开关	DEACT
APU	READY TO LOAD	仅指示灯	AVAIL
	EMER STOP	非瞬通开关	EMER STOP
防冰	WING A/I	非瞬通开关	ON
	ENGINE L	非瞬通开关	ON
	ENGINE R	非瞬通开关	ON
空调	L PACK	非瞬通开关	FAULT OFF
	R PACK	非瞬通开关	FAULT OFF
	TRIM	非瞬通开关	FAULT OFF
	EMER VENTILATION.	非瞬通开关	ON

ATA 章节名	PBA 名称	PBA 类型	显 示 字 符
空调	RECIRC	非瞬通开关	OFF
引气	L ENG	非瞬通开关	FAULT OFF
	R ENG	非瞬通开关	FAULT OFF
	APU	非瞬通开关	ON
压调	PRESS CTRL	非瞬通开关	FAULT MAN
	DITCHING	非瞬通开关	ON
	EMER DEPRESS	非瞬通开关	ON
	PASS OXYGEN	非瞬通开关	ON
	THUNDER STORM	非瞬通开关	ON
	FLOOR	非瞬通开关	ON
	TOLET	仅指示灯，无按压开关	OCCPD
指示记录	左右 MASTER WARNING	瞬通开关	MASTER WARNING
	左右 MASTER CAUTION	瞬通开关	MASTER CAUTION
防火	FWD CARGO ARM	非瞬通开关	SMOKE ARM
	AFT CARGO ARM	非瞬通开关	SMOKE ARM
	FWD CARGO DISCH	瞬通开关	DISCH
	AFT CARGO DISCH	瞬通开关	DISCH

本节选取了个别设计点，阐述了设计综合的过程。在真实的实践过程中也是按此思路进行，最终形成能够支持产品实施的详细设计方案，包括但不限于技术参数、物理接口、功能接口、逻辑接口等。

6.6　安全性分析

6.6.1　安全性分析过程

从 20 世纪 70 年代以来，商用飞机事故不断增加，FAA 颁布的运输类飞机适航标准（FAR25）要求中的有关条款不断地被修订，对飞机安全性设计工作的要求不断提高。20 世纪 60—70 年代的改进发动机使用更可靠的推进系统，使航空事故减少了许多。20 世纪 90 年代以后，商用飞机的设计工作进一步改进，设计中考虑了人为因素，研制了更人性化和现代化的驾驶舱，大大减少了因飞行员工作负荷过重所引起的灾难。

商用飞机的设计及使用必须确保飞机在规定的使用范围内具有飞行及乘员安全的特性，即具有规定的适航性。为此，民用航空工业发达的国家都制定了专门的适航条例来保证民用航空的安全，例如，美国的《联邦航空条例》（FAR）、欧洲的《审定规范》（CS）等。这些条例对飞机设计、制造、航行及空中交通管制等提出了最低标准的要求和规定，是商用飞机设计必须遵循的法规和基准。其中，FAR25.1309 和 CS25.1309 及其有关文件都规定了飞机及系统安全性指标和评定的一般要求。商用飞机的设计必须满足这些要求，才能取得型号合格证。

根据多个型号几十年的研制经验，制定了如 ARP 4761、ARP 4754A 等顶层文件，形成了一整套完整的安全性管理、设计、分析、试验与评估方法，建立了相应的文件体系和工作指南，能够有效地指导飞机在研制阶段开展安全性设计和分析工作，并开发了相应的计算机辅助分析软件。另外，研究机构和航空公司还建立了商用飞机可靠性数据库，收集了大量航线使用数据和故障、维修信息，有力地支持了商用飞机的研发工作，便于航空飞机制造公司开展安全性工作。

安全性分析过程应该充分考虑系统的复杂性和由系统集成产生的依赖关系，识别所有与之相关的故障状态，并充分考虑这些故障状态的组合。对商用飞机进行的安全性分析工作，在飞机设计的初始阶段就必须进行，整个过程涵盖飞机设计及试验验证的各个环节。一般商用飞机的设计可以分为如下四个阶段。

（1）概念设计阶段：提出飞机设计需求，明确飞机的整机级功能、飞机的整体结构以及飞机整机级设计要求。

（2）初步设计阶段：在飞机设计需求的基础上进行系统设计，明确系统功能、系统架构以及系统要求。

（3）详细设计阶段：在前面两个阶段工作的基础上，进行详细设计（设备的内部架构与逻辑设计、软硬件研制、系统线路与安装设计等）。

（4）试验验证阶段：通过试验分析保证在概念设计阶段提出的飞机设计需求能够满足，如不满足则更改设计，直至满足需求。

考虑各设计阶段的输入、输出信息流，结合各种安全性分析方法及对其应用时机的具体要求，将商用飞机机载系统的安全性分析过程划分为安全性需求捕获〔即功能危险性评估（functional hazard assessment，FHA）〕、安全性需求确认与分解〔即初步系统安全性评估（preliminary system safety assessment，PSSA）〕、安全性需求验证、系统安全性评估（system safety assessment，SSA）三个阶段。系统安全性评估与系统研制流程的关系如图 6-20 所示。

由图 6-20 可知，安全性分析过程贯穿于商用飞机研制的各个阶段，各阶段工作如下。

（1）在飞机研制的概念设计阶段建立整机安全性要求，主要工作内容包括进行整机级功能危险性评估，捕获整机级安全性需求；共因分析（CCA）中的特定风险分析（PRA）可以作为整机级捕获的独立性需求（功能的独立、系统的隔离防护要求等）；通过飞机级故障树分析（FTA）为各系统分配安全性要求。

（2）在飞机初步设计阶段进行系统级功能危险性评估，捕获系统级安全性需求，本阶段的工作包括进行系统级 FHA，确立系统级安全性需求；PRA 可作为系统级 FHA 的补充，按照整机级 FTA 的结果对系统级 FHA 的结果进行验证。进行初步系统安全性评估（PSSA）时，采用定性的 FTA 技术，确定系统各层次的安全性需求；采用 CCA 中的共模分析（CMA）来确定系统冗余度、功能结构的独立性等方面的要求。

（3）在飞机详细设计和试验验证阶段进行系统安全性评估（SSA）。本阶段

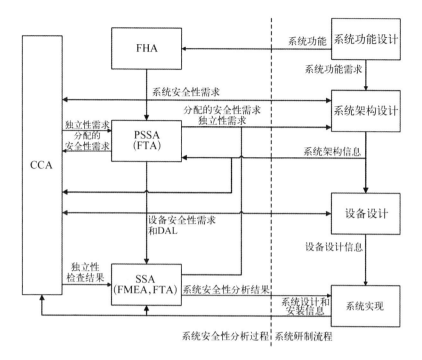

图 6-20 系统安全性分析与系统研制流程的关系（ARP 4754A）

包括系统级安全性需求的验证和整机级安全性需求的验证。本阶段的具体工作包括在 SSA 中采用失效模式和影响分析（FMEA）及定量 FTA，按照自下而上的顺序对系统安全性进行分析，在此基础上完成整机级安全性分析；使用 CCA 中的区域安全性分析（ZSA）来确定各区域内设备安装之间的相互影响以及环境对系统的影响，保证飞机各部分的安全性。

安全性设计贯穿飞机的全生命周期，用于支持安全的、可靠的飞机设计，表明飞机和系统对适航规章的符合性，确保飞机在整个运营期内的安全性水平。

6.6.2 安全性需求捕获

通过开展系统级功能危险性评估（SFHA），确定系统级安全性需求，具体可以实现以下目的：

（1）制定安全性设计标准。

（2）推导出以前不存在的安全性设计准则。

（3）确认安装需求和限制条件（隔离需求）。

（4）推导出提供给供应商的设计需求。

（5）支持定义系统构架。

（6）确定其他分析的深度和广度（包括硬件和软件）。

SFHA 的输入包括飞机级功能危险性评估（AFHA）、初步飞机安全性评估（PASA）和系统功能清单。通过假设系统功能故障的危害，推导出危害对系统和人员的所有可能影响，即失效状态；基于失效状态的影响判定失效状态的严重性，确定其影响等级。影响等级决定了每个失效条件的最大允许概率。FHA 的特点在于从功能入手，不必考虑具体的系统架构和操作人为因素，自上而下地评估系统功能可能失效的所有情况的影响及其严重性，最终输出失效状态及影响等级清单。FHA 在产品设计的早期阶段进行，不依赖于硬件定义。

以控制板系统的功能清单为例，开展 FHA。控制板系统承接的典型飞机级功能包括但不限于：

（1）飞行操纵功能；

（2）地面操纵功能；

（3）自动飞行操纵功能；

（4）发动机操纵功能；

（5）地面减速功能；

（6）环境控制功能；

（7）外部控制板控制功能；

（8）导光板调光控制功能。

基于系统功能清单，针对每个功能，按图 6-21 中的步骤开展评估。

按下面的步骤准备，直到分析了控制板系统的所有功能，具体包括以下内容。

（1）阐述功能危险性属于第 2 列 A、B、C 和 D 中的哪个。

（2）填入功能对应的飞行阶段（从最严酷的情况开始）。

系统级功能危险性评估（SFHA）							
系　统：						编　制： 审　查：	
1 功能（系统级的）	2 危险性说明： A. 功能丧失 B. 失效和不希望的动作 C. 其他系统的故障 D. 错用或共因事件	3 飞行阶段	4 危险性对其他系统的影响	5 失效条件（危险性对飞机的影响）	6 影响等级	7 符合性方法或处置（见相应文件的说明）	8 备注

飞行阶段（第3列）：　　　　　　　　　　　　影响等级（第6列）
01 滑行　　　07 近进　　　　　　　　　　Ⅴ类 无影响
02 起飞　　　08 着陆　　　　　　　　　　Ⅳ类 次要的
03 离场　　　09 所有阶段　　　　　　　　Ⅲ类 主要的
04 爬升　　　10 其他（说明）　　　　　　Ⅱ类 危险的
05 巡航　　　　　　　　　　　　　　　　　Ⅰ类 灾难性的
06 下降　　　　　　　　　　　　　　　　共　页　第　页

图6-21　系统级功能危险性评估表

（3）填入危险性对其他系统的影响。

（4）考虑第2、3和4列中的信息，随后填入失效条件的危险性对飞机的影响。

（5）评估失效条件的严重性，为其指定影响等级。

（6）适当指出"符合性方法"或"需要进行的处置措施"。

（7）必须确保 SFHA 和 AFHA 之间的危险性和失效状态的可追溯性。

（8）提供一个方法，以确定飞机安全性预计和系统/子系统安全性预计的兼容性。

（9）提供一个方法，以证实建议的研制保证等级（DAL）。

以控制板系统的导光板调光控制功能为例，阐述分析过程如下。

（1）第1列——功能：填写与分析部分有关的具体系统功能，即"导光板调光控制功能"。注意避开需要由具体硬件、详细原理图确定的设计构架、飞行员反应等详细的知识说明功能。

（2）第2列——危险性说明：关于每个假设的危险条件的简要说明。例如系统的非指令工作、人为错误或非包容的转子爆裂。要考虑表上所列的全部4个根源。导光板控制功能应考虑的失效状态包括丧失导光板调光控制功能等。

（3）第3列——飞行阶段：系统遭遇危险时的构型或工作阶段，例如滑行、起飞、离场或所有阶段。该栏应包含遭遇危险的每一阶段。对同一危险会在其他阶段对飞机或其他系统产生不同影响（见第7列和第4列）的情况，在受影响的阶段重复这项工作。导光板控制功能在整个飞行阶段都会使用，本栏可填写"所有阶段"。

（4）第4列——危险性对其他系统的影响：危险性对标题系统与其他系统之间的物理接口或功能接口的影响。针对每个不同接口和/或每个不同阶段所考虑的接口影响，以及每个功能的每种危险，重复这项工作。导光板调光控制功能相对独立，在与机上其他功能无交联接口的情况下，可填写"无影响"。

（5）第5列——危险性对飞机或人员的影响：遭受危险时可能对飞机和人员（包括机组人员和乘客）造成的有害影响。这就是AC25.1309中定义的"失效状态"。丧失导光板调光控制功能对飞机无影响；不便于驾驶员清晰判读导光板、PBA和仪表上的字符信息，轻微增加了飞行员工作负荷，对乘客无影响。

（6）第6列——影响等级：在决定时应使用以下标准。

a．Ⅰ类（灾难性的）：失效条件会妨碍持续安全飞行和着陆，导致绝大部分或全部乘员死亡以及飞机损毁。

b．Ⅱ类（危险的）：失效条件会降低飞机的能力或机组人员处理不利操作情况的能力，包括：

a）极大地降低安全裕度或功能能力；

b）身体不适或过分的工作负荷导致机组人员不能准确地或完全地完成任务；

c）除了机组人员以外，个别乘员可能会遭受严重伤害或死亡。

c．Ⅲ类（主要的）：失效条件会降低飞机的能力或机组人员处理不利操作情况的能力，包括明显地降低安全裕度或功能能力，明显地增加机组工作负荷或使机组效率削弱,使飞行机组人员身体不舒适,使乘客或客舱机组人员身体不适甚至受到轻微伤害。

d. Ⅳ类(次要的):失效条件不会明显地降低飞机安全,机组人员的操作仍在其能力范围内。失效条件可能包括轻微地降低飞机安全裕度或功能能力,轻微地增加机组工作负荷,譬如常规的飞行计划的更改,个别乘客或客舱机组人员身体略有不舒适。

e. Ⅴ类(无影响):失效条件不产生任何类似于妨碍飞机营运或增加机组工作负荷的安全性影响。

结合前面的影响评估,丧失导光板调光控制功能(失效状态)的影响等级可定为Ⅳ类。

(7)第7列——符合性方法或处置:目的是为FHA的失效状态确定具体的符合性方法,该方法将被用于证明最终设计是可接受的。设计必须消除假设的失效条件,由分析验证危险是可接受的,由试验验证失效影响是被允许的。在最终FHA中,Ⅰ、Ⅱ和Ⅲ类的所有危险都需处置。处置必须表明设计满足每个确认的危险所要求的概率水平。可在此列给出处置措施或给出其他分析或文件的参照号。如果需要确认需求和设计假设,则本列也应给出确认的方法。为此有的设计者将此列分为7a和7b,7a中填入需要进行确认的方法,7b则给出符合性方法。对丧失导光板调光控制功能,符合性方法主要为FMEA。对控制板系统识别出的Ⅲ级以上的失效状态,需要考虑采用FTA进行验证。

(8)第8列——备注:与危险有关但其他列没覆盖的信息。例如,相似的系统中与以前的失效数据有关的文件,管理指令,以及支撑确认失效影响等级的材料等(如详细机型经验、工程评估)。

按以上步骤对控制板系统功能进行逐项分析,完成控制板SFHA。分析过程中需要考虑并确定以下问题:

(1)检查是否存在任何功能的遗漏。

(2)没有忽略"不希望的动作"。

(3)应该对错误使用和共因事件给予特别注意,即是否已经考虑到所有潜在的使用错误。

6.6.3　安全性需求确认与分解

PSSA 是为确定系统和元部件的安全性需求，根据 FHA 故障条件类别，对建议的构架及其实施情况进行系统性评估。其目的在于：

（1）在系统设计早期阶段评估特定系统构架，建立系统的安全性需求。

（2）推导出特定系统及其元部件的安全性需求。

（3）减少合格审定计划后期向适航当局提供特定系统构架时出现的不必要的争论。

在开展 PSSA 时应注重寻求有经验的工程师的帮助，同时须注意：

（1）对特定系统的补充型号合格证（STC）、设计更改以及简单系统而言，可以更改 PSSA 或不进行 PSSA。

（2）PSSA 非常适合于故障条件是灾难性的或危险的复杂系统。

（3）PSSA 是设计阶段必须进行的工作，但其并不是适航当局的要求。

PSSA 的输入包括系统 FHA、建议的系统架构和系统功能接口定义文件。通过开展故障树分析（带有可靠性预计值的故障树）、共因分析（和"与"门相关的主要的、危险的、灾难性的事件的共因需求），确认建议的系统架构满足 FHA 中的安全性需求，并分配给下级系统或项目的安全性需求（研制保证等级、故障概率和闪电/HIRF 防护要求等），确定安装要求（隔离、分离、隔绝）以及安全性维修任务（主要为候选适航审定维修要求）和与其相关的不可超越时间。其中，共因分析包括特定风险分析、区域安全性分析和共模分析。

以控制板系统为例，其主要实现机载系统控制（如电源系统、防冰系统等）、系统故障状态指示和导光板控制三大功能。需针对控制板系统 FHA 中确定的Ⅲ级及以上的失效状态进行故障树分析。例如，以"丧失发动机控制功能"作为顶事件，结合控制板系统架构和设备失效模式，识别各失效状态的相关底事件，如"发动机控制器件失效""发动机控制信号丧失"等。故障树分析的底事件来源于 FMEA 分析，通过开展硬件 FMEA，确定系统每一个设备、部件的失效模式和失效概率，评估每一个失效模式对系统功能的影响，并进一步评估失效对飞机级功能的影响。此处也可以看出，FMEA 分析是由下而上的分析。在初步设计阶段，如果设备的失效模式及失效概率还未完全确定，则需依据可靠性分配数据开展故障树分析，检验分配的失效概率是否合理。

此外，还需依据 APR 4754A，分析、确定控制板系统软硬件的研制保证等级，指导后续软硬件研制，确保软硬件的研制过程符合项目研制保证等级（IDAL）对应的过程目标。

功能研制保证等级（FDAL）和 IDAL 的分配是一个自上而下的过程。首先，在 PASA/PSSA 中，根据 FHA 的失效状态影响等级分配顶层 FDAL。其次，将顶层功能分解成多个子功能，分配子功能的 FDAL。最后，将每一个子功能进一步分解和/或分配给项目，并分配 IDAL。在研制新功能和新项目时，应采用 FDAL 和 IDAL 分配过程。然而，经验表明，在新研过程中常常利用先前研制和审定合格的飞机/系统功能和项目。如考虑重新使用先前研制的飞机/系统功能和项目，则应表明其 FDAL 和 IDAL 的分配符合 ARP 4754A 中 5.2.1 节定义的总体原则和5.2.3.3、5.2.4 节中的具体情况。根据顶层失效状态影响等级为顶层飞机功能分配 FDAL 后，要对顶层失效状态涉及的系统功能架构进行检查，以描述那些系统功能的研制保证等级。

以控制板系统为例，首先确定 FDAL，选取其功能失效最严酷的等级作为 FDAL，如"电源系统控制功能"所有失效状态中最严酷的影响等级为 II 级，该功能的 FDAL 为 B 级；基于确定的 FDAL 进一步确定 IDAL，如识别、支持、实现电源系统控制功能的电源系统控制板（控制软件、控制硬件），在不考虑系统架构的情形下，电源系统控制软件、硬件的 IDAL 可确定为 B 级。

如果能表明飞机或系统的架构对由两个或者多个独立的成员导致的研制错误产生的影响具有包容性，则可以在考虑到架构所提供的包容性的情况下分配研制保证等级。SSA 技术用于确定导致顶层失效状态的功能失效集（FFS）成员。通过考虑独立性的 PSSA 和 CMA 来确定功能失效集。一个顶层失效状态可能有不止一个功能失效集。如需考虑系统架构，开展 IDAL 分配，则需按 ARP 4754A 中

5.2.3.2.2 节的要求进行分配。

这里需关注 PSSA 和 SSA 的区别，PSSA 的核心在于建立安全性需求，同时确定为满足已建立的安全性需求，需采用的安全性设计措施。SSA 的目的是验证系统设计是否满足 PSSA 中定义的安全性需求。

6.6.4　安全性需求验证

随着设计推进，需要开展安全性分析，检验系统设计是否满足安全性指标，具体包括故障树分析、失效模式与影响分析、共因分析：

（1）故障树分析：基于系统架构和设备的失效模式、失效概率，将Ⅲ级及以上的失效状态作为顶事件开展故障树分析，验证系统设计是否满足安全顶事件失效概率要求，开展最小割集分析，检查是否存在单点故障。以控制板系统为例，需针对系统 FHA 中所有Ⅲ级及以上的失效状态，逐项开展故障树分析。

（2）失效模式与影响分析：需针对控制板系统开展硬件失效模式与影响分析，识别出每一个部件/模块的失效状态，计算失效模式的失效概率，确定失效模式的影响。失效模式与影响分析的输出（每一个部件的失效模式与失效概率、影响）是故障树分析的输入，即失效模式是故障树的底事件。

（3）共因分析：主要开展特定风险分析（如轮胎爆破、燃油泄漏等），区域安全性分析和共模分析，验证系统设计与安装是否满足 PSSA 中确定的独立性要求。如在 PSSA 中确定控制板系统的电源控制板应采用双通道独立供电架构，在 CMA 中应对双通道供电设计的独立性进行检验，需考虑的因素包括制造（工艺是否相同），设计（代码实现是否相同、是否为同一个研制团队等），检查维护要求是否相同。区域安全性分析重点检查控制板系统设备在安装区域内是否受区域风险源影响（如液体泄漏等），确保设备安装满足隔离防护要求。

6.7　产品实施

产品实施是将产品从虚拟转成实物的过程。产品实施方式的决策应在设计综合阶段，即通过权衡分析研究获得。作为被实施的产品，驾驶舱控制板系统一般通过采购的方式获得。对于采购过程，应执行一系列的采购过程程序，包括信息征询书（request for information，RFI）、招标书（request for proposal，RFP）、意向书（letter of information，LOI）、工作说明书（statement of work，SOW）、合同（contract）等。

6.7.1　软硬件研制

按照 ARP 4754A 的要求，对控制板系统开展研制保证等级分配和确定。控制板系统实现的主要功能：① 驾驶舱导光板整体照明和调光功能；② 为飞机其他系统提供开关信号（如旋转开关、按压开关、PBA、电位计等数字信号）传输功能；③ 控制板系统接收飞机其他系统灯驱动信号，显示系统状态的功能。在开展软硬件研制时，首先，通过功能危害性分析，确定驾驶舱导光板整体照明和调光功能的研制保障等级；其次，为飞机其他系统提供数字开关信号的传输功能以及接收飞机其他系统灯驱动信号显示系统状态，功能失效对飞机各系统有较大影响。对飞机、机组人员、乘客的危害程度由飞机各系统开展评估，功能研制保证等级由各系统分配。

在控制板系统中，软件是完成控制板功能的重要组成部分，其功能主要是总线信息传输、脉冲宽度调制（PWM）调光控制、模拟量和开关量的数据采集、设备状态报告和必需的模拟量、开关量信号输出。控制板系统软件的开发过程需符合 DO‑178 规范，目标码可在装配过程或现场进行加载。

控制板系统的各 LRU 在物理构成上通常具有高度的相似性，功能、性能的要求基本一致，因此可采用基本相同的内部硬件设计。

6.7.2　设备与系统实现

控制板系统的主要功能是为飞机其他系统提供开关状态信号，接收飞机其他系统的灯驱动信号，来显示飞机其他系统状态以及为各控制板提供调光控制，因此系统内部各 LRU 之间、各 LRU 及飞机其他系统之间要进行信息交换和传输。

通常系统的顶层架构如图 6 – 22 所示。

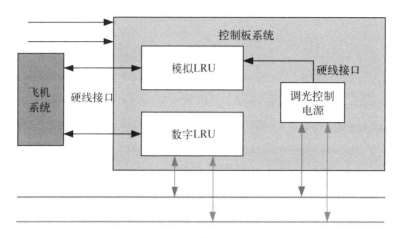

图 6 – 22　控制板系统顶层架构

　　控制板典型结构由导光板部件、安装板部件、开关电路板部件、支撑柱、底板部件和后罩组成（见图 6 – 23）。这种结构形式简单，方便装卸，维护便捷。主结构由支撑柱连接，开关电路板部件之间采用接插件连接。后罩通过紧固件固定在底板部件上，主要起到防尘、防水、电磁屏蔽的作用。除了典型结构外，可根据具体设备的安装环境，选用其他结构。

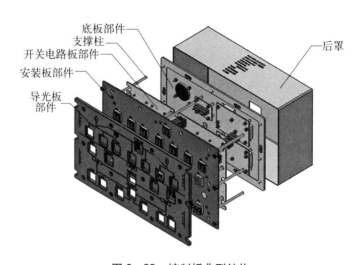

图 6 – 23　控制板典型结构

6.8 集成与验证

产品验证是指通过检查、评审、分析和试验等方法验证所实现的功能、系统和项目等满足经确认的控制板系统的各级需求。根据 ARP 4754A 描述的系统 V&V 研制流程，实施验证过程在 V 形右半部。

控制板系统的实施验证应在五个层级开展：

（1）飞机级需求的验证。

（2）控制板系统需求验证。

（3）控制板系统设备/布线安装需求验证。

（4）控制板系统设备级需求验证。

（5）控制板系统软件设计需求验证。

需求验证应以需求确认为前提，只有针对经确认的需求所做的验证的结果才是有效的。然而，考虑到部分需求在系统实现后才能进行确认，也可在充分评估未完成需求确认工作为需求验证活动带来潜在风险后，开展需求验证活动。对这部分需求，在确认活动完成后，还需根据确认结果，评估对已完成需求验证活动结果的影响。需求验证是控制板系统研制周期中的一个完整性过程，具有顺序性和迭代性的特点。顺序性是指需从底层需求（软硬件设计需求）开始验证，并逐级往上验证，最终完成飞机级需求（控制板系统的相关部分）的验证。在实际研制过程中，如果低一级的需求验证活动未全部完成，则可以充分评估，确认未完成的验证活动对上级需求验证的影响可接受后，开展部分高一级的需求验证活动。迭代性是指对验证过程中发现的问题（如验证结果不符合设计要求、试验中出现非预期故障等）需重新验证，并在必要时反馈，进行设计更改。若发生设计更改，则应在设计更改贯彻后进行必要的补充验证。图 6-24 所示为控制板系统需求验证的流程。

飞机级需求包括性能、功能、限制条件、适航要求、安全性、可靠性、维护性、测试性和用户服务要求等。控制板系统的系统级需求是在飞机级需求的基础

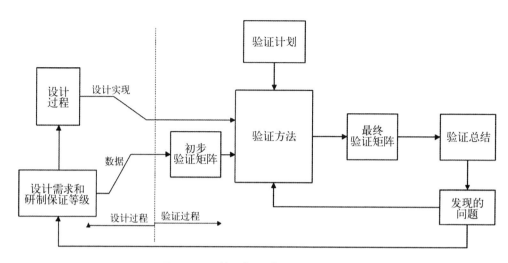

图 6-24　控制板系统需求验证流程

上确定的，主要包括系统功能要求、性能要求、安全性要求、可靠性要求、维修性要求、重量要求等。控制板系统的产品规范是在控制板系统的系统级需求基础上，分解、确定用于规定供应商交付的设备设计要求。控制板系统的设备和布线安装需求决定了控制板系统设备的安装限制、安装区域、布线冗余等方面的要求。控制板系统的设备设计需求由供应商制定，供应商根据控制板系统的设备安装区域，定义设备的功能、性能、安全性、可靠性、重量等方面的要求。控制板系统的软件设计要求是供应商根据设备级需求定义的，用于具体规定设备中软件的设计。此外，在控制板系统研制过程中，还会产生一些接口控制文件（ICD），ICD 中的部分内容同样构成控制板系统需求的一部分。

控制板系统验证人员主要包括控制板系统验证工程师、设计工程师、测试工程师、工程经理、项目经理、专家、工程委任代表和适航当局代表。各人员的主要职责如下：

（1）控制板系统验证工程师主要负责规划控制板系统需求验证活动；制订需求验证计划和需求验证矩阵；根据需求验证计划开展相应的需求验证活动；组织评审需求验证过程中发现的问题，确定解决措施；对需求验证活动进行总结，编制需求验证总结报告。

（2）控制板系统设计工程师主要负责参与需求验证矩阵的确定；根据需求验证计划开展相应的需求验证活动；维护 DOORS 平台上的控制板系统的需求。

（3）控制板系统测试工程师主要负责根据需求验证计划开展相应的需求验证活动（主要是验证活动中的试验部分）。

（4）控制板系统工程经理、项目经理及专家主要负责协调需求验证活动中的重大问题，并对需求验证过程中产生的数据和文件进行审批。

（5）控制板系统工程委任代表、适航当局代表负责对控制板系统需求验证过程进行必要的监控，并对需求验证过程中产生的数据进行适航评审。

依据系统研制流程，控制板系统的需求验证工作分别与飞机级需求验证和供应商需求验证存在工作界面。控制板系统不存在其他系统分配的需求，故不存在与其他系统需求验证的工作界面。

1）控制板系统与飞机级需求验证的工作界面

飞机级需求文件中定义的控制板系统设计需求应分解到控制板系统的系统级需求，通过对控制板系统的系统级需求进行验证，验证控制板系统对相关飞机级需求的符合性。因此，控制板系统的飞机级需求验证活动一般在系统级开展，而验证总结和符合性分析则在飞机级完成。

2）控制板系统与供应商需求验证的工作界面

控制板系统供应商参与的系统需求验证活动主要包括：

（1）支持主制造商控制板专业的飞机级需求验证和系统级需求验证。

（2）完成 PS 中需求的验证。

（3）完成所提供设备级需求的验证。

（4）完成所提供设备的软件设计需求的验证。

适航当局以及主制造商将对供应商开展的需求验证过程进行必要的监控。供应商应向主制造商控制板专业人员提供必要的需求验证的过程数据以及需求验证总结报告。

控制板系统需求验证活动所产生的数据（如验证计划、验证矩阵和验证总结等）可用于支持系统合格审定，需纳入控制板系统的构型管理。控制板系统需求验证过程中的构型控制，除了要满足飞机级构型管理要求，还要满足以下要求：

（1）验证的需求必须是在系统构型管理程序控制下的。

（2）开展验证活动时针对的系统和设备构型应与取证构型一致，若存在不一致，则需预先评估不一致对验证过程和结果的影响并编制评估报告，在确认影响可接受后，方可开展相应的验证活动。

（3）若取证构型在验证活动完成后发生变化，则需评估发生的变化对已开展的验证活动过程和结果的影响。若影响可接受，则需编制相应的评估报告，并将其作为验证资料的一部分；若影响不可接受，则需补充开展必要的验证活动。

（4）需求验证过程中产生的过程数据应纳入构型控制。

根据 ARP 4574A 附录 A 的过程目标、输出与系统控制类型表，控制板系统需求验证过程的目标和输出是系统控制类型 2（SC2）。

第7章　自动飞行人机界面研制实践

自动飞行系统是驾驶舱先进程度的重要体现。通过自动飞行系统的功能，飞行员可实现安全、舒适的飞行。自动飞行系统通过飞行控制板（FCP）为机组提供操纵的主要人机接口，通过接收 FCP 或飞行管理系统（FMS）发送的指令，利用飞行指引（FD）、自动驾驶（AP）、自动推力（A/THR）等功能完成对自动飞行的控制，保证飞机按照预期的目标进行飞行。

本章依据系统工程理念，从利益攸关方需要捕获、功能分析、需求定义、设计综合、安全性分析、集成与验证的角度，详细介绍了自动飞行系统的设计流程，并给出了典型案例。本章的目的是在满足商用飞机适航规章和自动飞行系统设计要求的基础上，给出工程研制实践。

7.1　系统概述

7.1.1　自动飞行系统发展历史

现代商用飞机的飞行很大程度上依赖于自动飞行系统。自动飞行系统的使用可以大大减少飞行员的工作负荷并提高飞行控制的效率，同时也是现代商用飞机遵循空中交通管制要求的必要条件。

自动飞行在飞机上的应用最早可以溯源到 1909 年莱特兄弟发明的飞行稳定器在早期飞行器上的应用。到 1930 年，飞机引入了速度和航向角控制模式，对飞行的速度和航向进行自动控制，辅助飞行员飞行。其后，对升降舵、副翼、方向舵和油门的自动化控制的发展持续不断。到 20 世纪 60 年代，最终形成了全自动化的飞行控制系统，此时的自动飞行系统通过飞行导引及飞行模式，对不同的飞行参数进行控制，并结合飞行任务，根据飞行员的飞行需求直接进入相关的模式，实现对飞行的自动控制。

20 世纪 80 年代，自动飞行系统开始从模拟式向数字式过渡，自动驾驶仪和飞行导引计算机集成为飞行控制计算机。数字化自动飞行系统已和电子飞行仪表系统（EFIS）结合起来，将飞行方式的显示集成到电子飞行仪表系统上，并且置于显著位置，以便于飞行员更好地觉察到。数字化自动飞行系统开始与飞行管理计算机系统结合起来，由飞行管理计算机系统对某些外回路发出指令。数字化自动飞行系统在信号处理和综合方面提供了便利，随着余度技术、容错和重构等新技术被相继采用，自动飞行系统越来越成熟；再加上与速度控制的结合，其已成为能够实施多维度导航的飞行自动化系统了。

20 世纪 90 年代后的自动飞行系统采用电传操纵（FBW）技术，即通过电信号取代机械操纵机构，实现对飞机操纵面的控制。飞行管理制导包络计算机（FMGEC）实现自动驾驶、飞机引导、偏航阻尼、配平功能等飞行安全极限监控（如失速、超速等）。全权数字式发动机控制系统（FADEC）利用计算机实现对发动机油门等的完全自动控制。

在横向控制方面，新增的控制模式在飞机的起飞和进近阶段用来辅助飞机机动。滑行（ROLLOUT）模式在飞机着陆机动后，自动控制飞机跟踪跑道。横向导航（LNAV）模式有了更加广泛的使用，它通过使用动态的地图显示，基于导航的辅助，向飞行员显示飞机当前的位置。

这一时期，空客公司推出了基于电传操纵的商用飞机 A320，为其自动飞行系统设计了不同于波音公司的飞行导引系统。相对于波音公司的自动飞行系统，空客公司自动飞行系统与飞行管理系统结合得更加紧密，模式的切换也更加自动化，飞行控制板提供的人机交互接口较少，只提供必要的接通和重要参数调整接口。

当代商用飞机的自动飞行系统主要基于电传操纵和集成飞行管理系统的发展，系统更加综合、更加集成。将飞行管理系统和自动飞行系统紧密结合，完成飞机长周期和短周期的导引任务，并尽可能地发挥自动化的功能，结合显示和告警系统，极大地减小了飞行员的工作负荷，几乎可以实现全航程自动飞行。随着航空电子和控制技术的飞速发展，商用飞机的自动飞行水平还将不断提高并最终实现智能飞行。

随着新技术的发展，自动飞行系统模式做了一些与以前的飞机完全不同的改变。为了让宽体客机实现由两名飞行员组成飞行机组，并且减少飞行员的工作负担，很多系统都将实现自动化，并且利用图画式的显示器代替模拟式的仪表，使飞行员更快地获得飞行信息。起飞和复飞模式用来使飞机在指定的飞行阶段控制油门达到预先设定的油门位置。拉平（FLARE）模式在着陆阶段使用，而性能管理系统（PMS）模式被功能更强的垂直导航模式代替，垂直导航模式由路径角、速度和高度等子模式组成。在这一代自动飞行系统中出现了自动包线保护，低速保护会在飞机接近失速时自动增加发动机的推力，过速保护会让飞机自动把油门减小到慢车位置，并把飞机的空速控制在最大安全空速。

7.1.2　自动飞行系统的人机接口

随着自动飞行系统的不断发展，当前不同机型的自动飞行功能在驾驶舱内的控制方式存在很多差异，与机组的人机交互也各有不同。通常来说，自动飞行系统与人机的接口主要集中在飞行控制板、飞行显示器、驾驶杆（盘）/侧杆和油门杆等上。

（1）飞行控制板。飞行控制板作为自动飞行系统各种功能集成的控制器件，在飞行过程中被飞行员频繁使用。它可以为机组提供接通自动驾驶仪、自动油门、飞行指引仪等功能，还可以提供预选参数和飞行模式。

（2）飞行显示器。主飞行显示器主要提供飞行模式通告，告知机组当前的自动飞行功能状态及飞行模式。多功能显示器则可以提供自动飞行功能的告警信息，及时告知机组自动飞行功能的异常。同时还可以提供自动飞行系统的故障维护页面，方便机务对自动飞行功能故障进行排查。

（3）驾驶杆（盘）/侧杆。目前飞行员的操作方式分为两种：一种是杆（盘）方式，另一种是侧杆方式。杆（盘）作为一种传统操作方式，在接通自动驾驶仪时，飞机根据自动驾驶仪的指令调整姿态时，驾驶杆（盘）也跟随指令进行随动，驾驶杆（盘）能直观地为飞行员提供视觉上飞机运动的感受。而侧杆在自动驾驶仪接通的情况下，既可以锁定在中立位，也可以类似于杆（盘）进行随动。无论是杆（盘）还是侧杆，都提供了与自动驾驶仪快速断开的按钮，以使得机组能在紧急情况下及时接管飞机。

（4）油门杆。油门杆作为控制飞机推力的器件，和自动油门功能配合使用，帮助飞行员自动控制飞机的推力和速度。目前，自动油门控制油门杆也有两种方式：一种是主动油门杆方式，另一种是被动油门杆方式。主动油门杆方式就是当自动油门工作时，自动油门发送指令控制油门杆角度，通过控制油门杆角度实现对推力和速度的控制。被动油门杆方式则是在自动油门工作时，油门杆角度位置保持不动，自动油门指令直接传递到发动机控制计算机，从而控制飞机的推力。

随着新技术的不断发展，自动飞行系统与人机的接口也在不断丰富。图7-1所示为A350飞机的自动飞行系统驾驶舱景观。在该驾驶舱内，使用了平视显示器（HUD），可以将自动飞行的导引应用到HUD上，从而更加利于低能见度下

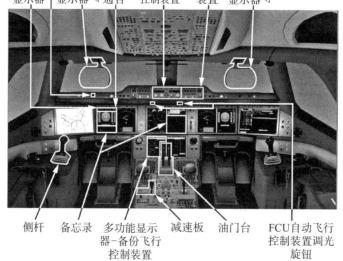

图7-1　A350飞机的自动飞行系统驾驶舱景观

的运行。甚至 A350 飞机采用了应急下降功能，采取一键操作的方式使飞机自动下降到安全高度，有效减少飞行员工作负荷；在客舱紧急失压、飞行员失能的情况下，确保飞机下降到安全高度。

7.2 利益攸关方需要捕获

7.2.1 识别利益攸关方

自动飞行系统在设计之初，识别的利益攸关方有航空公司、飞行员和系统及产品的供应商。航空公司作为运营使用方，需要安全可靠的自动飞行系统。当发生系统或设备故障时，应能便于机务排故，不能影响飞机的正常签派。同时，为提高产品的竞争力，航空公司还需要自动飞行系统能支持一定等级的进近能力，甚至可能需要自动着陆功能。对飞行员来说，自动飞行系统应与机组的人机接口关系清晰、友好，系统工作原理符合主流机型的设计理念。而系统和产品的供应商为了节省研制成本，一般会提供一套设计成熟的自动飞行系统。如飞行控制板一般，既可以提供货架产品，也可以根据主制造商的要求，重新进行设计。

7.2.2 捕获利益攸关方需要

识别出相关的利益攸关方后，下一步需对这些利益攸关方的需要进行捕获。

1）系统供应商需要捕获

通过联合工作的方法可识别和捕获零部件供应商对自动飞行系统的需要，捕获的需要包括但不限于以下几方面：

（1）采用其已研发的成熟的自动飞行系统架构。

（2）采用其零部件目录中的元器件。

（3）基于原系统做相似性分析来验证产品，尽量少重做试验。

（4）主制造商提供的自动飞行系统的性能指标控制要求。

（5）主制造商提供自动飞行系统的安全性要求。

（6）主制造商提供与自动飞行系统相关的系统技术条件。

（7）主制造商提供自动飞行系统和其他系统的集成。

（8）主制造商提供自动飞行系统联合仿真测试环境。

2）航空公司需要捕获

通过市场调研和场景分析的方法可识别和捕获航空公司对自动飞行系统的需要，捕获的需要包括但不限于以下几方面：

（1）自动飞行系统足够安全。

（2）飞行控制板操作方便、快捷。

（3）系统设备作为可更换设备，便于日常维护。

（4）系统设备的插头要有防差错设计。

（5）系统设备失效时可根据维护信息定位故障原因。

（6）支持未来飞机构型的改进。

（7）自动驾驶仪支持所需导航性能（RNP）的运行。

（8）自动飞行进近导引，支持Ⅱ类进近能力。

（9）具备自动着陆功能，支持Ⅲ类进近能力。

（10）带有起飞滑跑导引，便于低能见度下起飞。

（11）满足缩小垂直间隔（RVSM）的运行要求。

（12）具备减推力起飞功能，减小机场噪声。

3）培训机构需要捕获

通过联合工作的形式可识别和捕获培训机构对自动飞行系统的需要，捕获的需要包括但不限于以下几方面：

（1）涉及自动飞行系统的操作程序简单。

（2）自动飞行各个模式功能直观、清晰，模式之间严格区分。

（3）自动飞行模式之间转换关系不复杂，转换逻辑符合主流机型。

4）机组需要捕获

通过机组评估可识别和捕获机组对自动飞行系统的需要，捕获的需要包括但不限于以下几方面：

（1）飞行控制板易于操作，各个旋钮区分明显。

（2）飞行控制板按钮布置合理，无任何遮挡。

（3）飞行控制板具备照明功能，背板灯光清晰，具备模式反馈灯光，且无眩光。

（4）飞行控制板具备预选参数视窗，且视窗亮度可调。

（5）自动飞行系统工作模式转换逻辑清晰，无混淆的模式转换关系。

（6）具备机组信息显示，指示系统的工作状态。

（7）提供机组告警提示信息和相关检查单。

（8）提供对机组人为差错的防护。

5）适航监管方需要捕获

通过规章符合性研究的方法可识别和捕获适航监管方对自动飞行系统的需要，主要是通过适航条款、咨询通道和相关标准规范等捕获需要。

7.3 功能分析

对功能的识别与定义详见 6.3.1 节。表 7-1 是典型的自动飞行系统功能清单。

表 7-1 自动飞行系统功能清单

序号	系统功能	功能描述	子系统功能	子系统功能描述
1	飞行导引控制	飞行导引控制功能提供横向、垂直和多轴的飞行导引模式及对飞机的自动控制，其中多轴飞行导引模式提供风切变导引功能	飞行指引	飞行指引功能使用来自导航系统的信息或 FMS 提供的控制指令，完成飞机姿态导引指令计算
			自动驾驶	自动驾驶功能根据姿态导引指令计算舵面偏转指令，控制飞机姿态，进而控制飞机的航迹

序号	系统功能	功 能 描 述	子系统功能	子系统功能描述
2	自动着陆	自动着陆功能用于能见度低的机场，自动完成着陆阶段飞行路径、姿态和速度的精确自动控制	故障-安全自动着陆	故障-安全自动着陆支持 CAT Ⅲa 类气象条件下的着陆
3	自动推力	自动推力功能提供推力和速度的自动控制，合理配置发动机的推力	推力等级	基于飞行状态、飞行员输入和自动飞行垂直模式，选择合适的推力等级
			自动油门	维持目标速度或目标推力的全权限油门自动控制
			推力指引	计算所需的油门位置信息
			电子推力配平	同步左、右发动机转速
4	为机组提供信息显示	机组信息显示功能向主飞行显示器（PFD）及发动机指示和机组告警系统（EICAS）提供视觉上的自动飞行系统状态和目标信息显示	飞行模式通告显示	向飞行员通告自动飞行系统的工作状态
			飞行指引显示	用于辅助飞行员手动飞行
			推力指引显示	显示所需的油门位置，指引飞行员手动操纵油门杆
			推力等级显示	显示当前推力等级，使飞行员监控自动推力
5	飞行模式操作控制	通过自动飞行人机交互设备，提供两位飞行员对自动飞行系统的操作控制	—	—
6	机组告警	根据自动飞行系统和设备的工作状态，向机组提供自动飞行系统和设备的告警信息	EICAS 告警	根据自动飞行系统的安全要求和故障情况，向机组发出警告、警戒、提示等不同级别的 EICAS 信息

序号	系统功能	功 能 描 述	子系统功能	子系统功能描述
6	机组告警	根据自动飞行系统和设备的工作状态，向机组提供自动飞行系统和设备的告警信息	音响告警	使用音响告警提示飞行员自动飞行的状态
			自动着陆失效灯告警	给飞行员提供足够的告警信息，保证其能够在无法完成自动着陆时进行干预
7	提供对机组人为差错的防护	自动飞行系统考虑机组接口设计的人机功效，提升工作舒适度，降低人为差错发生的概率	—	—
8	提供对维护人员人为差错的防护	自动飞行系统通过差异化、标志、提示等防差错设计措施，降低人为差错发生的概率	—	—
9	自动飞行系统维护	自动飞行系统具有系统维护功能，具备自检测和调整测试能力，对系统和设备的运行进行状态监控和故障隔离	—	—

7.4　需求定义

7.4.1　定义内部和外部约束

企业标准规范作为"内部约束"，是开展技术需求定义的依据。此外，还应梳理外部约束，通常外部约束主要有适航规章条款和行业标准。

自动飞行系统所涉及的适航规章条款捕获包括但不限于 CCAR‒25.611、672、1301、1309、1316、1322、1329、1335 和 1431 等。

7.4.2 定义功能性与非功能性需求

1) 功能性需求

自动飞行系统应能接收飞行员手动设置、飞行管理系统发送的指令及相关传感器输入信号等，提供自动控制飞机按设定的姿态、航迹、空速飞行的能力。自动飞行系统的功能性需求如下所示。

（1）自动飞行系统应提供自动推力功能。从起飞到着陆的所有飞行阶段，自动推力功能应提供对发动机推力的自动控制。自动推力功能需基于飞行状态、飞行员输入和导引模式选择合适的推力。自动推力功能需提供维持目标速度或目标推力的全权限推力的自动控制能力。自动推力功能应当至少提供两种手动断开自动油门的方式。

（2）自动飞行系统应提供飞行指引功能。飞行指引功能应提供手动驾驶或自动飞行下的指引功能。飞行指引功能应使用来自导航系统的信息或飞行管理系统提供的飞机姿态、位置偏差、姿态偏差及控制指令，完成飞机姿态导引指令计算。飞行指引功能应提供横向、垂直和多轴的飞行指引模式，包括提供风切变导引模式，用以支持飞机对风切变的防护。

（3）自动飞行系统应提供自动驾驶功能。自动驾驶功能应根据姿态导引指令计算舵面偏转指令，控制飞机姿态，进而控制飞机的路径。当自动驾驶仪可用且未接通时，按压自动飞行人机交互设备上的自动驾驶仪按钮，可以接通自动驾驶仪。

（4）自动飞行系统应提供机组信息显示功能。自动飞行系统机组信息显示功能应向显示系统提供飞行模式通告、飞行指引和目标值。飞行模式通告应包含自动驾驶仪状态、自动推力状态、进近/着陆模式状态、水平模式、垂直模式和推力模式。飞行指引应计算水平和垂直导引指令，作为主飞行显示器上显示的飞行指引。自动飞行系统应向显示系统发送自动飞行人机交互设备选择的速度、航向或航迹、飞行航迹角或垂直速度和高度。

（5）自动飞行系统应提供飞行模式操作功能。自动飞行系统人机界面操作功能应提供两位飞行员对自动飞行系统操作的能力。人机界面操作设备应组合为自动飞行系统状态显示和控制所需的各种电气元件。人机界面操作设备应为位于其上的 PBA 和信号灯提供灯驱动功能。

（6）自动飞行系统应提供机组告警功能。当自动飞行系统出现非正常的状况时，自动飞行机组告警功能应通过视觉、听觉的告警信息使机组知晓。机组告警功能应提供 EICAS 告警、音响告警和失效灯告警。自动飞行系统应提供警告级别的视觉和听觉的自动驾驶仪断开告警；自动驾驶仪功能失效告警；飞行导引仪功能失效告警；警戒级别的自动推力功能断开告警；高度捕获和高度偏离语音告警；视觉和听觉的低速和超速保护告警。

（7）自动飞行系统应提供包线保护功能。自动飞行包线保护功能应提供飞行速度保护。自动飞行系统应限制空速目标值在最小操纵速度和最大操纵速度之间。

（8）自动飞行系统应提供自动飞行系统数据功能。应提供与自动飞行系统有关的状态、目标信息、机组操作和告警。

（9）自动飞行系统应提供系统维护功能。维护功能应具备自检测能力，对系统和设备的运行状态进行监控和故障隔离。应向机载维护系统提供自动飞行系统设备的硬件和软件的部件号、设备状态和故障信息等信息。

2）非功能性需求

在安全性需求方面，自动飞行系统根据 ARP 4761 进行安全性评估，应能满足有关适航条款、咨询通告和工业标准的安全性需求。在系统设计中，应考虑潜在故障的影响，对所有潜在故障进行定期检测。飞行中的继发故障不论其是潜在的还是显性的，均应考虑，且其不应导致灾难性的影响。同时还需要考虑单点失效的影响，确保单点失效不会导致灾难性的影响。在设计自动飞行系统时，还应满足共因分析需求，具体包括区域安全性分析、特定风险分析和共模分析。应保证单个区域内设备失效和单个特定风险不会导致灾难性的影响；应考虑共模失效，对部分复杂电子采用非相似性余度架构，确保共模故障不会导致灾难性的影响。

在可靠性需求方面，根据飞机级的可靠性指标要求，自动飞行系统的平均故障间隔飞行小时（MFHBF）需满足 10 000 飞行小时的指标要求，同时签派可靠度也要满足 99.96%的指标要求。

在维修性需求方面，自动飞行系统的平均维修时间（MTTR）应满足 40 min 的要求，直接维护成本不超过 8.4 美元/飞行小时的要求。

7.4.3　飞行控制板人机接口需求

飞行控制板作为自动飞行系统最重要的人机交互设备，其人机接口需求包括如下方面：

（1）对于有双套（或多套）的 FD、AP、自动油门（AT）等功能，其控制按钮、旋钮的布局应与系统或显示的布局一致。

（2）飞行控制板上按钮和旋钮的定位和布置应该满足飞行机组成员坐在其正常座椅位置并系紧肩带时，应可以看到并可达，操作不应受到任何阻碍。

（3）飞行控制板应提供足够的、准确的工作模式反馈，向飞行员提供足够的、准确的信息，以使飞行员能够提供有效的操纵输出。

（4）飞行控制板上的器件布局应与飞行员/飞行机组任务相匹配，各旋钮的操作动作与预期响应一致，控制面板上各旋钮的运动方向应与系统动作及飞行员/飞行机组的预期保持一致。

（5）控制器件布局应考虑与显示器布置的相对位置关系，采用就近原则。进入飞行指引的按钮布置在控制面板的两侧，分别控制左右两侧显示器上的飞行指引。

（6）控制器件当前状态必须能让飞行机组明确、无歧义地感知，如激活进近模式，点亮了进近模式的反馈灯光，但不应同时点亮导航模式的反馈灯光。

（7）应有在飞行机组发现差错后的纠正措施。如控制板上的按钮应设计成按压接通/按压断开的方式，以保证飞行机组发现选择差错后能及时纠正。

（8）控制面板上应有明确的标志，标志应通用、易懂。控制板上的标志符号应充分保持业界的通用性，保证通用、易懂。

（9）在从夜间至阳光明媚的所有天气条件下，飞行控制板上的照明应保证其有足够的可视度，并且可以调暗。

（10）飞行控制板上的字符应清晰可辨，显示视窗和模式反馈灯光应能提供清晰而明确的信息和/或状态显示。

（11）控制器件设计应尽量减少飞行员和飞行机组潜在的操纵失误。各旋钮的外形应有显著的差别以防止混淆，减少机组的操作失误。

7.5　设计综合

7.5.1　自动飞行系统架构

自动飞行系统和多个系统之间存在交联关系，如主飞控系统、显示系统、飞管系统、导航系统等。自动飞行系统的架构也存在多种方式。如今，主流干线机型都是将自动飞行系统驻留在飞控计算机中，实现自动飞行系统和主飞控系统的集成。而对支线飞机来说，考虑到主制造商的系统综合和集成能力较弱，很多系统综合和集成都是由供应商来完成。所以有的支线飞机会将自动飞行系统驻留在航电平台。

7.5.2　自动飞行系统功能

7.5.2.1　飞行导引

飞行导引功能是根据飞行模式选择、预选参数、传感器数据等，计算俯仰、滚转和航向轴的控制指令。飞行导引指令提供给飞行指引仪用于计算显示的姿态或轨迹指令，同时也提供给自动驾驶仪用于控制飞机舵面。

机组可以通过位于遮光罩正前方的飞行控制板选择控制模式。现代商用飞机的控制模式可分为三类：横向模式、纵向模式和多轴模式。

常见的横向模式如下所示。

（1）滚转角保持（ROLL）模式：保持飞机当前的滚转角。

（2）航向保持（HDG HOLD）模式：保持飞机当前的航向。

（3）航向选择（HDG SEL）模式：捕获并保持当前的目标航向。

（4）航迹角保持（TRK HOLD）模式：保持飞机当前的航迹角。

（5）航迹角选择（TRK SEL）模式：捕获并保持目标航迹角。

（6）横向导航（LNAV）模式：捕获并保持飞行管理系统指定的水平飞行轨迹。

常见的纵向模式如下所示。

（1）俯仰角保持（PTCH）模式：保持飞机当前的俯仰角。

（2）垂直速度（VS）模式：捕获并保持选择的垂直速度。

（3）航迹倾角（FPA）模式：捕获并保持选择的飞行航迹倾角。

（4）飞行高度差改变（FLC）模式：保持用所选择的速度爬升或下降到预选高度。

（5）高度保持（ALT HOLD）模式：保持当前未修正的气压高度。

（6）高度选择（ALT SEL）模式：捕获选定的目标高度。

（7）垂直导航（VNAV）模式：在飞行管理系统的控制下捕获并保持垂直飞行轨迹。

（8）拉平（FLARE）模式：当飞机接近跑道时，拉平飞机，平稳着陆。

常用的多轴模式如下所示。

（1）起飞（TO）模式：横向方向保持跑道航向或航迹，纵向方向提供垂直指引来捕获并保持飞机初始起飞抬头之后的安全起飞速度。

（2）复飞（GA）模式：横向方向保持当前航向或航迹，纵向方向为飞机抬头提供指引，以降低下滑速度，并在飞机初始爬升时捕获并保持安全的速度。

（3）进近（APP）模式：捕获并跟踪末端水平和垂直轨迹。

在进行飞行导引模式转换逻辑设计时，考虑到与飞行员的人机交互影响，需遵循如下准则。

1）飞行导引的基本工作模式

飞行导引系统一般都有横向和纵向的基本工作模式。当飞行指引或自动驾驶仪接通时，若没有选择其他的横向或纵向模式，则横向和纵向基本模式自动激活。若当前激活的工作模式被取消，且没有选择其他的横向或纵向模式，则横向和纵向基本模式自动激活。

横向的基本模式可以是 ROLL、HDG HOLD 或 TRK HOLD，纵向的基本模式可以是 PTCH、VS 或 FPA。其中，由于单纯保持俯仰角对长周期的轨迹控制意义并不大，因此 PTCH 模式已经不常使用。

2）人工转换飞行导引模式

大部分的飞行导引模式可以通过单次按压相应的模式选择按钮接通，如HDG HOLD、HDG SEL、TRK HOLD、TRK SEL、PTCH、FLC、VS、FPA、ALT HOLD 和 ALT SEL。

对有一些模式，按压相应的模式选择按钮后其可能处于预位状态，如LNAV、VNAV 和 APP。待满足模式激活条件后，通过逻辑判断自动进入此模式。

在不同场景下按压同一按钮可能激活不同的飞行导引模式。当飞机在地面上或空速较小时，按压油门杆上的 TOGA 按钮激活 TO 模式；当飞机在空中或空速较大时，按压 TOGA 按钮则激活 GA 模式。

除了 APP 模式以外，当前激活的工作模式都可以通过选择其他的模式来断开。在自动进近时，一旦下滑道截获，且无线电高度较低，则不允许飞行员通过自动飞行控制板选择其他纵向模式。

3）飞行导引模式自动转换

高度捕获模式是从飞机爬升或下降到保持高度之间的过渡模式。高度捕获模式会自动预位来确保捕获到选定的高度。除非特别规定，否则高度捕获模式可以对任何一种垂直模式进行预位。

选择进近模式后，根据选择的导航源或飞行计划中进近类型的不同，飞行导引可能引入不同的进近子模式，采用相应的导航源进行指令计算。对仪表着陆进近，从安全方面考虑，应使飞机优先接通航道控制，再接通下滑道控制。接通航道控制前，下滑道模式被抑制。

4）飞行模式的通告

必须给飞行员清晰的情景意识，以明确当前自动驾驶仪和飞行指引仪的工作模式和预位模式以及速度、高度目标值。飞行员可以通过自动飞行控制板的显示和显示器的飞行模式通告上的模式显示，确定以上信息。

当发生与运行相关的模式转换时，应该能给予飞行机组清晰的通告，比如高度捕获模式和持续的速度保护模式激活。当飞行导引原来处于预位的模式激活后，系统应该提供一个能引起机组注意的通告，如显示器上的模式字符加框或闪烁。自动飞行控制板上的高度限制始终存在，飞机在爬升和下降段必须存在高度限制，高度限制可以由飞管系统给出，也可以由自动飞行控制板给出，一般遵循先到达为准的原则。飞机的速度控制目标由自动飞行控制板或者飞管系统给出，应当允许飞行员通过飞行控制板改变飞管的速度目标值。

7.5.2.2　自动驾驶仪

自动驾驶仪是根据机组选择的飞行方式和飞行目标值，能够自动控制飞机的俯仰、滚转和偏航。机组在爬升、巡航、进近和着陆阶段都可以使用自动驾驶仪。自动驾驶仪按钮一般位于飞行控制板上，且布置在控制板的正中间，以使两侧飞行员都方便使用。

根据自动飞行系统的架构特点，不同飞机的飞行控制板上自动驾驶仪按钮的数目和使用方式可能不同。如 A320 飞机的飞行控制板正中间位置布置有两个自动驾驶仪按钮，这是由于 A320 飞机有两套自动驾驶仪。在正常情况下，只能允许接通一套自动驾驶仪。当一套自动驾驶仪接通后，另一套自动驾驶仪则被断开。只有在着陆阶段才能允许接通两套自动驾驶仪，此时可以进行故障-工作（fail-operational）自动着陆。波音 787 飞机的飞行控制板上也布置有两个自动驾驶仪按钮，然而却布置在飞行控制板的左右两侧。可以通过任一按钮接通或断开自动驾驶仪，这两个按钮并没有对应具体哪一套自动驾驶仪。

为了保证飞行员有绝对的权限控制飞机，应提供多种方式断开自动驾驶仪。正常可以通过侧杆或驾驶杆（盘）上的自动驾驶仪断开按钮断开自动驾驶仪；还可以通过飞行控制板上的自动驾驶仪按钮断开自动驾驶仪，即当自动驾驶仪接通时，再次按压按钮，断开自动驾驶仪。除此之外，还可以通过超控断开的方式，即飞行员在侧杆或驾驶杆（盘）上施加足够的力，使得控制杆偏离正常接通时的状态。某些飞机的自动驾驶仪工作时，使用伺服电机驱动杆（盘）运动，对于这些飞机，在飞行控制板上还提供了直接断开伺服电机离合器电源的方式，通过物理方式完全断开自动驾驶仪。

自动驾驶仪接通时，应在显示器上告知机组接通的状态以及使用的是哪一套自动驾驶仪。当自动驾驶仪断开时，应能为机组提供足够的告警信息，包括音响告警和显示告警。当由于系统故障造成自动驾驶仪断开时，音响告警必须持续一定时间才能被取消。通过自动驾驶仪断开按钮取消音响告警方式。当自动驾驶仪失效时，在显示器上提供相关的机组告警信息，该告警信息须能够引起机组一定的注意。

7.5.2.3　自动油门

自动油门是通过控制发动机转速，控制飞机的速度或推力。自动油门功能的设计理念可以存在不同方式。波音飞机的自动油门是随动油门杆的方式，即在自动油门工作时，油门杆根据控制指令进行随动以控制推力。空客飞机则是将自动油门功能称为"自动推力"。在自动推力工作时，油门杆位置保持不动，自动推力指令直接控制发动机组件控制器，从而控制推力。自动推力功能的推力上限被当前油门杆所在的位置限制。

自动油门的接通方式也存在多种。波音飞机是在地面时按压自动油门预位按钮，自动油门在地面进入预位状态，当飞机离地后自动油门能自动接通。空客飞机则是将油门杆推到起飞位置后，自动预位自动推力。当离地后，将油门杆拉回到爬升位（CLB）位置或以下，则自动推力功能自动被接通。在空中，波音和空客的飞机都可以通过飞行控制板上的自动油门按钮接通或断开自动油门。正常情况下，通过油门杆上的自动油门断开按钮断开自动油门。有些飞机也提供超控的方式断开自动油门，当自动油门正常工作，将油门杆拉至偏离正常接通位置时，自动油门被超控断开。有些飞机则在超控情况下，自动油门仍保持接通且进入超控模式，当超控结束后，又重新恢复到自动油门正常接通位置。

自动油门在接通时，在显示器上为机组提供接通的状态。当自动油门断开时，能为机组提供音响告警和显示告警。当由于系统故障造成自动油门断开时，音响告警须持续一定时间才能被取消，取消方式是断开自动油门按钮。自动油门失效时，在显示器上提供相关的机组告警信息，该告警信息须能够引起机组一定的注意。

自动油门还提供了推力等级功能，这与自动油门接通状态无关。推力等级有多种，如起飞（TO、TO－1、FLX－TO）、复飞（GA）、爬升（CLB、CLB－1）、巡航（CRZ）、连续（CON）等。推力等级功能是结合飞行员选择的推力等级、自动飞行垂直模式、飞机的状态等信息，仲裁出当前的推力等级和对应的推力值，为机组提供推力指引或作为自动推力的目标值。

7.6　安全性分析

自动飞行系统的 SSA 以自动飞行系统为对象，对已完成的系统安全性工作进行全面的评估，以验证所实现的系统满足 FHA、PSSA 中所定义的定性和定量的安全性需求，实现对适航条款 CCAR－25.1309 条款的符合性。

根据 ARP 4761，自动飞行系统的 SSA 主要由 FHA、FTA、CCA、FMEA 及其他能够支持软硬件研制保证等级的证据组成。

自动飞行系统的 SSA 是一个连续反复的过程，贯穿于自动飞行系统的整个研制周期。自动飞行系统的 SSA 的目标包括以下内容：

（1）验证在自动飞行系统的 FHA 中所建立的安全性需求被满足。

（2）确认自动飞行系统失效状态影响等级的建立是合理的。

（3）验证由设计要求和目标引出或衍生的安全性需求被满足。

（4）验证在共因分析过程中识别的设计需求被满足。

1）FHA

自动飞行系统的 FHA 对功能进行系统、综合的分析，以确定这些功能的失效状态，并按其影响等级进行分类。统计自动飞行系统的 FHA 的失效状态数目，总结 FHA 报告中所分析的失效状态对应的影响等级、概率要求等相关信息。自动飞行系统的 FHA 摘要如表 7-2 所示。

表 7-2　自动飞行系统的 FHA 摘要

失效状态编号	失效状态	影响等级	安全性要求	验证方法	支持材料	FTA 结果
22-F02-03	任何方法都不能断开自动驾驶	Ⅲ	1×10^{-5}	FMEA FTA	仿真试验和分析报告	7.24×10^{-11}
……	……	……	……	……	……	……

注：表中以"自动驾驶无法断开"的失效状态为例，供参考。

2) FTA

自动飞行系统的 FTA 应结合 FMEA 和失效模式及影响摘要（FMES）的失效模式，通过对可能造成系统失效的各种因素（包括硬件、软件、环境、人为因素等）进行分析，逐层找出造成自动飞行系统故障事件的必要而充分的直接原因，画出逻辑关系图（故障树）。从 FTA 的底事件向上，根据逻辑分析、计算，验证在设计完成后的安全性指标满足自动飞行系统的 SSA 中所建立的安全性需求。

在自动飞行系统安全性分析中，FTA 方法为典型分析方法，通过商用软件进行故障组合的计算，提高故障树的分析效率。最后给出故障树和最小割集清单，及 FTA 计算时用到的风险/暴露时间、底事件失效概率及来源清单等，如表 7-3 所示。

3) FMEA

自动飞行系统的 FMEA 针对系统设备和外部接口进行，采用供应商基于其工程经验和历史数据提供的系统功能的 FMEA 信息，分析自动飞行系统的设备功能方框图，提出自动飞行系统的 FMEA 使用的主要失效模式，进而识别出系统可能发生的失效及其对上一层级系统/飞机的影响。

表 7-3　自动飞行系统底事件失效概率及来源清单

底事件编号	底事件概述	失效概率	风险/暴露时间	失效概率	数据来源
BSSU_CAN01AA	机长侧杆 AP DISENG/PRIORITY 开关触点对 1 失效	1×10^{-5}	3 h	3×10^{-5}	型号文件（飞机级要求和 EICD 文件等）
……	……	……	……	……	……

注：表中以"自动驾驶无法断开"的失效状态底事件为例，供参考。

　　FMES 是 FMEA 分析中具有相同影响的较低层次的失效模式的总结，用以支持在自动飞行系统的 FTA 中考虑的对应失效模式的失效概率。给出自动飞行系统 FMEA 分析结论，通过 FMEA 分析自动飞行系统是否存在导致灾难性事件的单点失效，如表 7-4 所示。

表 7-4　自动飞行系统的 FMEA 表

FMEA 编号	失效模式及原因	飞行阶段	失效影响	失效的识别和纠正措施	失效模式的失效概率	暴露时间	失效模式的发生概率	危害等级
22-10-1.1	飞行控制板失效	所有阶段	自动驾驶仪失效	EICAS 信息：AP FAULT	2.47×10^{-5}	1.3 h	3.21×10^{-5}	Ⅳ
……	……	……	……	……	……	……	……	……

注：表中以"飞行控制板失效"的失效模式为例，供参考。

4）CCA

　　共因分析包括单个失效模式和一些外部事件，这些事件能导致灾难性的或危险的失效状态。对于灾难性的失效状态，这些共因事件必须杜绝；而对于危险的失效状态，这些共因事件发生的概率必须控制在给定的范围之内。

（1）ZSA。自动飞行系统的 ZSA 主要是根据飞机区域的划分，对每个区域内的自动飞行系统设备及接口在飞机上的位置进行分析和检查，评定在失效和无失效情况下各系统潜在的相互影响，以及系统安装存在的固有危险的严重程度。

（2）PRA。自动飞行系统的 PRA 主要是根据飞机级定义的外部事件，分析自动飞行系统可能受到外部的事件或因素的影响，并对可能产生的功能失效及影响等级进行评估。自动飞行系统的 PRA 应同时考虑系统设备受外部事件的直接影响和交联系统或设备对自动飞行系统功能可能产生的级联影响。自动飞行系统需要分析的典型的外部事件特定风险包括火灾、高强度辐射场（HIRF）/闪电、鸟撞、发动机非包容转子爆破、轮胎爆破、液体泄漏、引气管路泄漏、起落架未放下着陆、发动机持续不平衡、爆炸物、快速释压、后压力框破裂、擦尾等。

在一般的商用飞机自动飞行系统设计中，应能够保证在任一特定风险下均不会造成自动飞行系统 I 类失效状态，且造成 II 类失效状态是极少的，或者可保护的。

（3）CMA。CMA 主要用于验证 FTA 中"与"门下的事件是否相互独立。自动飞行系统的 CMA 基于分析系统设计以及可能破坏该设计内功能冗余度或独立性的元件进行，完成共模源的识别，建立共模检查单，对每一个灾难性的和危险的失效状态，识别每一个"与"门事件（故障树中的"与"门）的独立性。

7.7　集成与验证

7.7.1　系统集成

自动飞行控制系统的集成策略和过程遵照 ARP 4754A 规范。整个系统集成过程采用一种分层和逐级递增的方法。真正的集成过程通常是在组成系统的各个模块，即系统软硬件或 LRU 开发完成之后开始。在不同的系统层级，相应的系统模块将被集成在一起，以完成相应层级系统的需求验证和确认。不同层级的系统测试会在不同的试验环境或设施中完成。LRU 或模块级的集成通常在供应商的测试平台或试验室内完成（包括所有进行环境鉴定试验的特殊试验台等）。最终的飞机级集成和验证将在地面和处于试飞阶段的飞机上完成。而在上机之前，系统集成验证平台（SIVB）和其他的飞机级试验室，如铁鸟试验台也通常被用于支持飞机级测试，以减少真实环境下机载测试的风险。

自动飞行控制系统集成是一个循环迭代的过程。高层的系统集成依赖于低层的系统集成和验证的结果。不同层级的集成活动相互依赖，也往往相互重叠，这是由于组成系统的各个模块在不同的系统开发阶段的开发程度或成熟度不同。在系统开发早期阶段，由于很多系统模块尚未开发完成，因此早期的系统集成（包括系统内或包级的系统集成）通常可以采用仿真系统来减少开发风险。但是在最终的系统集成阶段，所有的系统真件（被测件）都必须到位（至少是蓝标设备），以完成系统级的接口或功能测试。同理适用于飞机级的集成活动（上机设备必须为红标或以上设备）。整个系统集成和验证过程通常采用这样一种分级和递增的集成策略，直至整个飞机完成集成并能得到验证。不同层级或阶段的集成存在重叠，但为了减少成本或重复性工作，这些重叠应尽可能小。

7.7.2　系统验证

1）自动飞行系统的适航符合性验证

自动飞行系统的功能交联关系复杂，特别是与飞机操稳性能直接相关，需要考虑控制性能和功能的符合性。同时需要考虑飞机在不同环境下自动飞行系统的使用条件，故自动飞行系统的适航符合性也涉及从验证内容到验证方法，从飞机构型到飞行条件多个方面，特别是通过飞行试验表明的符合性需要考虑涉及安全性分析的因素。

根据适航条款内容，自动飞行系统采用的符合性方法（MC）如表 7 - 5 所示。0~9 分别对应 MC0~MC9 的方法。

表 7 - 5 自动飞行系统对适航条款的符合性方法

序　号	CCAR‑25 条款	符合性方法（MC）
1	611	1、7
2	672（a）	1、3、6
3	672（b）	1、6
4	672（c）	1、3、6
5	869（a）	1、7、9
6	1301（a）	1、7
7	1301（b）	1、7
8	1301（c）	1、7
9	1301（d）	1、5、6、8
10	1309（a）	1、5、6、8
11	1309（b）	1、3
12	1309（c）	1、3、6
13	1309（d）	1、3
14	1309（g）	1、9
15	1316（a）	1、4、5、9
16	1316（b）	1、9
17	1322	1、3、7
18	1329（a）	1、6、7、9
19	1329（b）	1、6
20	1329（c）	1、7
21	1329（d）	1、7
22	1329（e）	1、6
23	1329（f）	1、3、6
24	1329（g）	1、6
25	1329（h）	1、6
26	1335	1、6
27	1351（b）（3）	1
28	1353（a）	1、5、6、9
29	1355（c）	1、6
30	1357（a）、（c）、（d）、（e）	1
31	1431（a）	1、9
32	1431（b）	1、6
33	1431（c）	1、5、6、9

序　号	CCAR–25 条款	符合性方法（MC）
34	1529	1
35	1581（a）	1
36	1581（b）	1
37	1585（a）	1

2）基于功能需求和适航要求的适航验证方法

自动飞行系统适航符合性验证基于功能需求和适航要求。基于自动飞行系统提供的功能，对其进行整体和子系统安全性分析，以支持飞行试验中对失效条件的模拟测试、基于子系统的功能，进行功能和性能飞行测试，验证其符合性。基于适航推荐的试飞方法，通过飞行试验验证功能和性能；同时飞行员在环评估验证自动飞行系统的人为因素，包括模式转换、指示和告警，验证结果支持飞机飞行手册数据，验证方法如图 7-2 所示。

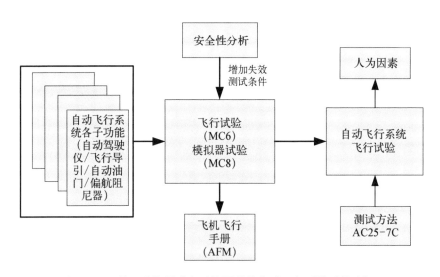

图 7-2　基于功能需求和适航要求的自动飞行系统适航验证

按照图 7-2 中提出的验证思路，可以将自动飞行的验证按功能划分，分为基本内环控制律试验、外环飞行导引模式试验、故障注入的性能评估以及 CAT

II进近评估试验。在整个飞行测试过程中，同时对自动飞行的人为因素进行评估。

此种验证方法可以基于适航要求，较为全面地验证与自动飞行系统相关的功能和性能，同时也评估了与自动飞行相关的机组人为因素的符合性。

3）故障注入评估失效状态下的性能验证方法

自动飞行控制的性能评估最难的是要评估在失效状态下的性能响应，而且需要考虑不同飞行状态和构型下的失效状态和响应。

基于自动飞行系统使用的飞行阶段和不同状态，考虑通过在不同飞行阶段和运行场景下注入阶跃故障的方法，对自动飞行系统的性能进行评估。主要的飞行阶段包括起飞爬升阶段、巡航阶段、下降阶段、机动飞行和机动保持飞行阶段，运行场景包括精密进近、非精密进近和精密进近阶段叠加单发失效的情况。

咨询通告提出了故障的注入方法，测试并确定了飞行机组响应时间；同时考虑了飞机重量、重心的情况，在此基础上对不同的飞行阶段进行失效性能评估，基于故障注入的失效模拟性能评估，确定了自动驾驶仪的最小使用高度（MUH）。图7-3是某机型在进近过程中注入自动驾驶仪故障后，飞机性能发生

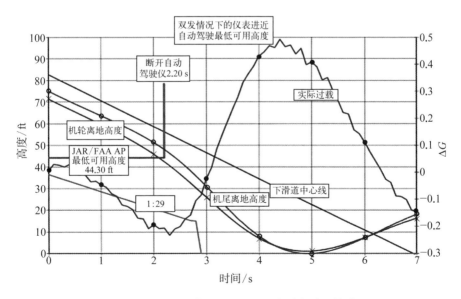

图7-3 某机型在进近阶段注入自动驾驶仪故障

变化的典型情况。在注入故障后，飞机的下降轨迹明显发生偏离，通过对偏离高度的分析，可最终确定该机型自动驾驶仪的最小使用高度。

7.8 典型案例

7.8.1 自动飞行系统模式操作控制功能概述

自动飞行系统模式操作控制功能通过自动飞行人机交互设备，提供两位飞行员对自动飞行控制系统的操作控制。自动飞行模式操作控制主要包括飞行指引、自动驾驶和自动推力功能的接通断开，自动飞行滚转模式、俯仰模式和多轴模式的选择和取消等。

7.8.2 利益攸关方需要捕获

根据利益攸关方识别模型，需要的来源包括以下两个方面。

1）政府监管方

适航条款 CCAR - 25.1329 "飞行导引系统" 中要求：

（1）必须为每个飞行员提供具有快速切断自动驾驶仪和自动推力功能的操纵器件。自动驾驶仪快速切断操纵器件必须装在两个操纵盘（或其等效装置）上。自动推力快速切断操纵器件必须装在推力操纵杆上。飞行员在操作操纵盘（或其等效装置）和推力操纵杆时，必须易于接近快速断开操纵器件。

（2）如有必要，则为了防止不适当使用或混淆，每一个指令基准控制器件的功能和运动方向（如航向选择或垂直速度）都必须清楚地标示在每一个控制器件上或其附近。

（3）飞行导引系统的功能、操纵器件、指示和告警必须被设计成使飞行机组对飞行导引系统的工作和特性产生的错误和混淆最小。必须提供措施指示当前的工作模式，包括预位模式、转换和复原。选择器电门的位置不能作为一种可接受的指示方式。操纵器件和指示必须合理和统一地进行分类组合和排列。在任何预期的照明条件下，指示都必须能够被每个飞行员看见。

2）竞争者

市场上目前运营的飞机，如空客、波音、巴西航空工业等公司的机型，均具备自动飞行系统模式操作控制的功能，基于此角度，通过对利益攸关方需要的分析，形成清单。

7.8.3　功能分析

自动飞行系统模式操作控制功能主要提供机组人机接口，用于激活自动飞行系统的功能和不同的工作模式。提供的人机接口主要分为飞行控制板和其他控制开关。

1）飞行控制板

飞行控制板作为自动飞行控制系统人机接口布置最频繁的设备，其操作器件的布置方式需要考虑多个方面，如自动飞行控制系统的设计特点、驾驶舱设计理念、机型的继承性、新功能开发和机组的操作习惯等。

由于飞行控制板必须结合自动飞行控制系统的软件一起使用，故自动飞行控制系统的设计特点直接影响了飞行控制板的布置方式。例如，需要考虑应具备哪些滚转模式按钮和俯仰模式按钮，是否需要 AP、AT 接通断开按钮等。

驾驶舱的设计理念也决定了飞行控制板的设计理念。某些机型的控制板设计是偏老式的风格，通过直接提供多种接口，支持机组各种各样的使用场景，如布置航道旋钮能支持机组方便地使用传统的导航方式。但随着导航技术的发展，飞管融合了更多导航方式，而航道的选择也融入了飞管页面的输入。如半坡度模式，该模式是考虑飞机的性能，限制飞机的最大坡度角。整体来说，波音系列飞机的飞行控制板按钮较多，按钮和旋钮的功能都是分开的。而空客系列飞机的飞行控制板设计理念则偏向智能化、简便化，取消了很多使用不频繁的按钮，如将 FPA 和 TRACK 模式绑定在一起，将 VS 和 HDG 模式绑定在一起，即将不同按钮的功能放在一起。

考虑到机组从老机型转到新机型的适应时间，不同机型的控制板的使用方式如果一致，即机型有继承性则有利于机组更快熟悉自动飞行系统。目前，从各家主制造商的控制板设计发展过程可以看出，机型在发展过程中，基本都保持控制板的布局一致，只是随着技术的发展，对控制板进行一些局部较小的改动。

随着新技术的引进，自动飞行系统可以朝着更加自动化、智能化的方向发展。目前有的飞机引入了应急自动下降功能，该功能是个综合的功能，通过改变自动飞行的模式，自动接通自动驾驶仪和自动油门，替代人工完成应急下降程序。该功能需要引入新的人机接口，如应急自动下降按钮。在 A220 的飞行控制板上布置有此按钮，但考虑到对飞行控制板的操作频繁，为避免此功能被误操作，在此按钮上专门加了保护盖。而 A350 则将此按钮布置到减速板上，因为在人工激活时，需要此按钮和减速板一起使用。

2）其他控制开关

自动飞行系统的其他控制开关包括自动驾驶断开开关、自动油门断开开关、起飞复飞开关、偏航阻尼开关等。

自动驾驶断开开关用于机组快速断开自动驾驶，随时由人工控制飞机姿态。自动油门断开开关用于快速断开自动油门，随时由人工控制发动机推力。起飞复飞开关则用于激活起飞或复飞模式。偏航阻尼开关与系统设计特点有关，随着电传飞控技术的发展，偏航阻尼功能也逐步作为增稳控制系统的一部分，在自动控制飞机或人工控制飞机时均能工作，已无须布置该功能按钮。

7.8.4 需求定义

根据对自动飞行系统模式操作控制功能的分析，对飞行模式操作控制的需求进行定义，过程如下所示。

（1）根据适航条款，需具备 AP 和 AT 接通断开的功能，故应在飞行控制板上布置 AP 和 AT 接通断开的按钮。根据 AC25.1329，还应能以绝对的方式断开自动驾驶和自动油门。当使用该方式断开自动驾驶和自动油门后，自动驾驶和自动油门应均不能重新被接通，除非机组重新复位断开的开关。

（2）根据适航条款，需具备 FD 接通断开的功能，故应在飞行控制板上布置 FD 接通断开的按钮。考虑到机组操作的便利性，应分别在飞行控制板的两侧布置 FD 按钮，分别控制左右显示器上的 FD 指引杆显示。

（3）一般来说，自动飞行控制系统的横向模式包括 ROLL、HDG、LOC、LNAV 等，其中 ROLL 模式为基本模式，为其他模式被取消时进入的默认模式。一般无须为 ROLL 模式单独布置按钮。若其他横向模式被激活，则需要在飞行控制板上布置相应的按钮，如 HDG 按钮、LOC 按钮和 LNAV 按钮。

（4）一般来说，自动飞行控制系统的纵向模式包括 PTCH、VS、FLC、ALT、VNAV 等。PTCH 模式为纵向基本模式，为其他模式被取消时进入的默认模式。一般无须为 ROLL 模式单独布置按钮。若其他纵向模式被激活，则需要在飞行控制板上布置相应的按钮，如 VS 按钮、FLC 按钮、ALT 按钮和 VNAV 按钮。

（5）一般来说，自动飞行控制系统的多轴模式包括 TO、GA 和 APPR 等模式。TO 和 GA 是通过油门控制组件上的 TOGA 开关来触发。因为在 TO 和 GA 模式下，需要发动机尽快达到最大推力，机组激活 TO 和 GA 模式后，同时需确认油门杆是否推到 TOGA 位置。APPR 模式用于进近阶段，同时激活横向和纵向的进近模式，一般需在飞行控制板上布置相应按钮，如 APPR 按钮。

（6）自动飞行系统在工作时，应能及时告知机组当前的工作模式。除了在显示器上显示当前的工作模式，还需要飞行控制板上的模式按钮提供相关的指示，使用不同颜色的灯光指示模式是预位还是接通。

（7）自动飞行系统按照机组提供的目标自动控制飞机的姿态或轨迹。因此自动飞行系统需要具备可调节目标参数的能力。目标参数主要分为航道、速度、航向、高度和垂直速度，故需要在控制板上布置相应的旋钮。其中垂直速度可以通过俯仰滚轮调节；而高度旋钮可分为两档（100 ft 或 1 000 ft），供机组方便使用。

（8）针对目标速度的选择方式，由于速度分为空速和马赫数两种表达方式，因此需要在控制板上布置切换按钮，能方便、快速地切换这两种方式。

（9）考虑到目前主流机型都具备视窗显示，由于视窗显示可以更方便机组调节旋钮，故设计的飞行控制板应具备视窗显示，即在飞行控制板上布置速度视窗、航向视窗、高度视窗和垂直速度视窗。

7.8.5 设计综合

7.8.5.1 飞行控制板

机组与自动飞行系统的交互主要通过飞行控制板实现。典型的飞行控制板布局如图 7-4 所示。飞行控制板上主要包含飞行指引接通按钮、自动驾驶仪接通按钮、飞行参数选择旋钮以及其他的飞行模式选择按钮，如 VS、LNAV、HDG SEL、ALT 和 APP。飞行控制板同样能给机组反馈信息，如通过参数选择窗口显示预选的参数，通过模式反馈灯光反馈模式是否已被选择。

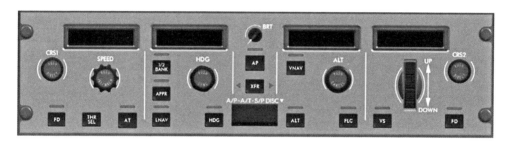

图 7-4　自动飞行系统飞行控制板布局

飞行控制板上有三种调光功能：第一种是导光板调光，主要用于为控制板上的字符和器件提供照明；第二种是按钮的模式反馈灯光，用于确认该模式是否被选择，可以按亮暗两档调节；第三种是参数显示窗口，可通过正上方的电位计进行调节。

一些关键的控制按钮，如 TOGA 按钮、自动驾驶仪和自动油门断开按钮布置在驾驶杆（盘）和油门杆上，这些按钮的信号可以通过飞行控制板发送给自动飞行系统。导航源则可以通过显示控制板（DCP）选择，选择的导航源可以通过显示器发送给自动飞行系统。

自动飞行系统有两个物理通道，提供了冗余备份。当任意一套飞行导引系统处于激活状态时，另一套处于备份状态。当激活的飞行导引系统失效后，备份的飞行导引系统可以被激活。每一套飞行导引系统又可以分为模式转换逻辑和飞行控制律。其中模式转换逻辑依据机组在飞行控制板上选择的模式和其他相关输入信号，决定飞机当前的飞行模式。根据当前的飞行模式，选择控制律计算飞机的导引指令。飞行模式和控制律计算的指令都可以在主飞行显示器（PFD）上显示出来。

7.8.5.2 模式通告显示

激活和预位的飞行模式在显示器正上方的飞行模式通告区域显示，如图 7-5 所示。飞行模式通告区域包含自动油门模式、横向模式、纵向模式以及自动驾驶仪和自动油门接通状态显示。同时，飞行模式通告区域按照上下两行分为激活模式和预位模式，通过不同的颜色进行区分，激活模式显示为绿色，预位模式显示为白色。

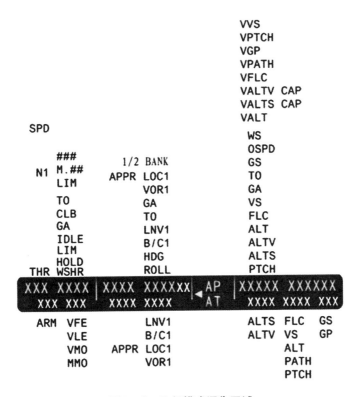

图 7-5 飞行模式通告区域

7.8.5.3 飞行导引系统接通断开操作逻辑

现代商用飞机基本都配备两套飞行导引，其控制开关位于飞行控制板两侧，分别靠近机长和副驾驶位置。飞行员可通过按压相应侧的 FD 按钮，激活本侧的飞行导引系统。飞行导引系统激活后，会在 PFD 上显示洋红色的"+"或倒"V"形标志。

一般 FD 可通过如下操作接通：

（1）按压 FD 按钮。

（2）横向模式发生改变。

（3）纵向模式发生改变。

（4）激活自动驾驶仪。

（5）触发速度保护。

（6）触发风切变告警。

FD 断开则是直接在 FD 激活条件下再次按压 FD 按钮。一般上电后默认 FD 是断开的。

7.8.5.4 自动驾驶仪接通断开操作逻辑

自动驾驶仪状态主要分为三种：接通、断开和同步。目前自动驾驶仪控制飞机主要有两种方式。第一种是将飞行导引指令发送给俯仰和滚转伺服，驱动驾驶杆（盘）运动；同时，驾驶杆（盘）位移信号经过飞控计算机发送给舵面伺服，驱动舵面运动，从而控制飞机的姿态。第二种是将飞行导引指令直接发送给飞行控制计算机，飞行控制计算机控制舵面伺服，驱动舵面运动。自动驾驶仪断开时，需要由人工操作驾驶杆，控制舵面运动。自动驾驶仪同步状态用于自动驾驶仪接通的情况下，由人工短暂地控制飞机，此时自动驾驶仪短暂地断开，当同步状态清除后，自动驾驶仪又自动恢复接通。

自动驾驶仪接通可通过按压 AP 按钮激活。

自动驾驶仪通过如下方式断开操作：

（1）飞行员超控驾驶杆。

（2）按压驾驶杆上的 AP 断开按钮。

（3）按压 TOGA 按钮。

（4）发生抖杆。

（5）在 AP 接通的情况下按压 AP 按钮。

自动驾驶仪进入同步状态则是在 AP 接通的情况下，飞行员按压 SYNC 按钮不放，当释放 SYNC 按钮后，AP 退出同步状态，进入接通状态。

7.8.5.5　自动飞行横向模式转换逻辑

自动飞行横向模式主要有 ROLL、HDG SEL、LNAV、APPR、起飞模式 TO 和复飞模式 GA。

1）ROLL 模式

ROLL 模式是保持飞机当前的滚转角。ROLL 模式是横向模式的基本模式。一般，上电时横向模式默认进入 ROLL 模式。

可通过如下操作进入 ROLL 模式：

（1）飞行指引（FD）和自动驾驶仪（AP）都断开。

（2）在其他模式下按压相应的按钮（如在 HDG 模式下，按压 HDG 按钮）。

（3）更改飞行导引耦合侧。

2）HDG SEL 模式

HDG SEL 模式是捕获并保持当前的目标航向。飞行员可通过 HDG 开关选择 HDG SEL 模式，通过飞行控制板上的航向旋钮更改目标航向。

3）LNAV 模式

LNAV 模式是捕获并保持飞行管理系统指定的水平飞行轨迹。导航源主要有 VOR、LOC 或 FMS 等。一般 LNAV 模式先进入预位状态，使用 HDG SEL 模式捕获导航源。若捕获到导航源，则 LNAV 模式激活，并按导航源提供的指令跟踪导航源。

4）APPR

APPR 模式是产生指令执行横向的捕获和追踪。横向进近模式一般需要导航源提供导航信息。其原理和导航模式类似，先进入预位状态，当捕获到进近模式下的导航源时，横向进近模式激活，按照导航源提供指令跟踪导航源进近。

5）TO 和 GA 模式

横向起飞和复飞模式下产生指令，保持机翼水平，保持飞机当前的航向。

7.8.5.6　自动飞行纵向模式转换逻辑

自动飞行纵向模式主要有 PTCH、FLC、VS、ALT HOLD、ALT SEL、纵向进近模式 APPR、起飞模式 TO、复飞模式 GA、速度保护模式 SPD 和风切变规避导引模式 WS。

1）PTCH 模式

PTCH 模式是保持飞机当前的俯仰角，可通过俯仰手轮更改俯仰基准值。PTCH 模式是纵向模式的基本模式。一般，上电时默认进入 PTCH 模式。

可通过如下操作进入 PTCH 模式：

（1）在其他模式下调整俯仰手轮。

（2）飞行指引（FD）和自动驾驶仪（AP）都断开。

（3）在其他模式下按压相应的按钮（如在 FLC 模式下，按压 FLC 按钮）。

（4）更改飞行导引耦合侧。

2）FLC 模式

FLC 模式是保持选择的速度爬升或下降到预选高度。可以通过如下操作进入 FLC 模式：

（1）在其他模式下按压 FLC 按钮。

（2）退出速度保护模式。

3）VS 模式

VS 模式是捕获并保持选择的垂直速度。可通过俯仰手轮更改垂直速度基准值。可以通过在其他模式下按压 VS 按钮进入 VS 模式。

4）ALT HOLD 模式

ALT HOLD 模式是保持当前未修正的气压高度。可以通过如下操作进入 ALT 模式：

（1）在其他模式下按压 ALT 按钮。

（2）在 ALT SEL 模式下改变预选高度。

5）ALT SEL 模式

ALT SEL 模式是捕获选定的目标高度。通常，ALT SEL 模式是预位的状态，当飞行高度接近选定的目标高度时，ALT SEL 模式激活。

6）TO 和 GA 模式

纵向起飞和复飞模式是飞机离地时给出的导引模式，当在地面状态按压 TOGA 按钮，则进入起飞模式。当在空中状态按压 TOGA 按钮，则进入复飞模式。

7）SPD 模式

当飞机进入低速或超速情况时，进入速度保护模式，通过控制飞机俯仰角控制空速。

8）WS 模式

当飞机产生风切变告警信号且有效时，进入 WS 模式，给出 15°或稍低于引起抖杆俯仰角的角度，取两者中较小值。

7.8.6 安全性分析

自动飞行模式操作控制功能最终通过飞行导引、自动驾驶和自动油门等功能来实现，本节以飞行导引为例。针对具有计算飞行导引指令的功能，有两种功能失效：丧失导引功能和计算错误的导引指令。通常来说，丧失导引功能比计算错误的导引指令的影响等级要低。丧失导引功能的影响等级为次要的，这是由于导引功能丧失后，自动驾驶仪和飞行指引功能也同时被断开。而错误的导引指令的影响等级为主要的，这是因为错误的导引指令可能会造成飞机偏离预期的飞行计划，在一定程度上降低了安全裕度。对机组来说，恢复到预期的飞行计划，增加了飞行员的工作负荷。通过以上分析，飞行导引功能的 FHA 表如表 7-6 所示。

表 7-6　飞行导引功能的 FHA 表

序号	失效状态	工作状态 飞行阶段	机　组　影　响	影响等级
1	丧失导引功能	进近	没有飞行导引，需断开 FD 和 AP	次要的
2	计算错误的导引指令	进近	逐渐偏离目标值直到被机组发现，需要机组手动断开 AP，手动飞行	主要的

根据系统架构和设计特征，进一步针对丧失导引功能和计算错误的导引指令这两种失效状态开展 FTA，根据底事件失效概率数据，计算顶事件的失效概率，从而判断 FHA 的影响等级是否能够满足。图 7-6 为丧失导引功能的 FTA 过程。

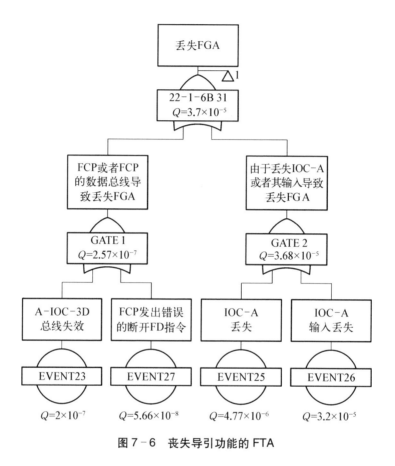

图 7-6　丧失导引功能的 FTA

7.8.7　集成与验证

自动飞行系统模式操作控制功能最终通过自动飞行系统软硬件实现。硬件主要包括飞控计算机、飞行控制板、油门台和伺服电机等设备。软件主要是驻留在飞控计算机中的自动飞行软件。

自动飞行系统模式操作控制功能的验证包括软硬件验证、系统级验证和飞机级验证。通过对不同层级需求逐级开展验证，表明功能被正确实现。最终基于适航推荐的试飞方法，通过飞行试验验证功能和性能，同时飞行员在环评估自动飞行系统的人为因素。

第 8 章　驾驶舱显示系统研制实践

　　驾驶舱显示系统是商用飞机机载航空电子系统的核心子系统，是飞机和飞行员最主要的人机交互接口，是帮助飞行员与飞机进行人机交互完成各种任务的界面，向飞行员提供起飞、复飞、爬升、巡航、下降、进近、着陆等各个飞行阶段所需要的飞行参数和指引信号的显示。先进的驾驶舱显示系统是现代商用飞机航空电子系统先进性的重要标志之一，合理、高效的飞行信息显示和控制管理是驾驶舱人机工效水平的直接体现。

　　本章依据系统工程理念，从利益攸关方需要捕获、功能分析、需求定义、设计综合、安全性分析、集成与验证的角度，详细介绍了显示系统的设计流程，并给出了典型案例。本章的目的是在满足商用飞机适航规章和驾驶舱显示系统设计要求的基础上，给出工程研制实践。

8.1　系统概述

8.1.1　显示系统的用途与意义

　　显示系统是驾驶舱的重要组成部分，是一种具备自动化和智能化处理能力的系统，是最直观地使飞行员获得飞机状态参数的机载系统。在功能方面，显示系统用于向机组提供关键飞行参数、机组告警、导航、飞机状态和飞机环境等信息；在人机交互方面，显示系统对飞行关键信息的合理提示可有效提升飞行员对飞机状态的理解，降低飞行员的工作负荷；在飞行安全方面，显示系统对关键飞行参数进行及时、高效的处理，可以大幅提高航空运行的安全性。

驾驶舱显示系统的基本功能主要包括以下三个方面：

1）显示功能

显示功能向机组提供姿态指示（ADI）、水平状态指示（HSI）、机组告警系统（CAS）信息、实时监控、视景等显示。

2）控制功能

控制功能向机组提供飞行参数控制、显示功能控制、显示格式控制、显示页面管理和数据源选择等功能。

3）数据处理功能

数据处理功能主要实现显示图像处理、数据平滑滤波、数据融合计算、传感器数据比较和实时数据监控等功能。

8.1.2　显示功能

针对商用飞机显示系统的特点，民航工业界在驾驶舱内含的基础上，从驾驶舱管理的角度给出了显示系统定义：向飞行机组提供人机接口的可见部分，这里的可见部分包括外观可见和行为可见，即显示和控制。

传统电子-机械式仪表用于显示飞机特定的飞行参数，由于其单一性和复杂性，信息间的关联性以及工作状态只能依赖飞行员和机械师的人工监控和专业技能来判断。随着商业航空的发展，依靠该类仪表运行的传统空域运行模式和管制方式已难以适应。为了增加空域运行效率，使机组对飞机状态监控保持良好的情景意识，对飞行参数的显示功能提出了更高的要求。

随着电子技术的进步，飞行参数的显示更加数据化和综合化，在逻辑性和可靠性方面也有了非常大的提升，以电子飞行仪表为基础的高集成度显示系统应运而生，图8-1描述了显示系统的发展和特点。

驾驶舱显示系统显示技术由最初的阴极射线管（CRT）为基础的电子显示技术过渡到液晶（LCD/LED）显示技术，未来以有机电致发光显示器（OLED）为代表的新一代显示技术将引领驾驶舱不断朝着更加高效的方向发展。显示功能也由最初的飞行参数的指示，发展到姿态指示、水平状态指示、机组告警、实时

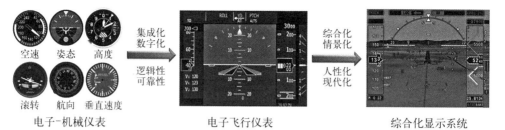

图 8-1　驾驶舱显示系统的发展和特点

监控、视景等综合化显示。

8.1.3　控制功能

驾驶舱显示系统的控制功能是商用飞机人机交互的重要接口，机组通过控制板相应的旋钮或按键等控制器件，实现对飞机飞行参数的控制、显示亮度的调节、指示参数的选择、地图格式的切换、显示页面的管理和数据源的选择等功能。

飞行参数的控制：驾驶舱显示系统是飞机飞行状态最直接的展现，衡量飞机状态的飞行参数主要分为三类：① 用地面坐标表明飞机相对地面的实际位置和运动参数（如气压高度、垂直速度、航向、方位、偏航等）；② 用机载坐标表明飞机相对气流的气动参数（如空速、侧滑、风速等）；③ 用飞机纵轴投影表明飞机相对地面的运动参数（如地速、航迹、偏流角、地面态势等）。机组可通过控制板对飞机状态参数进行调节，实现飞机运动参数和实际位置的改变。

显示亮度的调节：当机组观测显示器上的飞行信息时，人眼感知的亮度不仅与显示器自身的亮度特性有关，还与舱外光线、舱内环境光等因素相关。驾驶舱显示系统需要多种调节方式协同的亮度管理方法，根据 ARP 4032A 第 6 节对显示亮度调节的要求，亮度管理方法由手动亮度控制和自动亮度控制组成，涉及三种亮度控制算法，即人工亮度控制、环境照明补偿和自适应不匹配补偿。通过合适的滤波算法，实现人眼对明暗光线适应能力的响应。

8.1.4　数据处理功能

根据显示系统架构的不同，各类数据处理功能的驻留有所不同。从全功能角度来看，数据处理功能包括显示图像处理、数据平滑滤波、数据融合计算、传感器数据比较和实时数据监控等。以传感器数据比较和实时数据监控功能为例，如图8-2所示，由于显示系统会接收到飞机的大量机载信号，因此承载着整个飞机数据可靠性的重任，该功能主要包括两个层次。

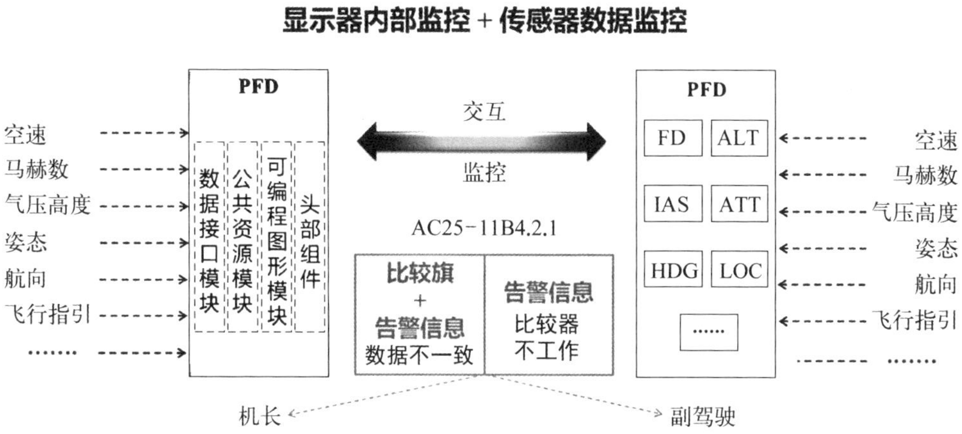

图8-2　传感器数据比较和实时数据监控

一个是外部监控功能，使用比较器功能，两侧显示器同时接收两侧大气数据计算机（ADC）和惯性基准装置（IRU）发出的空速、气压高度、俯仰姿态、滚转姿态和航向数据，内部的功能资源模块对数据分别进行比较，当任何来自两侧数据源的差超过比较器门限时，可以向飞行机组提供告警，告警方式触发黄色的比较旗图标和警戒级的"EFIS MISCOMPARE"机组告警系统信息，提醒机组进行必要的交叉检查或隔离措施，避免错误进一步蔓延。这一点也是在AC25-11B中给出的建议。同时，每个主飞行显示器（PFD）都会对两侧传感器数据进行比较并能触发告警，因此可认为显示功能和监控功能是各自独立的。

另一个是内部监控功能，在显示器内部，公共资源模块对数据接口、可编程图形模块和头部组件进行持续监控，同时公共资源模块也通过独立的硬件对自身进行监控。当探测到内部失效时，公共资源模块会进行重置。

当探测到比较器失效、两侧均使用同侧的传感器数据或任意一个数据无法进行比较时，会触发警戒级的"比较器失效"CAS 信息，提醒飞行机组注意某些数据无法比较，并进行必要的交叉检查或隔离措施。

8.2 利益攸关方需要捕获

利益攸关方需要捕获是系统工程过程中的初始过程，是项目研制范围、系统设计和产品实现的基础。在利益攸关方识别过程中输出的需要将作为驾驶舱显示系统的顶层需求，贯穿于商用飞机的概念开发阶段、初步市场推广阶段、初步设计和详细定义阶段。

需要通常是定性的，并且在系统设计过程中能否实现具有不确定因素。在本章 8.8 节，将通过典型案例从系统工程的角度详细说明显示系统利益攸关方需要实现的全过程。与需求不同的是，需要并非产品需求，有时甚至无法验证，因此系统工程师应充分与利益攸关方合作，进行深度权衡分析，最终将需要转化为需求。

8.2.1 识别利益攸关方

识别利益攸关方是利益攸关方需要捕获过程的第一步，目的是通过合适的识别方法形成驾驶舱显示系统的利益攸关方清单。本章选取的识别方法是面向供应链过程的项目利益攸关方类型模型，如图 8－3 所示。

显示系统上游输出主要涉及的利益攸关方包括设计供应商、制造供应商、试验供应商，其中一级利益攸关方是设计供应商。

显示系统中游输出主要涉及监管方、主制造商和竞争者，其中监管方的利益攸关方有适航、飞标和空管，上述三方均为一级利益攸关方。主制造商的利益攸关方有设计、制造、客服和试飞，由于在系统开发过程中，设计和制造的需求、流程对显示系统起至关重要的作用，因此这里将一级利益攸关方选取为设计和制造。竞争者分为直接竞争者和间接竞争者，在商用飞机工业领域，与显示系统密切相关的是直接竞争者，如波音、空客、巴西航空工业公司等。

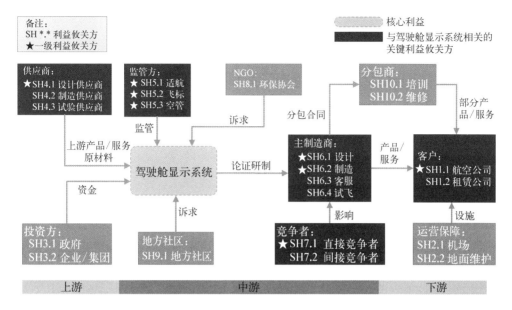

图 8-3　显示系统利益攸关方识别模型

显示系统下游输出主要涉及的利益攸关方包括航空公司和租赁公司,其中航空公司是一级利益攸关方。

8.2.2　捕获利益攸关方需要

利益攸关方需要的捕获过程,是将利益攸关方内部需要显性化的过程,可通过追溯检查、专家评审、用户沟通等方式来开展各个利益攸关方的需要捕获。

1)设计供应商需要捕获

通过采访和调研的方法捕获设计供应商对驾驶舱显示系统的需要,捕获的需要包括但不限于:

(1)提供显示器、控制板等成熟的商用货架产品(COTS)。

(2)提供显示器、控制板等成熟的技术标准规定(TSO)的产品。

(3)在现有系统架构能力范围内完成功能优化。

(4)推荐使用基于新技术的平台产品。

(5)软件具备现场可加载能力。

2）监管方需要捕获

通过适航规章和工业标准的研究，捕获适航、飞标、空管对驾驶舱显示系统的需要，捕获的需要包括但不限于显示系统应满足 CCAR – 25.1303、1321、1331（a）、1333、1355（c）、1543（b）条款；显示系统能够提供显示自动重构功能，实时监控功能，与非精密和精密进近、低能见度运行和高高原运行相关的功能，座舱监视功能，机场导航功能，四维航迹功能等。

3）主制造商需要捕获

通过系统研制流程和安全性方面的研究，捕获驾驶舱显示系统在设计和制造方面的需要，捕获的需要包括但不限于产品应提供人机工效良好的显示界面，提供易懂、便捷、合理的操作，具备高可靠性、高安全性特征，应易于功能优化、已取得 TSO、便于拆装、维修、使用标准化零部件等。

4）竞争者需要捕获

通过直接竞争者在研制验证和市场运营方面的研究，捕获驾驶舱显示系统在显示系统方面的需要，捕获的需要包括但不限于驾驶舱具备大屏幕显示、触控功能、高可靠性架构、共同性、便捷性等。

5）用户需要捕获

通过商用飞机航线运营方面的研究，捕获航空公司的需要，包括但不限于飞机应具备 RNP 机场运行能力和场压机场运行能力，显示器软件可以现场加载，显示器应具备更高的自动化能力，显示信息在不同的光环境条件下都应具备高辨识度，显示菜单的操作应便捷、易懂等。

8.3　功能分析

在捕获利益攸关方需要的基础上，描述显示系统的功能特性，建立其功能架构，继而围绕功能进行需求捕获、接口定义、飞机架构设计等活动。

飞机级功能来源于基于场景的飞行操作和运行理念，通常分为基础功能、主要功能、功能和子功能。依据与显示系统相关的适航规章和工业标准的要求，以及未来商用飞机发展的市场需求，采用动名词对表示法，实现从飞机级功能到显示系统功能的识别和定义。

与显示系统相关的飞机级功能包括但不限于提供飞行信息显示、飞行操作控制和飞行参数控制、告警功能、视景功能、飞机维护接口和高效运行功能。

按照作用对象类型进行分解以及按照作用对象状态变化或过程场景进行功能分解，在全面考虑子功能之间的控制流和数据流关系后，利用功能流程框图（FFBD）、N^2 图等方法，形成显示系统的功能架构、功能清单以及功能接口定义文件（FICD）。

基于与显示系统相关的飞机级功能，典型的显示系统子功能包括但不限于提供主飞行显示功能、导航显示功能、发动机参数和机组告警显示功能、飞机系统信息显示功能、显示控制和管理功能、数据比较和监控功能、视景功能、机上维护功能、机上数据加载功能。

8.4 需求定义

需求定义文件将作为功能分析过程的输入文件以及安全性分析过程中 FHA 的输入文件。

基于显示系统的功能架构，依据系统功能及特征，将功能转化为需求，主要包括功能需求、性能需求、操作需求、安全性需求、可靠性需求、维修性需求、测试性需求、环境需求、布置和安装需求、接口需求和适航需求。

1）功能需求

主飞行显示功能应提供主飞行信息和 HSI 信息。主飞行信息应包括但不限于姿态、空速、气压高度、无线电高度、垂直速度、最低基准（决断高度和最小决断高度）、飞行导引、飞行模式通告、航向、迎角、飞行视景等相关参数。HSI 信息应包括但不限于航向、航迹、航道、风速、风向、飞行计划（包括导航台、航路点、向/背台、高度截取弧等）、导航源、方位源等信息。

导航显示功能应提供但不限于地图显示（包括当前位置模式、飞行计划模式

221

等）、场面信息显示、垂直状态显示等。

发动机参数和机组告警显示功能应包括但不限于发动机低压转速、发动机涡轮间温度、发动机高压转速、推力模式、发动机振动、发动机滑油温度和压力、燃油流量、机组告警信息等。

飞机系统信息显示功能应包括但不限于起落架、襟/缝翼位置、配平位置、刹车压力、座舱高度、着陆标高、燃油量等。

显示控制和管理功能应包括但不限于主飞行显示及发动机参数和机组告警显示的自动和手动重构功能、主飞行显示的控制功能（控制板和菜单）、自动和手动调光功能、数据源切换功能等。

数据比较和监控功能应包括但不限于关键飞行参数比较功能、数据源失效指示功能、比较器失效指示、飞行高度层告警等。

视景功能应包括但不限于增强型飞行视景功能、合成视景功能、融合视景功能等。

机上维护功能应包括但不限于上电自测试、持续自测试、初始自测试等。

机上数据加载功能应包括但不限于软件现场可加载功能等。

2）性能需求

显示系统应提供但不限于设备性能（如尺寸、视角、分辨率、亮度、对比度、色度），处于地面和空中时正常和非正常条件下的启动时间和工作时间，数据延迟时间（如关键飞行参数传输、控制响应、告警触发等）。

3）操作需求

主飞行显示控制应包括但不限于气压基准、地图格式、导航源切换、数据选择、实时监控、速度基准、最低基准、基本配置的控制（如米/英制和磁/真航向）等。

HSI 和导航控制应包括但不限于系统状态简图、控制菜单按钮、实时监控控制。

显示控制和管理功能控制应包括但不限于数据源选择、显示页面切换、显示资源重构、亮度调节等控制功能。

4）安全性需求

安全性需求从安全性分析活动产生，主要来源于各级 FHA 工作，对不同功能及其失效后的 FHA 结果进行分析，最终获得针对功能的安全性指标要求并纳入需求文件。安全性需求将作为设计目标，约束设计综合活动。显示系统的安全性需求示例如表 8－1 所示。

表 8－1　显示系统的安全性需求示例

功　　能	失　效　状　态	危　险　等　级
空速	丧失全部空速显示	I
气压高度	丧失全部气压高度显示	I
垂直速度	丧失全部垂直速度显示	III
姿态	丧失全部姿态显示	I
航向	丧失全部航向显示	I

显示系统故障的影响等级定义如表 8－2 所示。

表 8－2　显示系统故障的影响等级定义

影响等级	概率描述	定量要求 / (1/h)	故障影响分类	故　障　影　响　描　述
I	极小	10^{-9}	灾难性的	引起飞机损坏或人员伤亡，无法保证飞机继续安全飞行或安全着陆
II	很小	10^{-7}	危险的	极大降低飞机安全裕度，极大加重机组工作负荷及压力，使其无法继续工作，可能造成人员伤亡
III	小	10^{-5}	主要的	明显降低飞机安全裕度，加重机组工作负荷及压力，使其无法继续工作，机上人员可能感觉不适，但不会造成人员伤亡
IV	有可能	10^{-3}	次要的	对飞机和机上人员的影响极小，可能会给机上人员带来不便

223

5）可靠性需求

可靠性需求是指系统、子系统、组件或部件在一定时间内、一定条件下执行指定功能的能力或指定功能可能性的需求。

对于显示系统，需求文件应提供设备的平均故障间隔时间（MTBF）、签派可靠度（dispatch reliability）等需求信息。

6）维修性需求

维修性需求包括计划的和非计划的维修需求，并且与具体的安全性功能有关。

对于显示系统，需求文件应提供设备安装、存储、标准化工具、器件等。

7）测试性需求

显示系统设备应可以进行航线可更换单元（LRU）级的机内自测试，以便能够对系统、接口以及传感器进行快速测试。

8）环境需求

显示系统设备应符合 DO－160G 或者同等的军用标准的要求。

9）布置和安装需求

显示器应有足够的视角和品质，保证在每个飞行员的位置，所有的显示都清晰可见。基本 T 形信息应在正常情况下（没有显示系统失效）持续且直接地显示在每名飞行员的前方。飞行仪表必须在仪表板上呈组列形式，并尽可能集中在飞行员视线向前时所在的垂直平面附近。姿态指示应在所有飞行情况下都不会被遮挡。

10）接口需求

显示系统应提供与气源系统、自动飞行系统、动力系统、电源系统、通信系统、大气数据系统、导航系统、飞控系统、照明系统、防冰系统、燃油系统、液压系统、氧气系统、中央维护系统等的接口。

11）适航需求

显示系统应符合 CCAR－25.1303、1321、1331（a）、1333、1355（c）、1543（b）条款。

8.5 设计综合

8.5.1 总体架构

设计综合的目的是根据功能架构中的各个子功能，寻找其相应的物理实现形式，形成满足需求的系统物理架构。从系统设备级角度考虑，显示系统包括主飞行显示器（PFD）、多功能/导航显示器（MFD/ND）、机组告警显示器、平视显示器、显示控制板、光标控制板、亮度传感器等。

1）主飞行显示器

主飞行显示主要提供主飞行信息、水平状态指示（HSI）信息、实时监控信息和告警指示的显示。

主飞行信息主要包括姿态、空速、气压高度等相关参数。

HSI 信息主要包括飞机的航向、航迹、航道、风速、风向等信息。

实时监控信息主要包括气象雷达、TAWS、TCAS 的显示。

告警指示主要包括失效旗（如导航源、航向、无线电高度、失速告警、迎角、指示空速、马赫数、飞行指引、自动驾驶断开警告、姿态、垂直导航偏差、气压高度、垂直速度、下滑道、横向偏差失效旗等），警戒旗（如航向、无线电高度、空速、飞行指引、姿态、俯仰、滚转、气压高度、下滑道信标、航向信标比较旗、预选高度读数警戒旗、MIN 指示旗等）。

2）多功能/导航显示器

导航信息显示主要提供地图显示（当前位置模式和飞行计划模式）、场面信息显示、垂直状态显示、简图页显示等。

3）机组告警显示器

机组告警显示器主要提供机组告警信息和飞机状态信息，通过视觉、听觉、触觉等方式向飞行机组提供告警。

机组告警信息包括警告、警戒、提示和状态四个等级。

飞机状态指示主要包括飞机构型信息（襟翼、起落架、水平安定面等），系统简图指示（环控、飞控、液压、电源、燃油、舱门、起落架、防冰等）。

4）平视显示器

平视显示器主要提供机载关键飞行参数，包括航向、姿态、空速、高度、无线电高度、垂直速度、DME 距离、风速、风向等；必要的飞行指引计算和显示，包括飞机飞行航迹和能量状态；精确的速度和加速度控制；具有接收、处理和显示视频和图像的能力，可叠加显示增强图像。

5）显示控制板

显示控制板为机组提供飞行模式、飞机构型、飞行参数的控制，分别包括对主飞行显示器的控制和对多功能显示器的控制。显示控制板功能包括气压基准的设置，地图格式的设置，导航源切换的控制，菜单选择和退出，数据选择的控制，地形、气象、交通的控制，雷达显示范围和天线角度的控制，基准设置的控制（如参考速度、决断高度、最小决断高度等），基本配置的控制（米/英制、磁/真航向等）。

6）光标控制板

光标控制板的控制包括但不限于提供以下参数的控制：系统状态简图的控制，控制菜单的按钮、气象、地形、交通的控制，数据源选择的控制，显示重构选择的控制。

7）亮度传感器

显示系统的亮度控制功能主要分为自动亮度控制和手动亮度控制，包括两类传感器：远距离亮度传感器和环境光传感器。

驾驶舱内每个显示器都应配备环境光传感器，以响应位于显示器周围的环境光。驾驶舱内每个显示器都会接收来自其他显示器的环境亮度传感器的输入，通过比较得出最大值，将其作为显示器环境亮度补偿算法的输入值。

远距离亮度传感器用于反映驾驶舱正前方光线的亮度与显示器亮度之间的关系，因此在驾驶舱遮光板前方，通常在两位飞行员的位置各安装一个远距离亮度传感器，两个远距离亮度传感器的最大值作为自适应补偿算法的输入值。

8.5.2 显示器架构

显示器主要采用智能（Smart）和非智能（Dumb）架构，用于实现显示功能。两种架构对飞机所需功能的驻留各不相同，对飞机整体架构的影响各有优劣。飞机主制造商对两种架构均有应用，下面针对两种架构的特点进行分析。

1）Smart 架构

Smart 架构的特点在于显示器中驻留图像处理、数据处理、显示管理等功能，如图 8-4 所示。

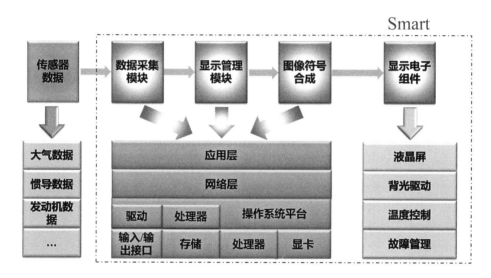

图 8-4 Smart 架构示意图

Smart 架构的功能驻留关系如表 8-3 所示。

表 8-3 Smart 架构的功能驻留关系

驻留在显示器中的功能	驻留在核心机柜中的功能
ARINC 661 服务器	显示管理
主飞行信息	告警系统
导航信息	增强视景系统

（续表）

驻留在显示器中的功能	驻留在核心机柜中的功能
发动机信息	简图页
电子图表	平显格式
合成视景系统	电子检查包
……	……

2）Dumb 架构

Dumb 架构的特点在于显示器中不驻留任何图像处理、数据处理、显示管理等功能，只负责图像和数据的显示，如图 8-5 所示。

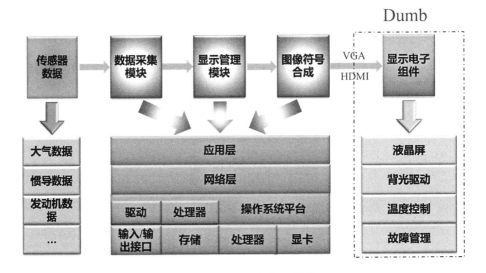

图 8-5　Dumb 架构示意图

8.6　安全性分析

安全性分析用于表明显示系统对适航条款的符合性。FHA 是安全性分析的第一步，其核心是确定功能失效情况并评估其影响。FHA 应提供每个功能的失效状态及其影响，以及基于已确定的影响（Ⅰ~Ⅴ级），对每一个失效状态进行分类，并根据要求分配必要的安全性目标。

8.6.1 功能危害性评估

首先开展飞机级功能危害性评估（AFHA），实现显示系统的适航条款要求到飞机级需求的分配。按照 AFHA 需求文件定义的显示系统相关功能的失效状态，开展系统级功能危害性评估（SFHA），实现飞机级需求分配至系统级需求。以满足 CCAR - 25.1309 适航条款的要求为例，开展从适航条款要求到系统级需求的分配，其过程如图 8 - 6 所示。

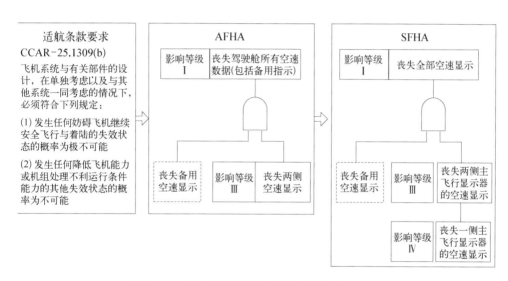

图 8 - 6　适航条款要求到系统级需求的分配过程

8.6.2 初步安全性评估

在初步完成 AFHA 后，需要结合飞机架构，开展初步飞机安全性评估（PASA）。在完成 SFHA 后，需要结合飞机架构，开展初步系统安全性评估（PSSA）。PASA 和 PSSA 的目标是完善飞机、系统或者部件的安全性目标，并确定所提出的架构能够合理地满足安全性需求。PASA 是飞机顶层安全性工作与系统层级安全性工作的桥梁。通过该评估，可将顶层的安全性需求分配给系统，从而实现自上而下的设计理念。PSSA 是评价所提出的架构以及生成系统和部件安全性要求的方法。继续以图 8-6 的安全性需求分配过程为例，完成系统级需求至子系统级需求的功能分解，如图 8-7 所示。

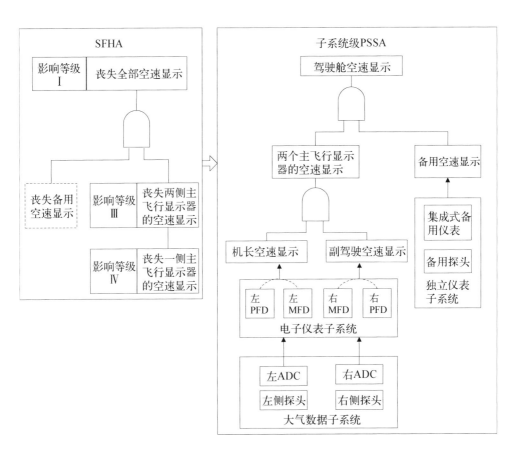

图 8-7　系统级需求至子系统级需求的功能分解

8.6.3　研制保证等级分配

　　AFHA 和 SFHA 系统性地确定了失效状态，失效状态是研制保证等级分配的基础。以 AFHA 中失效状态的评估结果为基础，PASA 根据 ARP 4754A 中的分配原则，对功能研制保证等级（FDAL）进行分配，并将其分配至系统。在 PSSA 中，根据 SFHA 的失效状态影响等级分配 FDAL，并将其分配至软硬件的项目研制保证等级（IDAL）。FDAL 的分配过程如图 8-8 所示。

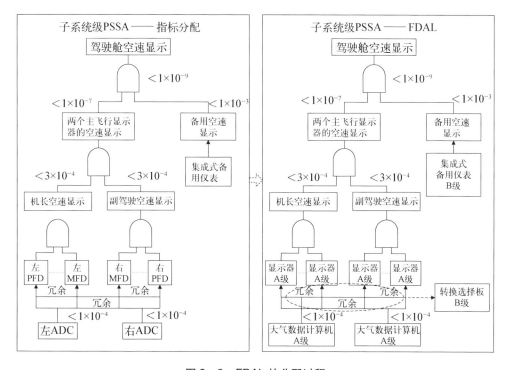

图 8-8　FDAL 的分配过程

8.6.4　部件级安全性分析

FMEA 是确定系统功能或设备的失效模式及其对高一层次设计的影响的一种系统方法，还可以确定每种失效模式的检测方法。FMEA 可以进行定量或定性分析，适用于任何类型的系统。实施定量 FMEA，可以确定每种失效模式的失效概率。FMEA 的结果可以用于编制 FMES，或者为 SSA 过程的其他分析技术（如 FTA）提供支持。

FTA 是演绎性失效分析方法，集中在一个具体的不希望事件上，为其提供一种确定引起该事件原因的方法。FTA 是一种自上而下的系统评价程序，针对某一特定的不希望事件，形成定性模型，然后进行评价。对"丧失全部空速显示"失效条件，FTA 分析过程如图 8-9 所示。

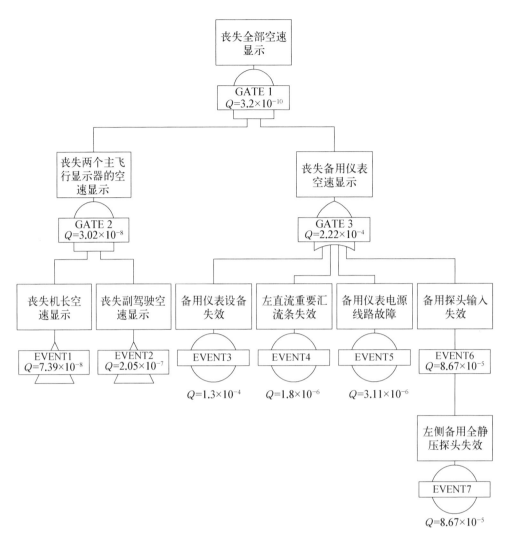

图 8-9 FTA 分析过程

8.6.5 共因分析

共因分析（CCA）包括特定风险分析（PRA）、共模分析（CMA）和区域安全性分析（ZSA）三个方面，是用来验证独立性或确定具体相关性的工具。CCA 应排除会导致灾难性的失效状态的共因事件，CCA 可确定能够导致灾难性的或危险的失效状态的单个失效模式或外部事件。

对于"丧失全部空速显示"失效条件，ZSA 包括对显示器、备用仪表和大气数据计算机的分析，驾驶舱危险源对显示器和备用仪表的影响分析，前附件舱对大气数据计算机的影响分析。PRA 包括转子爆破、机头鸟撞、轮胎爆破对显示器、备用仪表和大气数据计算机的影响分析。CMA 对"与"门的有效性进行分析。

ASA 和 SSA 是验证所实施的设计是否满足 PSSA 定义的安全性需求的方法。对显示系统，SSA 的目标如下：

（1）验证 SFHA 中安全性需求（设计需求）和目标是否满足。

（2）验证在系统架构、设备、软件及飞机安装的设计中所考虑的安全性需求是否满足。

（3）确认在 SFHA 和 PSSA 中确定的所有证明材料都已经关闭。

根据上述安全性活动过程，"丧失全部空速显示"失效条件满足小于 1×10^{-9} 的安全性目标要求，表明了系统设计对 CCAR－25.1309（b）、（c）、（d）条款的符合性。

8.7　集成与验证

系统集成包括功能架构和物理架构的集成。

为了表明显示系统的适航符合性，需采用合理的符合性方法验证，与适航条款直接相关的符合性方法包括设计说明（MC1）、地面试验（MC5）、飞行试验（MC6）、航空器检查（MC7）和模拟器试验（MC8）。

8.8　典型案例

8.8.1　驾驶舱显示重构功能概述

驾驶舱显示重构功能用于在可预期的单个或多个显示器失效的情况下，主飞行信息、导航信息和机组告警信息能够重构显示，保证飞行员使用的主飞行信息、发动机信息、机组告警信息的持续性和连贯性。

8.8.2　利益攸关方需要捕获

根据利益攸关方识别模型，需要的来源包括以下两个方面。

1）监管方

咨询通告 AC 25 - 11B 中要求：当系统失效时，飞机显示系统具有手动或自动转换能力（首选为自动转换能力）是可以接受的。同时，航空规章咨询委员会（ARAC）建议对 CCAR - 25.1333（b）款做如下修改：系统、设备和安装必须设计成当发生任何单个失效或组合失效后（如未表明其失效概率为极小），无须增加机组成员的动作，必须保证提供足够的飞行信息，以保证由一名飞行员即可控制飞机的空速、高度、航向和姿态。在某些飞行阶段，手动重新配置可能无法满足飞行员立即恢复主飞行信息来控制飞机的需要。自动重新配置是必要的，以确保供机组成员行动的信息及时可用。

2）竞争者

市场上目前运营的飞机，如空客、波音、巴西航空工业公司等的机型，均具备各自的显示重构功能，基于此角度，通过对需要的分析，形成利益攸关方清单。

8.8.3　功能分析

通过对利益攸关方需要的分析，显示重构功能对应的飞机级功能是飞机应提供飞行信息显示；对应的系统级功能是系统应提供显示控制和管理功能。

根据各个飞行场景、各类失效模式和各种冗余操作，提出显示重构功能的设计要求：

（1）在任何情况下，显示单元手动转换功能的优先级都应高于自动转换功能的优先级。

（2）在一个或多个显示单元失效的情况下，当自动转换功能单独控制显示单元时，显示页面重构的优先级为主飞行显示（PFD）页面>机组告警（EICAS）

页面>多功能显示（MFD）页面。

（3）在一个或多个显示单元失效的情况下，当手动转换功能和自动转换功能共同控制显示单元时，须细化系统重构原则。

8.8.4 需求定义

根据显示重构功能的设计要求，提出显示资源配置的需求。

（1）显示系统应提供显示器失效情况下的资源重构能力。

（2）在显示单元转换过程中，显示系统应持续显示飞机安全运行所需的飞行信息。

（3）失效显示单元上的信息应位于与转换显示单元相同的位置。

（4）当显示单元自动或手动重构时，不应对机组成员造成不利影响，也不应引起任何轨迹偏差。

（5）手动方式优先级高于自动方式，飞行员可采取手动方式决定失效的信息在何处显示（或在当前构型下是否需要显示）。

（6）在显示单元自动重构的情况下，飞行信息优先级为 PFD>EICAS>MFD。

（7）当手动方式和自动方式同时干预失效显示单元时，应全面分析失效模式，合理配置飞行信息。

（8）驾驶舱一侧飞行员对同侧显示单元（左/右主、备用显示单元）的操作不应影响另一侧飞行员所控制的显示单元（右/左主、备用显示单元）的信息重构。

（9）当发动机指示主显示单元单独失效时，副驾驶侧备用显示单元承载发动机指示主显示单元全部信息的重构。

8.8.5 设计综合

1）总体架构

显示系统重构技术涉及的主要装置包括 5 个显示单元、2 个显示重构开关、显示器软件以及相关的 ARINC 429 交输总线，显示系统的架构如图 8－10 所示。

在图 8-10 中，第 1 显示单元、第 2 显示单元、第 4 显示单元和第 5 显示单元通过总线 2 交互信息，第 2 显示单元、第 3 显示单元和第 4 显示单元通过总线 1 交互信息，2 个显示重构开关状态量通过 5 个显示单元之间的交互总线分别传输至 5 个显示单元。

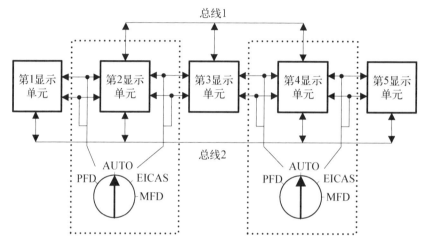

图 8-10　显示系统架构示意图

当两侧显示重构开关全部置于"AUTO"位时，显示系统完成对失效显示单元的自动重构，在飞机安全性裕度内能够保证主飞行信息和发动机信息始终被提供给飞行员。当失效显示单元恢复正常后，该自动转换功能能够保证主飞行信息和发动机信息在恢复过程中不丢失，有效提高飞行的安全性和系统的可靠性。同时，在任何飞行阶段，飞行员都可以超控（override）自动转换，飞行员可以手动将 PFD 或 EICAS 转换到同侧的 MFD。

2）显示重构逻辑设计

（1）配电架构。为了配合显示重构技术的实施，在综合考虑各类显示器失效模式和各种显示冗余操作的基础上，从安全性角度对显示系统进行配电优化。

（2）自动重构逻辑。当显示重构开关均位于"AUTO"位时，显示系统可自动重构飞行信息，此情况下的飞行信息能够保证所有飞行阶段的飞行安全，故以此作为建立后续显示逻辑状态表的基准。按照一个、两个和三个显示单元的失效模式，给出显示资源配置的情况。

（3）自动和手动混合重构逻辑。当手动方式和自动方式同时干预失效显示器时，涉及显示单元的自动重构和飞行员手动操作的超控，因此按照显示器的失效模式以及显示重构开关的排列组合方式，在考虑飞行员任务分工和人为因素的情况下，综合、合理地配置飞行显示信息。

（4）失效显示单元的恢复。失效显示单元（PFD 或 EICAS）恢复正常须经历上电重启过程，其重启过程包括内部软件应用重新加载、数据输入/输出重新配置、LCD 屏幕重新加热启动。当备用显示单元已重构失效的主显示单元内容时，备用显示单元监测到主显示单元恢复信号，由于主显示单元恢复正常需一定时间，故备用显示单元被禁止立即恢复至自身内容，待备用显示单元承载的主显示单元完全恢复正常后，备用显示单元才可恢复至其自身内容。

8.8.6　安全性分析

根据 CCAR - 25 的相关条款和咨询通告要求，在系统设计过程中结合 AFHA 和 SFHA，采用 PSSA 的方法确认显示系统架构和性能分配，通过 FTA 和 CCA 等，完成自飞机级顶事件至显示系统级事件分析的过程，最终实现所需的功能分解、指标分配和研制保证等级，系统的安全性分析过程（以"丧失全部空速数据"失效事件为例）如图 8 - 11 所示。

为保证飞机飞行性能，为机长和副驾驶各配备一套主飞行显示器，用于显示空速、马赫数、高度、垂直速度、姿态、航向和侧滑；同时配备一套集成式备用仪表和备用磁罗盘，为两位飞行员提供第三套空速、马赫数、高度、垂直速度、姿态、航向和侧滑显示。当主飞行显示器出现失效或者丧失功能显示时，可以通过显示器转换功能将主飞行显示器的显示信息转换到多功能显示器上。当两侧显示器上显示的同侧大气数据和姿态、航向信息失效或者错误时，可以通过显示器转换功能选择对侧的大气数据源或姿态、航向源，以保持重要飞行信息的显示。

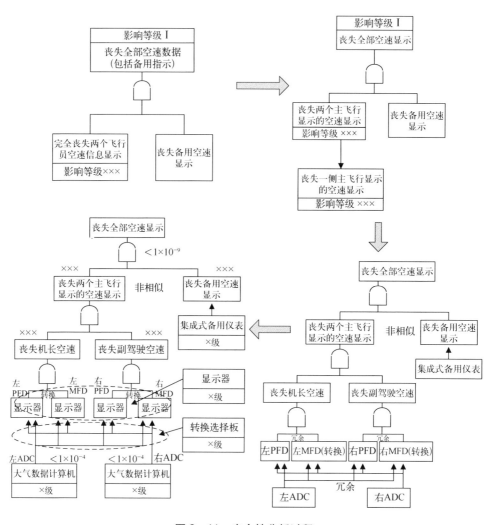

图 8-11　安全性分析过程

8.8.7　集成与验证

显示重构功能的集成涉及硬件和软件。硬件集成主要包括电源总线的安装和布置、转换选择板的安装；软件集成主要是显示器软件的更改，该软件可通过现场可加载（field-loadable）的方式集成到显示器。

为了表明显示重构功能的适航符合性，采用的符合性方法为 MC1、MC5、MC6 或 MC8。

第9章 驾驶舱机组告警研制实践

飞机驾驶舱是一个密闭的受限空间，在这样一个密闭空间中，飞行机组需要快速、及时、正确地获取飞机及系统状态。

随着航空电子技术的发展，设计先进、完善的机组告警系统并使之成为一个飞行机组获取所需信息的主要途径，对于提高飞机安全性，使其获得国际民航界的认可，保证飞机商业成功具有十分重要的意义。

机组告警系统在飞机处于非正常系统状态或非正常飞行状态时，为机组提供警示和提示，有效吸引飞行机组注意力，使飞行机组对系统状态和飞机所处境况有准确的判断；引导机组采取最佳应对措施，确保其安全地完成飞行任务；同时还提供正常飞行中机组需要知晓的正常状态信息，在保证安全性的基础上提高机组情景意识和工作效率。

本章依据系统工程理念，从利益攸关方需要捕获、功能分析、需求定义、设计综合、安全性分析、需求确认、集成与验证的角度，详细介绍了驾驶舱机组告警系统的设计流程，并给出了典型案例。本章的目的是在满足商用飞机适航规章和驾驶舱机组告警系统设计要求的基础上，给出工程研制实践。

9.1 系统概述

驾驶舱机组告警系统是现代驾驶舱的重要组成部分，是一种具备自动化和智能化处理能力的系统，是飞行员获得飞机及系统的不正常状态或非预期变化的载体。在功能方面，驾驶舱机组告警系统向机组提供视觉告警信息、听觉告警信息以及触觉告警信息；在人机交互方面，驾驶舱机组告警系统通过告警的集成设计，可在合适的飞行阶段向飞行机组提供关键的告警信息，以避免不必要的告警干扰飞行机组，降低机组的工作负荷。及时、合适的告警对飞行机组操纵飞机、处置故障具有极其重要的意义。

机组告警的核心是以机组告警消息、告警指示灯、音响告警、PFD 告警消息等多种形式，连同与之相关的信息显示和操作界面形成完整、一致的人机交互界面，作为机组情景意识的主要通道，保证机组操作的准确性和高效率。

机组告警消息及其关联的告警灯、音响告警负责在告警状况发生时引起机组注意，并以文本消息的形式协助其对事态建立最初的认识；具体故障显示页面负责向机组反映系统的实际状态，利于机组了解详细的故障原因、状态、影响，做出判断和决策；检查单（纸质或电子化）为机组提供正常操作程序及与告警消息对应的非正常操作程序；控制面板上的操纵器件和指示灯为机组提供系统控制界面和冗余的系统状态指示通道，并帮助机组快速定位需要操作的器件，减少误操作的可能性。

驾驶舱机组告警系统的基本功能主要包括以下五个方面。

1）告警的综合处理功能

告警的综合处理功能包括告警的逻辑计算功能、管理其他系统的告警信号功能、告警的显示输出功能、告警信号输出功能等。

2）告警的显示控制功能

告警的显示控制功能主要通过驾驶舱显示控制系统实现。驾驶舱显示控制系统接收告警综合处理功能的信号输出，在显示控制系统中以文本或图形等方式提供视觉告警功能。这种视觉告警既包括告警的文本信息，也包括以系统简图页等形式提供的状态指示。驾驶舱显示控制系统也提供控制功能，用于告警的控制功能，包括告警的确认、隐藏或抑制、系统简图页的调用等。

3）告警的灯指示功能

告警的灯指示功能主要接收告警综合处理功能的信号输出，在飞行机组的主要视野内驱动相关的告警灯，提供灯光形式的视觉告警，也在系统控制板上驱动相关的故障灯，为机组的操作定位提供指引。

4）音响告警功能

驾驶舱音响告警系统主要接收告警综合处理功能的信号输出，在不同的驾驶舱噪声环境下，向飞行机组提供合适的听觉告警功能。

5）触觉告警功能

驾驶舱内还可通过触觉的方式向飞行机组提供告警功能。通常失速抖杆作为通告失速告警的一种触觉告警途径。

9.2　利益攸关方需要捕获

机组告警信息的需求来源于与飞机或系统有关的适航规章、安全性要求以及飞行机组情景意识需求。适航规章对某些特定的飞机或系统状态有指示和告警的要求，这些告警需求来源于适航审定方、航空制造业在长期的经验和教训中的学习和总结，有很强的指导价值和约束力。安全性要求体现为飞机或系统功能失效影响分析、飞机或系统安全性评估所产生的机组告警和机组操作程序需求，同时还包括系统性能降级、状态异常等能直接或间接反映系统功能情况，或对系统功能具有预测作用的信息指示需求。

1977 年 2 月 1 日，针对机组告警系统适航要求的 FAR25.1322 条款颁布实施，用于指导采用指示灯、告警板、音响等技术的传统机组告警系统的设计与验证。

随着航空电子技术的发展，驾驶舱向机组提供告警的方式已从传统的告警灯、仪表盘提示转换为告警信息显示、音响告警、告警灯提示等多种方式综合提示。

为了适应机组告警技术的发展现状，FAA、EASA 等组织根据当前应用的最新机组告警技术，对适航条款进行更新，对机组告警系统设计提出了更高的要求。FAA 于 2010 年 11 月 2 日发布了 FAR25 - 131 修正案，重新定义了对 25 部飞机飞行机组告警系统的适航要求，该修正案于 2011 年 1 月 3 日正式生效。2010

年和 2012 年，FAA 和 EASA 分别发布了机组告警的咨询通告 AC25.1322－1 和 AMC25.1322，用于指导机组告警系统的设计和批准工作。

在飞机系统的功能定义与架构设计中，在系统功能丧失的情况下，机组是否需要知晓、操作决定了飞机是否需要通过机组告警告知机组，以及是否需要有相应的机组操作程序。因此在飞机安全性设计中，需要分析所有功能的失效影响，分析功能失效对飞机、机组、乘客的影响。在确定功能失效的影响时，通常会对失效情况下的机组操作做出假设。例如在双液压失效情况下，通常会假设机组知晓起落架无法放下的情况后采取应急放的措施，如果双液压失效的情况机组未知晓，将会是灾难性影响。而一旦给了机组相应的告警，机组在知晓后根据机组操作程序采取正确的应对措施，就能够避免灾难性影响，从而将一个 Ⅰ 类事件降低为 Ⅲ 类事件。这便是通过安全性分析衍生出机组告警需求的过程，由此还衍生出了与机组告警相对应的机组操作程序的需求。

9.3 功能分析

1）功能识别和定义

驾驶舱机组告警系统为与之相关的飞机级功能提供告警功能。在捕获利益攸关方需要的基础上，分配驾驶舱机组告警系统的功能特性，建立功能架构，根据功能进行需求捕获、接口定义、系统架构设计等活动。

为实现告警功能，从提供告警的途径来看，相关的飞机系统功能包括以下方面。

（1）提供告警显示和告警控制的显示控制功能。

（2）提供告警灯光指示的灯指示功能。

（3）提供音响告警的驾驶舱音响功能。

（4）实现告警综合处理功能的数据综合处理功能。

（5）提供触觉告警的抖杆功能（失速抖杆）。

2）功能架构和清单

功能架构的生成首先在于功能分解。在全面考虑子功能之间的控制流和数据流的关系后，利用功能流程框图、N^2图等方法，形成驾驶舱机组告警系统的功能架构、功能清单以及功能接口定义文件。

驾驶舱机组告警系统的功能清单如表9-1所示。

表9-1　驾驶舱机组告警系统的功能清单

序　号	功　能
1	显示控制
2	音响告警
3	灯指示
4	触觉告警
5	数据综合处理

9.4　需求定义

机组告警需求分为功能性需求和非功能性需求。功能性需求基于驾驶舱机组告警系统的功能架构，依据系统功能及特征，将功能转化为需求，主要包括提供哪些告警信息、告警消息的显示控制方式等。非功能性需求用于定义告警的呈现形式，比如告警颜色、等级、命名方式、抑制等。

9.4.1　功能性需求

驾驶舱机组告警功能性需求主要包括如下方面。

（1）驾驶舱显示控制系统应提供机组告警的显示控制功能。显示控制系统为机组告警提供的显示功能包括但不限于文本信息、故障旗、提示符、特定的显示方式、系统简图页等。为机组告警提供的控制功能包括但不限于告警的确认、隐藏或抑制、系统简图页的调用等。

（2）驾驶舱音响系统应提供机组告警的音响告警功能。提供的音响告警包括但不限于谐音、语音以及特定的音调等。

（3）驾驶舱灯光及控制板系统应提供机组告警的灯指示功能。提供的灯指示包括但不限于与告警相关的告警指示灯、系统控制板上与机组告警相关的系统状态指示灯等。

（4）失速保护系统通过抖杆的方式向飞行机组提供失速的触觉告警。

（5）数据处理系统应提供机组告警的数据综合处理功能。该系统可通过驻留的方式将软件应用驻留于航电核心处理系统中。

9.4.2　非功能性需求

机组告警非功能性需求主要为告警信息的表现方式，以及如何指导飞行员完成告警的处置。机组告警非功能需求定义主要考虑如下几个方面。

1）使机组人员容易注意到告警信息

告警信息需要能够容易引起飞行员的注意，以确保飞行员获取该信息。为此可以考虑采取以下措施：

（1）若通过文字、符号显示、告警灯等视觉形式发出告警，则建议采用红色、琥珀色等较为醒目的颜色，更能够引起机组人员的注意。

（2）告警信号需要具有一定的强度，例如音响告警声音的大小、告警灯的亮度与闪烁频率、抖杆的振动强度（如有需要）等。

（3）在告警形式上，建议采用视觉+听觉结合的方式。通常高级别的告警都采用视觉+听觉的告警形式，根据对飞行员的调查与实验也证实，当信息采用视觉与听觉结合的形式进行表达时更容易引起人的注意。

2）有助于机组人员判断与决策

告警信息被注意到之后，机组人员需要先知道当前所出现的问题，了解当前的情况，然后才能着手解决问题。

首先要知道出现了什么问题。例如发出风切变告警时，会有"WINDSHEAR AHEAD"的语音提示，PFD会有"W/S AHEAD"的文字提示。语音提示与文字提示是两种比较直接的形式，能够让人快速、准确地掌握信息的含义。告警系统应多使用语音、文字等简单、直观且能够准确表达信息的形式。

听觉告警会用到一些有特征的听觉信号，例如警铃声、蜂鸣声等。视觉告警也会利用一些图形与符号来传达信息。这样的信息表达方式抽象度相对较高。若要采用这样的形式来传达信息，则每种听觉信号或视觉符号都需要具有确切的意义，让人能够快速理解这些信号或符号所表达的信息。

在表达具体告警信息时，也可以考虑采用图像的方式。图像有助于飞行员判断当前的情况，例如 TCAS 的图像能够帮助机组人员了解当前飞机与冲突飞机的具体位置和相对运动关系，GPWS 的地形图像能够帮助了解哪些区域存在地形冲突的危险。

3）有助于机组人员获取必要信息

飞行员在处理告警的过程中，需要掌握飞机的飞行信息以及系统状态信息。在处理某个告警时，需要对飞行员处理告警所需的信息进行显示。在某些告警程序中，处理告警所需的信息类型较多，可以考虑对所需的信息进行综合显示，有利于飞行员进行信息查找，能够提高飞行员处理告警的效率。

4）有助于帮助飞行员确定告警是否已经排除

当飞行员采取操作对告警进行处理后，需要确定告警是否已经排除，确定告警解除之后才能继续执行正常的飞行任务。可以通过告警系统发出的告警信号是否消失来判断告警是否已经解除，这就要求告警信号出现时能够引起飞行员的足够注意，消失时也容易被察觉到；也可以通过查看仪表、界面的异常显示是否消失来判断。当告警解除时，系统还可以发出对应的提示信息，让机组人员确定告警已经解除，例如在 A320 的 TCAS 中，若冲突飞机的威胁不再存在，则系统会报出"CONFLICT CLEAR"以提示飞行员告警已解除。这种方式能够帮助飞行员更加快速、有效地判断告警是否已经解除。

9.4.3　需求确认

当机组告警系统的需求定义完成后，应开展需求确认工作。需求确认的重要目的在于确保所定义需求的正确性和完整性。机组告警需求确认活动主要通过专家评审、分析和追溯的方式进行。大部分需求通过专家评审完成确认，少部分需求通过追溯方式完成确认，告警的其他分析还可用安全性分析的方法进行确认。

9.5 设计综合

根据机组告警功能需求开展机组告警系统功能架构设计，如图 9-1 所示。其中告警消息的逻辑和定义需结合 FTA 确定，同时需考虑飞行员对故障或异常状态的情景意识需求。

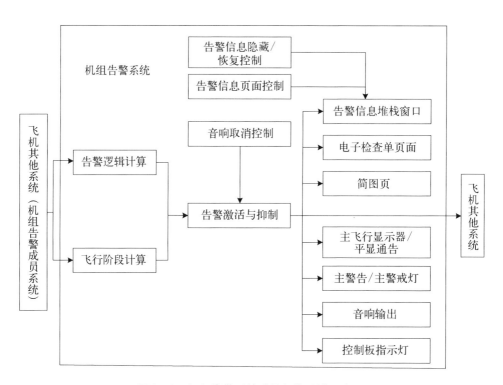

图 9-1 机组告警系统功能架构设计示意图

另外，机组告警的呈现方式主要涉及主飞行显示器告警消息（PFD 或 HUD 消息）、机组告警系统消息（CAS 消息）、告警指示灯、音响告警等四种，不同呈现方式的组合用于体现不同紧迫度的告警消息。

主飞行显示器告警消息为 PFD、HUD 上的告警消息，位于 PFD、HUD 页面的中央区域，以文字的形式向机组提供告警。由于 PFD、HUD 告警消息的级别较高（在适航规章中定为时间关键告警），需要机组立即知晓，所以同时为其配置了特殊的音响或语音告警，以便快速吸引机组注意力。

机组告警系统消息显示在告警信息页面右上角的 CAS 窗口中，给机组提供文字形式的告警信息。CAS 窗口中使用红色、琥珀色、白色表示不同等级的信息，青色也是一种可以使用的告警信息颜色。高等级的告警信息位于低等级的告警信息上方。

告警指示灯包括主告警灯（主警告灯、主警戒灯）和特殊告警灯，设置在飞行员主视界区域内，通常位于遮光面板的主告警面板上，以便快速吸引机组注意。主警告灯为红色，当出现警告级别告警时闪烁，并伴随音响告警，以吸引机组注意，此时可以通过按压主警告灯的方式取消部分音响告警和闪烁。主警戒灯为琥珀色，当出现警戒级别告警时闪烁，并伴随单谐音告警，以吸引机组注意，此时可以通过按压主警戒灯的方式取消闪烁。可根据机型特点设计特殊告警灯。可能的特殊告警灯包括侧杆权限告警灯和自动着陆功能告警灯，侧杆权限告警灯可以在左右座飞行员同时操作侧杆时提示飞行员，并伴随音响告警和/或侧杆抖动；自动着陆功能告警灯可以在低高度时提示飞行员自动着陆功能故障。

音响告警包括主告警音、特殊音调、语音等告警形式。主告警音包括单谐音和三谐音，分别为主警戒音和主警告音。在单谐音和三谐音之外，根据需要设置有特殊的音调，例如为火警设置了火警铃、汽笛声。

除了对告警信息呈现方式的设计之外，为了帮助机组快速识别故障并完成处置，还需对与告警相关的系统进行统一协调设计，主要包括控制板指示灯、简图页、电子检查单等。构建的以机组告警信息为核心的机组告警功能人机交互界面示例如图 9-2 所示，保证机组告警信息与相关的信息显示和操作界面形成完整、一致的人机交互界面，保证机组操作的准确性和高效率。

（1）机组告警系统负责在告警状况发生时引起机组注意，并以文本信息的形

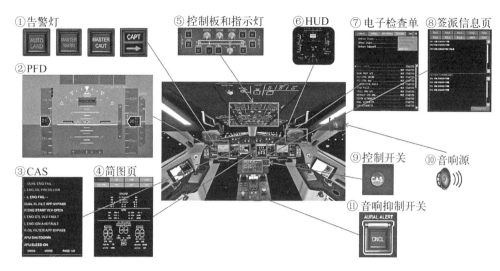

图 9-2　以机组告警功能为核心的人机交互界面示例

式协助其对事态建立最初的认识。

（2）各系统简图页负责向机组反映系统的实际状态，利于机组了解故障原因、状态、影响。

（3）电子检查单（ECL）或纸质快速检查单（QRH）为机组提供与告警信息对应的非正常操作程序。

（4）控制面板的 PBA 指示灯辅助机组了解系统状态，快速定位需要操作的器件，减少误操作的可能性。

9.6　安全性分析

目前对机组告警系统的安全性要求并不高，通常将"丧失机组告警功能"定义为Ⅱ类失效，相应的安全性指标据此进行分配。

为确保机组告警信息的完整性，各系统需分析当前飞机的告警信息是否满足设计需求。机组告警信息的需求来源于飞机系统的安全性要求（参考飞机级的AFHA、PASA 和系统级的 SFHA、PSSA、FMEA、FTA 等文件），适航规章以及飞行员情景意识需求等。

（1）对于飞机安全性要求的告警需求，应分析飞机系统功能失效的影响、是否需要机组操作等，主要从以下方面进行分析。

a. AFHA：参考 AFHA 或 PASA 等文件，梳理 AFHA 带有通告要求的失效状态，分析这些功能失效状态发生后是否需要机组采取处置措施，以及处置后是否影响飞行。

b. SFHA：遍历系统级功能编号和功能失效状态，参考 SFHA、PSSA、FMEA、FTA 等文件中的功能失效影响分析结果，分析功能丧失后是否需要机组采取处置措施，以及处置后是否影响飞行。

（2）对于适航条款中规定的告警需求，应该设置相应的机组告警。

飞行员情景意识需求也是机组告警需求的一个来源。在失效发生的情况下，分析机组能否在没有机组告警信息辅助的情况下主动感知，并由此分析得出告警需求。例如，如果失效发生后机组需要采取措施规避影响，但机组在无机组告警信息的情况下无法获知该失效状况，则可能需要增加机组告警，告知机组采取措施。

9.7 集成与验证

9.7.1 系统集成

机组告警系统的实现载体包含多个系统，系统与系统间的集成是实现机组告警功能的关键。系统与系统间的集成需要重点考虑级联失效对机组告警系统的影响，确保机组告警系统的告警逻辑和告警信息的准确性及所需机组操作的合理性。

9.7.2 符合性方法分析

1）咨询通告分析

应依照与审查方达成一致的合格审定计划，提供对机组告警系统的评估（由申请人进行的对机组告警系统的评估），并将评估结果以报告的形式提交给审查方。评估与试验是不同的，因为机组告警系统的表现形式并不一定与最终的文档一致，审查方也可能不会出现在评估现场。申请人进行的评估可能构成符合性的一部分，但是仅有评估并不能表明完整的符合性。

（1）评估应包括对预期功能的可接受性能的评估，包括对人机接口和机组告警系统失效场景的可接受性，场景应反映对系统预期的操作使用。在评估过程中应包括的特定的内容如下：

a. 告警的视觉、听觉和触觉等元素。

b. 从人机集成方面评估预期功能的有效性，包括工作负荷、潜在的飞行机组差错以及混淆。

c. 正常和应急的抑制逻辑以及相关操纵器件的可达性。

d. 与其他系统集成的合理性，包括标志。这可能需要对每一特定的告警进行试验，并确认所提供的程序是合理的。

e. 根据25.1309的要求，评估在失效模式下运行的可接受性。

f. 与其他显示或操纵器件的兼容性，包括其他多个告警。

g. 确保告警系统本身不会产生干扰告警，也不会干扰其他系统。

h. 在特定飞行阶段（如起飞和着陆）和特定飞机构型（如非正常襟翼和起落架）下对告警的抑制。

（2）对性能和完整性的确认通常是通过下列方法的组合来完成的：

计算/分析、试验室试验、模拟器试验、飞行试验。

（3）在合适的飞行阶段和机动过程中，以及有代表性的环境和运行条件下，对告警进行单独和组合评估。告警功能应作为一个整体，在有代表性的驾驶舱环境中进行评估。可采用有代表性的模拟器来完成某些人为因素的评估和工作负荷的研究，模拟器的级别和逼真度应与所寻求的合格审定置信度相当，模拟器应能代表驾驶舱构型并经过局方确认。对告警的评估可以在试验室、模拟器或实际飞机上进行，但是某些告警系统的特定设计要素必须在实际飞机上进行。评估应由具有不同背景和专业技能的、具有代表性数量的飞行员执行。

（4）评估还应确认在预期的不同照明条件下，所使用的颜色的色度（红色看起来是红色的，琥珀色看起来是琥珀色的）和分辨力（颜色之间能互相区别）。这一评估对确认单色显示器上使用的图形编码的分辨力也是有用的。这样的评估可能受所采用的特定显示技术影响，因此往往需要对具有代表性的成品硬件进行最终评估。

2）国外在役机型符合性方法分析

国外主流航空制造商的飞机，其初始型号在合格审定申请或批准时，新的25.1322条款尚未颁布，均没有纳入其审定基础。对25.1322条款的符合性采用的均为常规的MC1、MC5、MC6、MC7等方法。对较新的机型还开展了MC2和MC8的符合性验证活动。

3）国内商用飞机符合性方法分析

在已有的国内商用飞机实践中，ARJ21－700飞机的审定基础为CCAR－25－R3，其采用的符合性方法比较常规，为MC1、MC5、MC6和MC7。而C919采用专用条件的形式将最新的25.1322条款纳入审定基础，采用MC1、MC2、MC3、MC4、MC5、MC6、MC8的方法来表明符合性，条款各条的符合性方法如表9－2所示。

表9-2　25.1322条款的符合性方法

序　号	条　　款	符合性方法
1	25.1322（a）	1、2、3、4、5、6、8
2	25.1322（b）	1、2、4、5、6、8
3	25.1322（c）	1、2、4、5、6、8
4	25.1322（d）（1）	1、2、3、4、5、6、8
5	25.1322（d）（2）	1、2、3、4、6
6	25.1322（e）（1）	1、2、4、5、6、8
7	25.1322（e）（2）	1、5、8
8	25.1322（f）	1、2、6、8

9.7.3　符合性验证

在符合性验证活动中需要重点考虑飞行员在环的符合性验证，其中验证场景的完整性、典型性，飞行员评判的内容，试验的判据等内容是需要与审查方共同确认的重点内容。

9.8　机组告警系统设计案例实践

高度集成、高度交联、高度复杂的机组告警设计是商用飞机研制的关键核心技术，音响告警的设计是重要组成部分。

音响告警为机组提供声音警示和提示，并引导机组采取最佳应对措施，确保飞行安全。根据故障情况下，提升机组对故障的情景意识的需要，驾驶舱内应提供音响告警功能。

结合驾驶舱内飞行员的位置，音响告警可通过位于驾驶舱顶部的左右音响播放设备发出。通过系统软硬件的设计和集成，保证左右音源的同步，确保不会出现干扰机组的不同步音。在机组佩戴耳机时，音响告警系统将通过耳机音频接口，将音响告警发送到头戴耳机设备上，确保机组能够清晰地接收并辨认音响告警。

9.8.1　音响告警设计要求

1）音响告警的类型

驾驶舱内的音响告警类型分为音调和语音，应符合以下要求：

（1）音频的频率应为 200~4 500 Hz，且与背景噪声频率不同，使遮蔽效应最小化。

（2）包含主告警音调在内，使用的音调数量应不超过 10 个，确保机组能快速、准确地获取信息。

（3）语音信息内容应易于理解，尽量与任何相关的视觉信息显示的内容保持一致。

（4）语音信息应是描述性的和简洁的，提供有关告警条件本质的指示。

（5）音调的抑扬顿挫可用来传达一种紧迫的感觉。但是，不建议使用代表紧张或恐慌的声音。这种音调可能被不同文化背景的飞行机组不恰当地理解。

2）音响告警的表现形式

音响告警包括主告警音、特殊音调、语音等告警形式。主告警音包括单谐音和三谐音，分别为主警戒音和主警告音。在单谐音和三谐音之外，可根据需要设置特殊音调。

（1）音响告警的表现形式应与告警等级相适应。

（2）需要机组对采取紧急飞行操纵措施进行纠正时，为使机组无须查看文本消息即可知晓告警状况，应设置语音告警，且该语音告警应当简短，既保证快速吸引机组注意力，又能体现告警状况。

（3）对规章提出要求明确区别于其他音响告警的告警信息，应选用特殊音调。对特殊类别的故障类型或者特定的飞行场景，为缩短机组响应时间，也可选用特殊音调。

3）音响告警的触发形式

音响告警按触发形式可以分为单次触发型、多次触发型、持续触发型等。触发时机和持续时间应与告警触发时间和所需的响应时间相匹配。

（1）与时间关键警告相关的语音信息通常应持续到告警条件不再存在为止（如地形警告）。在持续时间内，语音信息应持续发出，不可通过主警告灯/开关取消。

（2）与时间关键警告相关的语音信息，若其干扰了机组响应告警条件的能力（如风切变警告或 ACAS Ⅱ决断咨询），则这种语音信息应不得重复发出。

（3）与警告相关的音调或语音应持续，直到机组确认了告警状况，或告警条件不再存在。

（4）与警戒相关的音调或语音，若机组不需要连续的听觉指示来获知告警条件是否依然存在，则相应的音响告警应播放一遍后自动取消。

（5）与提示相关的音调或语音应在出现一次后自动取消。

（6）应对与警告或警戒无关的特殊音调，如某些提示、高度告警或选择呼叫（SELCAL）的持续时间加以限制。

4）音响告警的取消方式

为了防止错误触发音响告警对驾驶舱环境的干扰，机组可通过主警告灯/开关、特定按钮取消当前触发的音响告警。

（1）应提供主警告灯/开关取消功能，对多次触发或连续触发的告警，机组通常可以通过按压主告警灯/开关进行确认，确认后告警音取消。然而，对部分必须由机组进行操作，完成状态纠正后的告警，机组无法通过按压主警告灯/开关取消告警音。

（2）在主警告灯/开关之外，可通过按下特定按钮强制取消当前播报的音响告警，同时必须给出机组当前音响被抑制的相关提示。这一抑制功能权限很高，因此必须有保护盖进行防护，确保机组不会随意操作或误操作。

5）音响告警的优先级

音响告警应区分优先级，当同时触发多个音响告警时，应按预先定义的优先顺序依次播报。优先级较高的音响告警会抑制新产生的优先级低的音响告警，确保同一时间只表达一个音响告警。为满足其预期功能，告警必须按机组知晓的紧急程度和机组响应的紧急程度进行优先等级划分。通常，时间关键的警告是第一优先级的，其他警告是第二优先级的，警戒是第三优先级的，其他告警是优先级最低的。

当有优先级更高的告警发生时，如果延迟通告会影响机组反应则应中断当前音响告警，播放更高优先级的告警。当告警解除后，如果被中断的告警触发条件仍然存在，则应该继续发出。音响告警的中断必须避免机组混淆，因此必须设置合理的中断间隔时间。若要求机组立即知晓多于一个音响告警，且被中断的告警影响了飞机的安全运行，则为满足 AC25.1322 - 1（a）（1）和 AC25.1322 - 1（a）（2）的要求，必须向机组提供一种有效的、呈现告警的可替代的方法。

6）音响要素之间的审扰

（1）音响告警之间应在听觉特征上有明显的差异（如频率、调制、顺序、强度），以避免信息之间的混淆。

（2）音响告警与视觉告警信息的同步或延迟都不得分散飞行机组的注意力，并避免产生混乱。

（3）如果提供了多个音响播放源，则任何时刻在飞行员位置处所听到的声音应同步，任何时间差异都不得分散机组注意力或干扰机组对音响告警的识别。

9.8.2　音响告警设计

根据音响告警设计要求，进行驾驶舱音响告警设计，并按照音响告警的严重程度对音响告警进行排序。形成的部分音响告警方案示例如表9-3所示。表9-3中列出了音响告警的类型、告警信息、优先级编号、音响告警重复次数以及告警是否可被取消等。驾驶舱音响告警系统根据此方案实现，并在条件满足时触发告警。

表9-3　部分音响告警方案示例

序号	告　警　类　型	音响告警信息	优先级编号	重复次数	是否可被取消
1	Mode 7 Windshear Warning	"Windshear, Windshear, Windshear"	1	1	不适用
2	Warning	"Stall, Stall, Stall"	2	持续	不可取消
3	Mode 1 Pull Up	"Pull Up, Pull Up, …"	3	持续	不可取消
4	Mode 2 Pull Up Preface	"Terrain, Terrain"	4	1	不适用
5	Mode 2 Pull Up	"Pull Up, Pull Up, …"	5	持续	不可取消
6	Terrain Awareness Preface	"Terrain, Terrain"	6	1	不适用
7	Obstacle Awareness Preface	"Obstacle, Obstacle"	7	1	不适用

序号	告 警 类 型	音响告警信息	优先级编号	重复次数	是否可被取消
8	Terrain Awareness Warning	"Pull Up, Pull Up, …"	8	持续	不可取消

9.8.3　音响告警验证

　　根据音响告警的设计特征，设计音响告警评估准则，在驾驶舱平台上对音响告警进行排序。主要对音响告警的用词、易辨性、频率、音量、抑制方式、排序等进行评估，并结合告警需求进行符合性验证。

第 10 章 机组操作程序研制实践

10.1 概述

商用飞机的机组操作程序是飞行机组在飞机运行的过程中需要遵守的操作步骤的集合。机组操作程序是驾驶舱操作的核心，是确保飞机安全飞行的最直接、最重要的因素之一。

从 1903 年莱特兄弟的第一次动力载人飞行开始，经过百余年的发展，飞机从简单到复杂，已经形成了集动力、燃油、液压、气压、电源等复杂系统为一体的综合产品。与大多数典型的海陆交通工具不同，现代飞机，特别是执行商用运输任务的客货机，均有与本机型、本构型匹配的机组操作程序。

按照操作程序的使用场景分类，商用飞机飞行操作程序主要包括飞机例行运行所需的正常程序、特殊运行条件下所需的补充程序、在故障和失效条件下使用特殊系统或正常系统的备用系统情况下的应急和非正常程序。其中应急程序要求机组立即采取措施，保护飞机和乘员免遭损害；非正常程序是由于系统或部件失效，要求机组采取措施，维持飞机在可接受的安全水平上继续飞行和着陆，紧迫度低于应急程序。

早期的飞机由于架构相对简单，机载系统相对单一，因此飞行所需操作也相对简单。在与航空相关的学术和工程领域都尚在探索阶段时，当时的飞行员面对的挑战更多是来自人类对飞行的未知。个人的经验和飞行技巧成为保障飞行安全的重要因素。随着飞机设计、研发和制造相关领域的科技进步，飞机的系统设计逐步形成规范化的体系，机载系统也越来越多。各个机载系统在不同场景下需要被调整到与之相符的状态，以保证飞行活动的安全性，这也催生了最初的机组操作程序。

早期的机组操作以各个系统的说明书（equipment instruction）的形式呈现给机组，或以技术要点（technical notes）的形式罗列出全机的系统和设备，并在随后给出设备的使用说明。机上设备相对较多的飞机，会按照飞行过程的每个阶段，对所需的设备操作或地面/飞行操作进行说明，按顺序排列后形成最初的操作程序，并收录到飞行员手册（pilot's handbook）或者飞机飞行手册（aircraft flight manual）中。这种说明书式的操作手册在 20 世纪 40 年代以前的飞机上应用非常普遍。例如，道格拉斯 DC‑3 飞机的飞行手册的章节内容除第Ⅳ章为按照飞行阶段执行的操作和飞机限制内容外，还设计了第Ⅸ、Ⅹ章的寒冷天气运行和水上迫降程序两个专有程序。其余的操作内容则分散在第Ⅱ章的发动机和机上设备说明内容中，并未形成操作程序。

随着越来越多的自动化设备和电气产品在机上应用，分散的说明书式的操作手册已经无法满足在不同场景下快速识别、查询和操作的需求。因此各个制造商逐步开始根据飞机的运行场景设计特定的应急操作程序，在编写上也形成清晰的系统划分，使机组可以在机载系统失效或某些特定的应急场景下进行规范的处置操作。例如洛克希德 P‑38 飞机的火警和电气系统失效程序，这样的编写特征主要体现在 20 世纪 40 年代以后的飞机飞行手册中。

20 世纪 60—90 年代是航空航天技术飞速发展的时代，飞机的运行包线相对第二次世界大战期间经历了几次跨越式的发展。随着计算机科技和自动化技术在飞行器上的深入应用，单架飞机所需的机组人员数量减少，飞机已经具备高度集成的复杂系统特征。在 1950—1960 年这段过渡时期，由操作错误造成的事故层出不穷，在军事航空领域，航母舰载机的事故率甚至达到了让航母大国无法接受的程度。因此，操作程序作为飞行员对机载系统进行管理和资源分配的操作指南变得尤为重要。针对舰载机在航母上的安全起降和载人航天器的安全运行，美国海军和美国国家航空航天局（NASA）对系统化的操作程序均进行过深入的研究和应用，分别推进了"海军航空训练与运行程序标准化（NATOPS）"和"航空航天器标准检查单设计理念"，使军民两个领域的机组操作程序的设计和应用更加规范化。人为因素理论的发展也使这个阶段操作程序设计所需考虑的范围进一步扩大。附带示意图与灯光标志释义的起落架非正常操作程序便是这个时代的典型程序设计范例。

1990 年以来，航空航天领域的复杂系统特征突出，飞机驾驶舱的控制器件、显示器件、各种告警系统随着各种先进技术的应用和整合，形成了一个集成化的产品。因为机型家族化、共通性设计、机组培训成本等因素，操作程序作为飞机设计保障体系中的一环，也逐渐从设计流程尾端的产品往前过渡，在驾驶舱设计的初始阶段即开始规划。因此，在当前和今后的飞机型号研制过程中，能够结合系统工程理论的操作程序设计方法和流程，显得越发重要。

10.2　利益攸关方需要捕获

在国外，如 FAA、CAA 和 NASA 等政府和科研机构的许多学者均对操作程序的某一方面内容进行了重点研究，有人提出驾驶舱程序设计的"原理、政策、程序和实践"（即"4P"）理论，也有人出版《检查单使用和设计中的人为因素考虑》《检查单设计、表现及使用要求和建议》以及《驾驶舱文件的排版要求》。而在国内，除了一些适航规章条款对适用于航空公司飞行运行部门的标准操作程序（SOP）提出基本要求外，尚无这方面的专项研究和建议。

以波音公司为代表的传统机组操作程序设计方法如图 10-1 所示，其过程大致可分为三个阶段。

（1）顶层设计阶段，制定飞机驾驶舱设计原则、航空公司运行政策、机组职责定位和程序设计原则，这些因素是进行程序设计的基石。

（2）设计开发阶段，分别从设计方法、程序内容和表现形式三个方面，将具体程序设计工作中需要考虑的各种设计因素和数据结合起来，完成程序编制。

（3）审查验证阶段，将设计方、审查方、飞行员等不同角色的审查方式、关

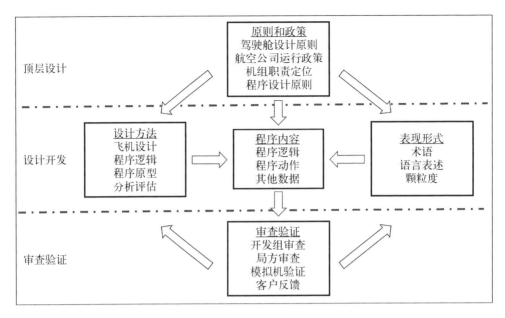

图 10 - 1 传统机组操作程序设计方法

注点综合起来，并通过对程序的模拟机验证和试飞验证等，对程序进行完整的评估和确认。

传统方法依赖于飞行和运行经验，通常在程序开发的两个相邻阶段会有较大的重叠，下一阶段发现的问题可能需要返回到上一阶段，对一些原则或方法进行重新修订。由于飞机在设计过程中也存在迭代，因此这种方法在没有大量经验积累的情况下存在反复修改的过程，程序所覆盖的运行场景完整性也无法保证。2018 年 10 月 29 日和 2019 年 3 月 10 日，波音公司的 737MAX 先后两次由于其机动特性增强系统（MCAS）的设计并未完整考虑机组在该场景下的可能应对操作而发生惨痛的事故，造成 346 人死亡。

随着集成化的航电系统越来越多地应用在飞机上，空客公司最早提出了采用任务分析的方法进行操作程序设计，如图 10 - 2 所示。该方法在国内早期的机组操作程序设计中也被采用，其过程大致分为五个阶段。

1）程序获取

将飞行员操作飞机从起始地到目的地作为一个任务。首先假定飞行员正常操

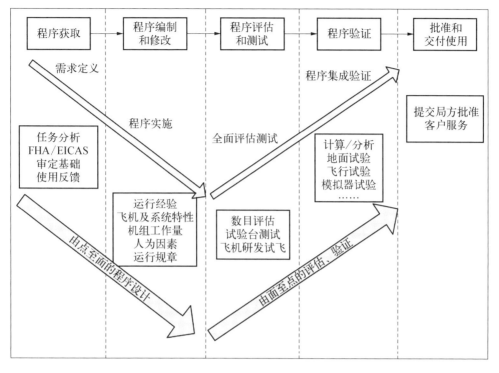

图 10 - 2　采用任务分析的方法进行操作程序设计

纵飞机的任务要求，确定飞机在正常运行时需要的任务，即对应正常程序。这种任务一般按飞行阶段划分，从而获取对应各个飞行阶段的程序要求，如发动机启动前程序、发动机启动后程序等。其次假定飞机在各种可预期的特殊运行条件下的任务要求，即对应补充程序，如在寒冷天气下运行、在高原运行、在极地运行等。最后假定飞机在系统失效下的任务要求，即对应非正常程序和应急程序，包括各种可能的系统失效的运行，这类运行可从飞机的 EICAS 信息以及飞机的 FHA 结果出发来获取。

采用任务分析的方法，初步确定飞机在预期运行的各种可能场景，获得操作程序初步需求定义。操作程序需求定义描述了飞机将来可能的运行场景，体现飞机运行能力和设计特点，从某种程度上也直接反映了飞机航线适应能力，同时也受制于制造商的设计技术水平、飞机取证能力和用户服务能力。

系统地制定并规划操作程序需求定义是进行程序设计的第一步。程序设计贯穿于飞机设计、试飞乃至运行的整个过程。飞机的取证活动通常会对程序需求产生一定的影响，如增加或删减某些程序，这是因为飞机的操作程序是"经验"积累的结果。通过一系列工程设计活动所建立的程序需求足以满足飞机在预期的不同条件下运行（包括例行运行、特殊运行以及非正常条件下的运行）的要求，即保证飞机运行的安全性、经济性、环保性和旅客舒适性的要求，从而完成程序设计中程序获取阶段的工作。

2）程序编制和修改

在明确程序需求定义后，程序设计者应根据飞机设计中相关系统的限制和能力，同时结合以往的运行经验，兼顾电子检查单（若有）的使用，为每个程序条目编制具体的操作内容（即程序的处理过程和程序实施）。对新的飞机制造商，比如该飞机制造商还未拥有在航线运营的飞机，其运行经验一方面可借鉴现有航线的相似机型的运行经验，另一方面还可以充分发挥首家启动用户（一般是实力比较强的航空公司）的历史累积经验，可以极大地提高操作程序的实用性和安全性。同时，编制程序时应考虑到程序的灵活性，尤其是自动化的程序，要做到程序准确、清楚、一致，同时兼顾飞机运行特点、程序简令、通信以及机组工作量、工作时机等要素。

3）程序评估和测试

完成程序的初始编制后，程序设计者与飞行安全专家、设计工程师、飞行员（包括首席飞行员和其他航线飞行员）和人为因素专家，通过书面验证以及借助各类工程设计辅助试验台，对程序进行初始评估和测试，以考核程序能否符合任务要求。

4）程序验证

通过计算/分析、地面试验、飞行试验、模拟器试验等多种方法向审查方表明所提供的程序，尤其是飞机飞行手册中所提供的操作程序是已证实的，可以被批准。

5）批准和交付使用

操作程序获得审查方认可与批准后，与飞机一起交付给用户。经局方批准的程序，即收录在飞行手册中的操作程序具有法律效力，其他任何程序不得与之相悖。

10.3 功能分析

在设计飞机驾驶舱机组操作程序的过程中应考虑的主要因素如下所示。

（1）飞行机组的任务：飞行、导航、通信和管理系统。

（2）运行环境：所有可预见的飞行环境条件（包括内部环境、外部环境及空中交通管制等）。

设计理念所规定的内容需要在驾驶舱信息显示、控制器件、自动化及告警等人机界面的交互设计中贯彻，并进行适当的人为因素设计和评估方法的迭代，以保证设计理念在设计过程中自上而下的一致性。

10.3.1 机组人员职责划分

如图10-3所示，机组人员的职责划分从顶层规划了飞行机组人员的负责区

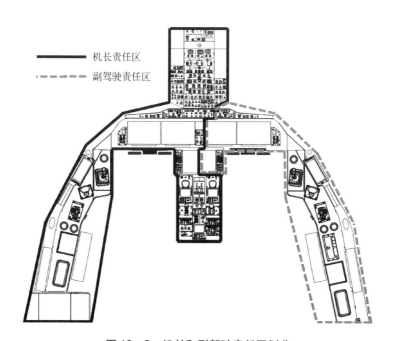

图 10-3 机长和副驾驶责任区划分

域和操作权限，是规划各个机组人员操作内容的基础。典型的双人制机组由机长和副驾驶组成：飞行前和飞行后，机组的职责按机长和副驾驶划分；飞行中机组的职责按操纵飞机的飞行员（PF）和监控飞机的飞行员（PM）划分。

飞机的安全由机长负责，机长可以指令机组人员执行责任区外的任务。

在当前主流的操作程序中，PF 和 PM 的飞行阶段职责分工如表 10-1 所示。

表 10-1 PF 和 PM 的职责分工

PF 的职责分工	PM 的职责分工
滑行	阅读检查单
航路与速度控制	通信
飞机姿态控制	检查和监控信息、系统状态
导航	执行 PF 要求的任务
	核实 PF 的输入和动作

在飞行中 PF 和 PM 的职责可以改变。例如，在滑行期间机长是 PF，但他在起飞到着陆期间也可以是 PM。机长对所有任务具有最终决定权。

10.3.2 机组主要任务

飞行机组主要任务依次为飞行、导航、通信、管理系统。

任务分配应该适应常见情形，例如飞行机组操作手册（FCOM）中定义的手动飞行时的任务分配或自动飞行系统接通时的任务分配，正常或非正常/应急情况下的任务分配等。

（1）飞行：PF 需集中精力在驾驶飞机上，使飞机到达或维持在目标姿态、纵向或横向飞行路径上。PM 通过监视飞行参数和告知过多的偏差来支持 PF 的工作。

（2）导航：选择横/纵向需要的导航模式，留意周围的地形和最小安全高度，包括明确当前位置、明确预期位置、明确地形和障碍物位置。PF 全权负责飞机的领航和导航，如果 PM 发现飞机从飞行路径上偏离应该报告 PF。

（3）通信：有效的机组通信包括飞行机组和地面管制员通信、飞行机组成员之间通信、飞行机组和客舱机组通信。通信不仅可以表达目标和意图，还可以增加机组的情景意识。在非正常和紧急情况下，机组在重新建立稳定的飞行路径和识别出非正常/紧急情况后，应告知 ATC 飞机情况和机组意图，用标准术语引起地面管制员的注意。

（4）管理系统：管理飞机的系统，执行相应的应急或非正常程序。

10.3.3　各飞行阶段机组的主要工作内容

机组任务应按飞行阶段进行划分，并按照飞行阶段的顺序安排。机组任务涵盖从飞行员抵达飞机，到离开飞机之间所有可能涉及的操作动作。

PF 和 PM 面板巡视顺序如图 10-4 所示。

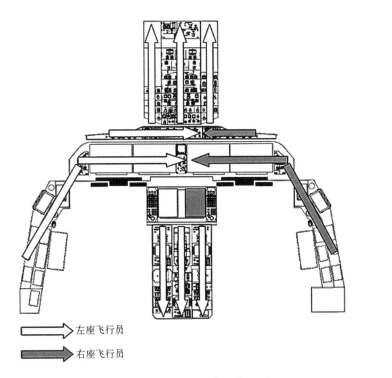

➪ 左座飞行员

➩ 右座飞行员

图 10-4　PF 和 PM 面板巡视顺序

机组任务与系统失效或故障无关，假设所有的系统均能正常工作以及自动功能均能正常使用。每一个飞行阶段的机组任务内容都用于确保飞机满足进入下一飞行阶段的需求。各飞行阶段机组的主要工作内容如表 10-2 所示。

表 10-2　各飞行阶段机组的主要工作内容

序　号	飞 行 阶 段	机组主要工作内容
1	外部安全检查	检查附近是否有影响推出和滑行的障碍物、是否有工作人员等影响上机通电及设备安全运行的情况
2	初始驾驶舱准备	执行飞机通电前安全检查、通电程序、防火测试与 APU 启动、驾驶舱灯光调节和绕机检查前安全检查
3	外部检查	保证飞机的整体状况、可见部件及设备可安全用于飞行的检查
4	驾驶舱准备	按照指定的面板检查顺序图，依次检查和设定飞机各系统，确保所有系统均处于正常状态
5	推出或发动机启动前	执行启动发动机前所需的操作和检查程序
6	发动机启动	执行从请求启动发动机开始，直至完成发动机启动工作所需执行的操作和检查程序（包括正常启动的步骤及发动机稳定工作的判据）
7	发动机启动后	向地面管制人员发出滑行请求前需执行的操作和检查程序
8	滑行	执行准备起飞之前需执行的操作和检查程序
9	起飞前	完成在机长下达起飞命令之前需执行的操作程序
10	起飞	在机长下达起飞命令之后，直至飞机机轮离开地面时需执行的操作和检查程序，并给出起飞收襟翼速度计划表
11	爬升	在机长下达爬升指令之后，飞机在达到巡航高度前需执行的操作和检查程序
12	巡航	完成飞机巡航时需执行的操作和检查程序
13	下降	在发出下降请求并得到地面管制人员许可之后，控制飞机下降时需执行的操作和检查程序
14	进近	完成飞机进近时需执行的操作和检查程序以及放襟翼计划表，应分别给出采用以下方式进近时的相应程序：精密进近（若适用，可分别给出 ILS Ⅰ、Ⅱ、Ⅲ类进近程序）；非精密进近；目视进近

序　号	飞行阶段	机组主要工作内容
15	着陆	在机长下达着陆指令之后，直至飞机机轮完全接地时应执行的操作和检查程序
16	复飞	当出现意外或特殊情况，机长下达复飞指令，中断下降/进近过程时，需执行的操作和检查程序
17	着陆后	在飞机机轮完全接地之后，直至飞机停止滑行时应执行的操作和检查程序
18	停机	在飞机停止滑行之后飞行机组需执行的操作和检查程序，主要包括为使飞机能够可靠地停泊在一定位置，并关闭不必要的系统需执行的工作
19	离机	在飞机正常停机后，飞行机组离开飞机之前需执行的操作和检查程序

10.3.4　机组和自动系统之间的分工定义

自动系统用于补充或帮助飞行机组执行飞行任务。为保证安全，自动系统需能够提供足够的信息让机组对其进行监视和管理，并且飞行机组可以决定什么时候使用以及如何使用它。

自动化有很多级别（见表 10 - 3），根据 DOT/FAA/CT - 03/05/HF - STD - 001 文件，包括完全自动地执行任务的自动化、在出现预定情况时执行任务的自动化以及提供一系列操作建议或辅助决策的自动化等。

表 10 - 3　自动化级别（由高到低）

级　别	描　述
10	系统在无须人为干涉的情况下自动工作
9	系统仅在其认为必要时，才在执行任务后通知飞行员
8	仅在飞行员提出要求时，系统才在执行任务后通知飞行员
7	系统执行任务后通知飞行员
6	系统在执行任务前允许飞行员在限定的时间内对任务进行否定

级　别	描　述
5	系统在飞行员同意的前提下执行任务
4	系统提供首选的决策/任务建议选项
3	系统将选择范围缩小到少量
2	系统提供完整的一系列任务选项
1	系统不提供辅助

自动化功能分配应遵循如下原则：

（1）评估功能分配备选方案。备选的功能分配方案包括完全手动、部分自动化、完全自动化和自适应分配，应从可行性和有效性方面对它们进行评估。

（2）通过模拟进行评估。功能分配备选方案应在高仿真度的全系统模拟环境中进行考察。

（3）只有能被机器执行得很好的功能才自动化，对人类能更好地完成的功能无须自动化。

（4）自动化整个行为单元。对行为单元的整个过程，应自动化或保持人工执行子任务，而不应少量（部分）自动化。

（5）将需要灵活处理的任务留给飞行员。对在不可预测的环境中执行的任务有灵活性和适应性要求时，应将它们分配给飞行员。

（6）分清角色和职责。自动化系统应分清发生在特定时间的特定任务到底应由飞行员执行还是由计算机执行。

（7）自动化系统应提供一种改变角色和职责分配的方法。

（8）高风险行为或决策的自动化。对具有更高不确定度和风险的系统任务，自动化的级别不应超过系统提供首选的决策/任务建议选项的范畴。

10.3.5　非正常和应急程序处置原则

对非正常和应急程序的所有任务都应结合飞机驾驶舱布局，按照安全、高效的原则进行排序；对复杂程序，需要对机组工作量进行合理安排。

当出现非正常及紧急情况时，飞行机组需遵守如下处置原则：

（1）感知非正常及紧急情况：飞行机组需清晰和准确地报出故障信息。

（2）保持飞机姿态控制：PF 控制飞机，PM 完成非正常检查单。尽最大可能使用自动驾驶系统以减少机组工作负荷。

（3）分析情景：仅当明确识别系统故障之后，才可完成非正常检查单，并回顾所有的 EICAS 消息，以明确识别出故障的系统。只要出现疑似缺氧和空气污染时，不管有无告警，飞行员都必须戴上氧气面罩并建立机组通信。

（4）采取恰当的行动：指令必须是清晰和简洁的，以便给发出/执行新的指令争取更多的时间。PF 必须积极控制，以赢得接收信息并执行的时间，其他机组成员必须清晰和简洁地向 PF 报告信息。

10.4 需求定义

在当前的商用飞机领域，设计师通过型号实践，结合传统方法与系统工程的理论，采用一套有试飞员介入的机组操作程序设计方法，其流程主要分为需求获取、程序要素搜集、详细步骤设计、程序评估和程序验证几个阶段。程序在整个设计流程中迭代并最终完成编制。

如图 10-5 所示，在使用系统工程方法定义的飞机全生命周期模型的各阶段，传统的机组操作程序设计过程在飞机的运行支持过程之前、在全面试制结束后开始，并在试飞取证过程中完成。

根据 APR 4754A 的设计体系，作为商用飞机驾驶舱产品的一部分，操作程序的设计过程在新的系统工程体系中发生前移：由驾驶舱操作概念定义驾驶舱人机交互界面和交互操作方式，旨在正向设计驾驶舱，避免在详细设计后期因为人机功效和人为因素等问题造成人机界面和程序设计过程的反复迭代，也避免在驾驶舱人机界面设计过程中，不符合人机功效或人为因素的设计在操作程序评估验证过程中被发现，却因为问题发现得太晚导致更改代价过大。

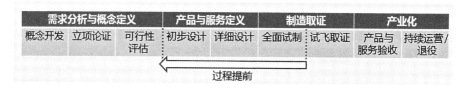

需求分析与概念定义			产品与服务定义			制造取证		产业化	
概念开发	立项论证	可行性评估	初步设计	详细设计	全面试制	试飞取证	产品与服务验收	持续运营/退役

过程提前

图 10-5 飞机全生命周期模型各阶段程序设计过程的提前

根据 ARP 5056，驾驶舱操作概念定义了机组应如何执行从需求细化得出的功能和任务项，一般应包含：不同飞行阶段机组人员任务划分；机组和自动系统之间的分工定义；特殊运行考虑；系统操作概念方案和操作限制定义。

基于以上定义，操作程序的设计活动提前到了飞机产品与服务定义阶段甚至更早。

除此之外，在陆续完成飞机总体设计、系统详细方案设计、驾驶舱布局和控制器件的详细设计后，飞机和系统层级的安全性分析结果和相似机型的工程实践结果也会产生操作设置的需求。

如何在需求分析与概念定义阶段即开始对机组在驾驶舱的操作结合新技术进行前瞻性定义，并结合系统方案正向推动驾驶舱设计，是将系统工程方法应用到操作程序设计中需要解决的第一个问题。

根据国内大型客机主制造商提出的 N-F-R-P 正向设计模型，如图 10-6 所示，结合操作程序的"飞机级""系统集成""非物理产品"等特点，可以分析得到程序设计的 N-F-R-P 模型定义。

（1）利益攸关方需要捕获（Need）：作为飞机级的操作指南，机组操作程序需要通过机组的执行来保障飞机安全、高效地运行。初步识别利益攸关方为政府（局方）、航空公司、客服公司和机场。经过进一步分析确认，可以得知利益攸关方还包括各方机组（包括局方、航空公司、客服公司）和培训教员（飞行培训人员）。

（2）功能分析（Function）：操作程序需要具备使机组人员安全和高效地操纵飞机，完成飞行任务的基本功能。由于操作程序本身不是物理产品，与系统的物

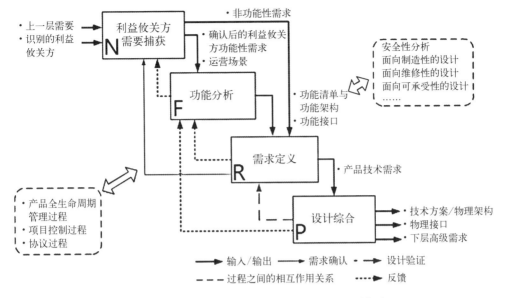

图 10-6　系统工程正向设计的 N-F-R-P 模型

理器件没有直接的功能接口关联，因此结合飞机预期的运行场景分析后可以得出，操作程序的需求全部为非功能性需求。

（3）需求定义（Requirement）：操作程序的需求包含安全性、完整性、适用性、高效性和一致性五个原则。在程序设计的过程中，以上五个原则将通过设计过程中的程序分析评估进行需求确认。

（4）设计综合（Physics）：操作程序不是物理产品，其本体是依据检查单或描述性方式所规定的机组分工和操作动作的逻辑过程集合。现有的场景分析、机组任务分析和飞机系统功能失效的安全性分析结果可在该阶段用来确定操作程序的内容；而程序处置逻辑、机组分工、操作流程等设计结果，可以通过程序验证（书面验证和操作验证）等方式来确认。

综上所述，正常程序的设计需要考虑在整个飞行阶段维持安全、高效飞行的标准操作步骤，而应急和非正常程序的设计需要考虑在系统功能失效条件下维持安全飞行的必要操作程序。所有的程序需要遵守的具体需求如下所示。

1）程序的安全性

（1）程序设计应避免模糊性，保证其结果完全可预测，如果在相同的情境下，相同的程序会产生明显不同的结果，那么需要对程序进行修改。

（2）程序设计应保证对某一应急情况的处置和操作不会将飞机带入新的应急情况。

（3）程序设计应经过系统性的评估和迭代。

2）程序的完整性

（1）程序设计应覆盖需飞行员介入和处置的所有预期状态下的场景。

（2）程序设计应符合使用者的视角，并具有清晰的逻辑结构。

（3）程序设计应综合所有与驾驶舱相关的支持文件，以整体系统的方式进行设计。

（4）程序设计应包括内部通信，内部通信应像其他程序一样被制定、训练和标准化。

3）程序的适用性

（1）程序的设计和改进应考虑到程序使用的操作环境。

（2）程序设计应考虑到相关人员（如飞行员、乘务员、签派、地勤人员等）对实施程序和完成任务的影响。

（3）程序设计应该根据运行类型的特殊性（如航程的长短）进行调整。

（4）程序设计必须和驾驶舱人机界面的设计相匹配（如检查顺序应和面板布局相一致）。

（5）程序设计必须考虑系统和设备所具有的限制和能力。

（6）程序设计应考虑飞行员已形成的操作习惯和人的生理、心理或认知能力的局限性。

（7）程序设计应与驾驶舱的实际构型相匹配。

4）程序的高效性

（1）程序设计应简洁、明确，在飞行的关键阶段和高工作负荷阶段，只传达机组成员需要的信息，不应分散机组在主要任务上的注意力。

（2）程序设计应考虑程序在给定时间内对机组总工作量的影响。在高工作负荷时，重点关注需要机组成员注意的操作，并通过把对时间不敏感的任务移动到低工作负荷时期来管理工作负荷。

（3）程序设计应当重点关注程序紧密耦合的情况，并利用机会将其解耦。

5）程序的一致性

（1）除飞机本身和机组以外，在操作涉及地勤、空管等更多人员和其他地面系统的程序中，应使用通用定义来规范程序操作，避免任何一方对操作产生误解。

（2）程序应该被收录在何种手册的哪个位置应遵循一定的逻辑和规则。

（3）非正常或应急操作程序应该明确对故障的处置和隔离原则，并在相同事件的处置逻辑上具有一致性。

（4）程序设计应使特定子系统的操作程序在步骤、操作和流程方面与主程序兼容。

从适航规章来看，根据 CCAR - 25.1585 的规定，一般来说应急和非正常程序分为三类，其中不受机组控制的情况和属于基本飞行技术的操作不包含在操作程序中。

（1）告警系统中警告（warning）和警戒（caution）级别的信息所触发的处置程序。

（2）无告警信息（非通告）显示，但通过机组意识能够感知的应急或非正常情况的处置程序。

（3）部分特殊程序或提示（advisory）级别信息所触发的处置程序。

CCAR - 25 - R4 规定，必须提供针对具体型号或型别的关于例行运行的正常程序。

与系统失效或故障无关，假设所有的系统均能正常工作以及自动功能均能正常使用的程序为正常程序。

AC - 91 - 24 规定，正常程序包括每次飞行都要完成的程序，以确保航空器状态正常、驾驶舱配置正确。正常程序应按飞行阶段划分，并按照飞行阶段的顺序安排。完成每一个飞行阶段的正常操作程序任务均可确保飞机满足进入下一飞行阶段的需求。

从安全性分析的结果来看。根据如表 10-4 所示的安全性影响等级划分，飞机级和系统级的功能失效对应的影响等级可以划分为五类。这五类失效中，灾难性的、危险的、主要的和次要的四类失效都将形成对机组操作的需求，进而转化为设置机组操作程序的需求。

表 10-4　功能失效状态划分和对飞机及乘员影响等级的说明

影响等级	对飞机的影响	失效状态分类	对飞行机组的影响	对乘客和客舱机组的影响
无安全影响	对飞机运行能力和安全性没有影响	V 类	没有影响	不方便
次要的	轻微降低飞机运行能力或安全裕度	IV 类	机组使用正常程序，轻微增加飞行工作负荷	身体不舒适
主要的	较大降低飞机运行能力或安全裕度	III 类	机组使用非正常程序，身体不舒适且较大增加工作负荷	身体极度不适，可能受伤
危险的	极大降低飞机运行能力或安全裕度	II 类	机组使用应急程序，并处于危险状态，工作负荷极大增加，完成任务的能力极大降低	少部分乘客或客舱机组严重受伤或死亡
灾难性的	妨碍飞机持续安全飞行或着陆	I 类	致命的或丧失能力	多名乘客或客舱机组死亡

灾难性的失效本身难以通过机组操作进行挽救，而飞机的安全性设计也要求避免单点失效引起飞机级的灾难性的失效，从而通过设计进行了保障，因此除部分条款要求的对灾难性的失效需要设置相应的处置程序外，不考虑对其余灾难性的场景设置操作程序。

Ⅳ类失效对飞机和机上人员影响较小，大部分不需要进行专门的处置操作，或没有处置需求，根据运行经验，也不考虑为大多数影响较小的场景设置操作程序。

10.5 设计综合

商用飞机产品全生命周期的技术过程集所对应的操作程序相关活动如图 10-7 所示。运用 N-F-R-P 模型可以得到操作程序的分层逻辑和操作需求，而后的设计综合过程对没有物理产品的操作程序而言，可以理解为在设计过程中将各个系统本身的操作需求及系统响应，集成为飞机级的操作内容和结果。在此过程中，传统的机组操作程序分析方法在场景获取和操作内容获取过程中仍然适用。

（1）场景获取：结合对 CCAR 第 25、91、121 部所包含的适用于操作程序的适航条款分析解读、全机和系统的功能失效安全性分析、飞机设计特征分析、相似机型对比和机组任务分析等方法，获得需制定操作程序的运行场景。

（2）程序方案（处置逻辑）：结合飞机各系统的方案定义、驾驶舱人机界面和操作概念定义、系统安全性分析和系统设计逻辑分析，制定每项程序的目标和逻辑。

（3）操作内容：根据处置逻辑的设计结果，结合运行要求和各系统的操作要求，设置合理的分工和操作顺序来达到程序目的。该阶段通常需要通过失效和操作在各系统间的直接影响和级联影响分析，来完成程序的详细设计和集成。通过建立操作程序要素库等方法，可以实现操作内容设计上的快速迭代。

此外，对需求对应的场景，需要完成程序要素的分析。程序的要素是对操作程序内容的分解和归类，使用要素分析的方法，可以针对在相同场景下的不同机型，快速识别编写操作程序所需的技术内容。正常程序、非正常程序、应急程序和其他补充程序的要素由于程序的性质，有不同的分析方法。

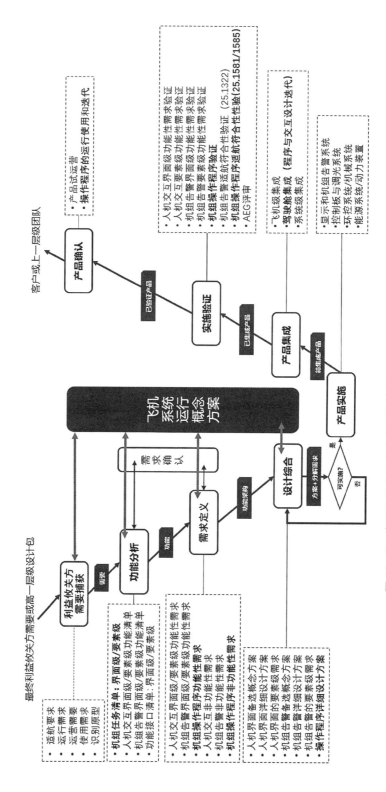

图 10-7　商用飞机产品全生命周期技术过程所对应的操作程序相关活动

10.5.1 正常程序要素

在进行正常程序要素研究的过程中，驾驶舱设计人员通过对 ATA 2300 标准进行研究和分析，对商用飞机飞行的正常操作程序按照下面定义的 19 个飞行阶段进行划分。对现役主流的干线客机，除最新一代的多电飞机（使用高度集成的电气系统取代部分或全部的传统气源、液压能源，使电能成为第二能源的飞机）以外，每个阶段的检查和操作要素基本一致。正常程序的要素分析按照以下 19 个飞行阶段进行。

1）外部安全检查阶段

该阶段应提供机组到达飞机处时，飞机附近是否有障碍物、工程活动、加油等影响上机通电及设备安全运行的情况。

机组主要检查轮挡是否在位，飞行操纵面位置，起落架舱门是否开启和 APU 进气/排气口状态等内容。

2）初始驾驶舱准备阶段

该阶段应完成飞机通电前安全检查（防止因疏忽导致系统工作，对飞机和人员造成危害）、通电、防火测试与 APU 启动、驾驶舱环境调节和绕机检查前检查需执行的操作和检查程序（包括断路器和应急设备）。

通电前主要检查应急设备、驾驶舱文档，核实推力手柄/燃油切断开关、风挡雨刷、液压电动泵或 PTU 处于关位，检查减速板手柄与操纵面位置一致等。

通电后进行防火测试，启动 APU，调节驾驶舱灯光并设置环控构型，在简图页检查液压、滑油、氧气量和断路器等内容，并刹住停留刹车。

3）外部检查阶段

该阶段应提供保证飞机的整体状况、可见部件及设备可安全用于飞行的检查（对飞机外部区域进行划分并按照给定的绕机检查路线检查）。

（1）检查无飞机结构的碰撞损伤。

（2）检查无燃油、滑油或液压油渗漏的迹象。

（3）确认所有可在地面开启的舱门均已关闭。

4）驾驶舱准备阶段

该阶段应按照指定的面板检查顺序图和机组任务分工，依次检查和设定飞机各系统，确保所有系统处于正常状态（各系统应提供需要飞行员触发的系统测试，需明确触发的时机、测试操作步骤以及测试后现象等内容）。主要包含按照指定的面板检查顺序图依次对顶部板、遮光罩、左右操纵台、左右仪表板、主仪表板和中央操纵台上涉及的各系统进行检查和设置等。

5）推出或发动机启动前阶段

该阶段应给出机组人员在完成驾驶舱最终准备工作后，在启动发动机之前需执行的操作和检查程序。主要包含检查舱单、机载燃油、性能数据，断开外部电源，获得推出/启动许可后接入交流泵，打开信标灯和关闭舱门后按需推出飞机等。

6）发动机启动阶段

该阶段应给出机组人员从请求启动发动机开始，直至完成发动机启动工作需执行的操作和检查程序（包括正常启动的步骤及发动机稳定工作的判据）。

7）发动机启动后阶段

该阶段提供完成发动机启动工作后，向地面管制人员发出滑行请求前需执行的操作和检查程序。主要包含按需关闭 APU，设置自动刹车；按需打开短舱防冰，进行方向舵/水平安定面配平和执行三相检查等。

8）滑行阶段

该阶段提供发出滑行请求并得到地面管制人员许可之后，在准备起飞之前需执行的操作和检查程序。主要包含获得滑行许可后打开滑行灯，解除停留刹车后进行滑行，并在滑行中检查刹车工作状况和飞行仪表等。

9）起飞前阶段

该阶段提供发出起飞请求并得到地面管制人员许可之后，在机长下达起飞命令之前需执行的操作程序。主要包含检查刹车温度、设置外部灯光和气象雷达等。

10）起飞阶段

在该阶段提供机长下达起飞命令之后，直至飞机机轮离开地面时需执行的操作和检查程序，并给出起飞收襟翼速度计划表。主要包含进入高速滑行时喊话，达到决断速度时喊话，达到抬轮速度时抬轮，正上升率时收起落架，在减推力高度设定爬升推力，按照起飞收襟翼速度计划表收襟翼等。

11）爬升阶段

在该阶段提供机长下达爬升指令之后，飞机在达到巡航高度前需执行的操作和检查程序。主要包含在过渡高度层设置气压基准值，在 10 000 ft 进行爬升检查等。

12）巡航阶段

在该阶段提供飞机巡航时需执行的操作和检查程序。主要包含监控重要系统参数等。

13）下降阶段

在该阶段提供飞行机组发出下降请求并得到地面管制人员许可之后，控制飞机下降时需执行的操作和检查程序。主要包含获取天气和着陆信息，设置着陆标高，准备着陆数据，计算着陆性能，设置自动刹车，在过渡高度层设置气压基准值和确认导航源等。

14）进近阶段

在该阶段应给出飞机进近时需执行的操作和检查程序以及放襟翼计划表。应分别给出采用以下方式进近时需执行的操作和检查程序：精密进近（若适用，可分别给出 ILS Ⅰ、Ⅱ、Ⅲ类进近程序）；非精密进近；目视进近。

15）着陆阶段

在该阶段应给出机长下达着陆指令之后，直至飞机机轮完全接地应执行的操作和检查程序。主要包含拉平控制姿态，接地后进行方向控制，使用反推，监控飞机减速（扰流板、反推、自动刹车工作情况）以及减速后收起反推等。

16）复飞阶段

在该阶段应给出当出现意外或特殊情况，机长下达复飞指令，中断下降/进近过程时，需执行的操作和检查程序。主要内容与起飞阶段的类似。

17）着陆后阶段

该阶段应给出飞机机轮完全接地之后，直至飞机停止滑行应执行的操作和检查程序。主要包含按需启动 APU 和打开短舱防冰，收回襟翼，关闭外部灯光，设置应答机，关闭气象雷达等。

18）停机阶段

该阶段应给出飞机停止滑行之后飞行机组需执行的操作和检查程序，包括为使飞机能够可靠地停泊在一定位置，并关闭不必要的系统需执行的工作。主要包含刹停飞机后关闭液压系统，关闭发动机、燃油泵和信标灯，按需接入 APU 引气，解除滑梯预位，检查燃油量及刹车温度等。

19）离机阶段

该阶段应给出飞机正常停机后，飞行机组离开飞机之前需执行的操作和检查程序。主要包含关闭所有剩余外部灯光和内部灯光，关闭所有显示器，关闭 APU 和空调，关闭蓄电池等。

10.5.2　应急与非正常程序要素

根据对规章要求以及现役的主流商用飞机应急与非正常程序架构进行的研究，典型的应急与非正常程序通常应该包含如下要素。

（1）外来危害或飞机自身的失效状态信息：包括 EICAS 通告、其他显示、灯光、音响和语音通告，以及飞行员可以感知的飞机、系统或操作反馈信息。

（2）程序记忆项目：在接收到外来危害和失效状态信息并判别对应程序后，为了保证飞机和人员安全，飞行员需要立即采取的操作动作。

（3）故障处置操作项目：为排除故障，飞行员调用其他飞机系统或者重置失效系统的操作动作。

（4）判断项：通过操作反馈（包括 EICAS 通告、其他显示、灯光、音响和语音通告，以及飞行员可以感知的飞机、系统或操作反馈信息），对故障处置操作项目的效果进行判断。

（5）故障隔离操作项目：若未能排除故障，则需要对故障进行隔离以维持相对安全的飞行状态，飞行员调用其他飞机系统，使用失效系统的备份系统或者关闭、切断失效系统功能的操作动作。

（6）不工作项：在完成程序中的故障处置或故障隔离操作项后，机组在后续的操作中需要知晓的失效部件或丧失的功能项目。

（7）延迟操作项：在完成程序中的故障处置或故障隔离操作项后，机组在后续的飞行过程中，比如下降、进近、着陆或复飞阶段，需要进行的操作项目，通常与飞机的着陆构型、进近速度和着陆距离相关。

（8）伴随的其他通告项：包括本操作程序执行过程或完成之后的伴随告警和其他故障信息。

图 10 - 8 展示了当前主流机型在出现空速不可靠时的非正常操作程序要素示例。

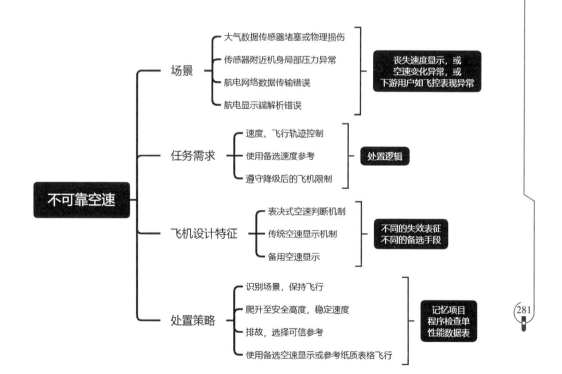

图 10 - 8　主流机型不可靠空速程序设计相关要素

10.5.3　补充程序要素

商用飞机操作程序中的补充程序主要提供飞机系统非必需的正常及非正常操作程序和注意事项，以及特殊天气环境下的机组操作程序与操作技术。

补充程序包含补充正常程序、补充非正常程序和特殊操作（与操作技术相关），通常涵盖了在特殊环境和非标准构型下控制非正常和应急的飞机系统响应所需的机组动作，以及在特殊环境和非标准构型下飞机准备进入各飞行阶段所需的信息和机组动作。

补充程序仅为推荐操作动作与注意事项，需要机长根据实际情况判断是否执行，有些程序需凭记忆来完成，有些需执行前复习程序，或者在执行中参阅程序。

通过研究对比国内外在役机型的机组操作程序中的补充操作程序，可以发现典型的补充程序包含的要素因飞机系统架构与操作概念的不同而产生很大的差异。为确保飞机运行安全，可以归纳总结为以下五类：

（1）特殊环境下的操作。

（2）特定场景下的操作。

（3）机动类动作要求。

（4）独立机载设备告警。

（5）航行新技术的应用。

图10-9展示了当前主流机型在寒冷天气补充程序中，设计发动机除冰操作程序时考虑的要素。

10.5.4　涉及航行新技术、机动技术的操作程序要素

当前广泛应用的航行新技术主要有基于性能的系统（PBN）、广播式自动相关监视（ADS-B）（无须机组介入）和GLS。对新老商用飞机操作程序中涉及航行新技术的程序进行研究、分析和分解后发现，由于航行新技术的自动化、智能化，需要机组进行的操作与使用传统航行技术的飞机的相关操作相

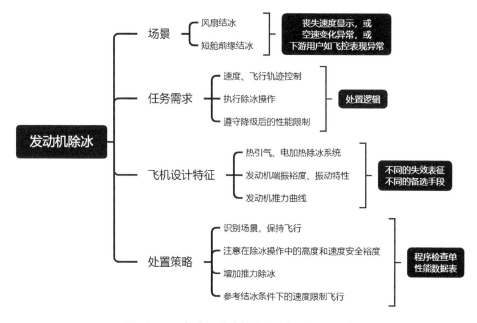

图 10 - 9　发动机除冰补充程序相关设计要素

比，实际上有不同程度的减少或已实现全自动化，无须机组干预。此类操作要素通常被完全整合至全机的正常程序中，每个阶段所需的关键操作动作和检查项与传统操作习惯没有区别，因此并不独立设置相关的机组操作程序。在使用与航行新技术和特殊机动技术相关的终端区域时，所需操作也被整合至机场或航路的飞行程序中，在机组操作程序中不再做进一步阐述。

　　以 PBN 为例，当前 PBN 整合了 RNAV 和 RNP 的运行实践和技术标准，涵盖了从航路、终端区到进近着陆的所有飞行阶段。RNAV 主要通过飞管系统实施，RNP 主要由 FMC 的导航数据库提供。因此 PBN 中的操作程序主要是对飞管系统的操作和检查，其要素包括对导航数据和系统完整性的确认；飞机位置的初始化和 RNP 飞行程序的查找；对 RNP 相关速度/高度限制的确认；对航路点和飞行计划的确认；导航模式的切换；目的地和备降机场的选择和更改；对失去 RNP 能力后的应急操作方式的确认。机组正常操作程序中的传统操作和检查项涵盖了以上所有要素。

由于场景的特殊性，涉及机动技术的操作程序通常也体现在航路或机场终端区域的飞行程序中，不在机组操作程序中体现。当前仍然存在的涉及机动技术的操作程序主要有失速、不可靠空速等少数程序，其操作要素主要包含对飞机姿态、速度、高度和航向的稳定和保持，此类独立程序的操作要素也被应急与非正常程序的要素涵盖。

10.5.5　正常检查单要素

商用飞机正常检查单（PCL）提供了机组人员在完成标准操作程序的某个阶段时，出于安全原因需要对飞机进行的检查和操作。

正常检查单应按飞行阶段划分，并按照飞行阶段的顺序安排。每一个飞行阶段的正常操作内容都用于确保飞机满足下一飞行阶段的需求。在所有的程序中，应明确地指出飞行机组间的分工（若存在）和配合。经分析，商用飞机的正常检查单要素可以归纳总结为以下六类。

1）发动机启动前

该阶段需注明驾驶舱准备、旅客信号牌 ON/AUTO、交叉检查飞行仪表、调定起飞数据、调定气压基准、检查燃油量、关闭舱门和窗、打开信标灯、推力手柄设定在慢车位以及刹住停留刹车等项目。

2）发动机启动后

该阶段需注明 APU 引气关断、接通发动机引气、按需接通防冰和 APU、方向舵配平、俯仰配平、襟翼形态设定、检查飞机操纵以及检查 EICAS 页面等项目。

3）起飞前

该阶段需提供飞行仪表检查、起飞简令证实、关键速度设定、通知客舱机组、证实起飞跑道以及按需起动/点火开关等项目。

4）起飞后/爬升

该阶段需注明起落架收上、襟翼收回、调定气压基准以及接通空调组件等项目。

5）下降

该阶段需注明调定气压基准、确认导航源、证实简令以及检查 EICAS 页面等项目。

6）进近/着陆

该阶段需注明起落架放下、襟翼形态设定、按需打开起动/点火开关等项目。

10.5.6 电子检查单要素

作为电子化的操作程序载体，在操作程序的设计过程中，也需要对电子检查单予以考虑。电子检查单根据功能主要分为以下三类。

（1）正常电子检查单：飞行机组在完成标准操作程序的某个阶段时，出于安全考虑需要对飞机进行的一系列检查和操作任务的清单。

（2）非正常电子检查单：飞行机组处理非正常情况时，出于安全考虑需要对飞机进行的一系列检查和操作任务的清单，包含快速检查单（QRH）中的应急程序和非正常程序两部分检查单。

（3）无通告电子检查单：非正常检查单中没有与 CAS 信息关联的检查单。例如前风挡玻璃破碎，该场景没有对应的 CAS 信息显示，其对应的检查单就是无通告检查单。

商用飞机电子检查单的组成要素如下所示。

（1）电子检查单条目：电子检查单条目指电子检查单中的操作任务，这些操作任务与说明组成了一张完整的电子检查单。

（2）闭环条目：电子检查单系统能够自动探测、确认该电子检查单条目已经完成的一类电子检查单条目。例如电子检查单系统可以探测到自动刹车选钮、停留刹车和燃油切断开关所处的位置，与自动刹车、停留刹车或燃油控制手柄位置相关的电子检查单条目就被定义为闭环条目。

（3）开环条目：电子检查单系统不能够自动探测、确认该电子检查单条目已经完成，需要飞行机组检查并确认该电子检查单条目已经完成的一类电子检查单条目称为开环条目。

（4）延迟条目：部分非正常检查单中某些检查单条目不能立即执行，需要延迟到后续飞行阶段中的正常检查单完成的一类检查单条目。

（5）决策点：电子检查单中需要飞行机组根据飞机当前状态，判断下一步执行步骤的电子检查单条目判断节点。

（6）电子检查单重置：对电子检查单进行复原，使电子检查单中所有条目都恢复到未确认状态。当需要对电子检查单进行重新操作时或者在下一次飞行前，需对电子检查单进行重置。

（7）电子检查单超控：对该电子检查单强制进行确认完成。当对电子检查单超控时，即使电子检查单中的某些条目没有执行，电子检查单也会被标志为已经全部完成。

（8）电子检查单条目超控：对某电子检查单条目强制进行确认完成。当对电子检查单条目超控时，该电子检查单条目被标志为已经完成。

10.5.7 要素总结

综上所述，连接需求与程序架构的飞行机组操作程序组成要素如表10-5所示。

表10-5 飞行机组操作程序组成要素

	有 EICAS 信息程序名称	无 EICAS 信息程序名称	故障状态信息
非正常程序/应急程序	记忆项目	操作动作信息	条件判断
	开关状态信息	显示状态信息	注释信息
	警告注意信息	不工作项目信息	伴随故障信息
	延迟工作信息	参考信息	跳转信息
	性能变化数据信息	结束符	接续符
	跳转符		

正常程序	外部安全检查	初始驾驶舱准备	外部检查
	驾驶舱准备	推出或发动机启动前	发动机启动
	发动机启动后	滑行	起飞前
	起飞	爬升和巡航	下降
	进近	着陆	复飞
	着陆后	停机	离机
补充程序	特殊环境下的操作	特定场景下的操作	机动类动作要求
	独立机载设备告警	航行新技术的应用	
PCL项目	发动机启动前	发动机启动后	起飞前
	起飞后/爬升	下降	进近/着陆

10.5.8　正常程序的详细设计

正常程序应按照机组任务—系统功能—操作/监视项目—完整程序的顺序进行设计，并按照10.5.1节中定义的19个程序项目（飞行阶段）顺序进行编排，编写思路如图10-10所示，具体编制流程如下所示。

（1）明确机组在各飞行阶段需要完成的任务（自动逻辑除外）。

（2）筛选出与本系统相关的正常程序项目（飞行阶段）。

（3）明确完成机组任务需要使用（也包括终止使用）的系统功能。

（4）给出系统功能对应的操作项目和监视项目。

（5）综合操作/监视项目并包含必要的扩展信息，给出完整的正常程序。

10.5.9　应急与非正常程序的详细设计

1）故障识别和影响分析

完成程序项目的识别以后，针对每项程序，应按照统一的方式对程序的触发条件、故障状态和故障影响进行分析，明确程序对应的失效项目和底层原因，并

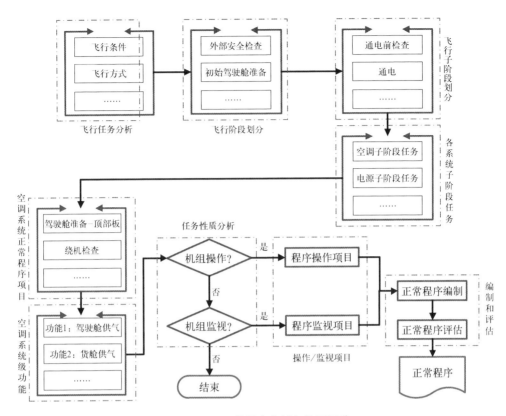

图 10 - 10　正常程序分析与编写思路

根据其飞机级的危害等级将其划分为应急程序或者非正常程序。具体分析流程如图 10 - 11 所示。

　　2）处置操作设计

　　程序的处置包含针对引发故障中的失效采取恢复功能的操作和对无法恢复的失效进行隔离的操作。操作包含对故障失效系统备用功能的调用或其他系统功能的调用，所有动作都应结合飞机驾驶舱布局，按照安全、高效的原则进行排序，复杂程序需要对机组工作量进行合理安排，具体分析流程如图 10 - 11 所示。

　　3）操作影响分析和延迟项设计

　　完成故障和失效的处置后，需要对受影响的系统进行评估，形成不工作项目（或失效功能）列表。根据不工作项对飞机的性能受到的影响进行评估，并将保

操作程序分析流程　　　　　操作程序设计逻辑流程

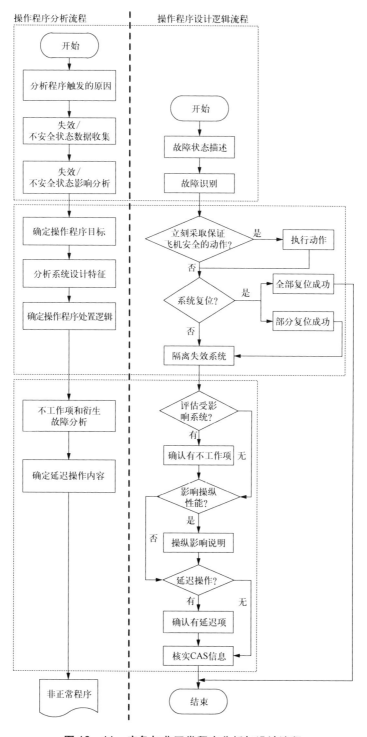

图 10-11　应急与非正常程序分析与设计流程

证飞机继续安全运行所需遵循的限制条件，以及后续的延迟操作列入程序中。具体分析流程如图 10-11 所示。

10.5.10 机组操作程序设计的分工与流程

机组操作程序的设计过程所涉及的飞机系统众多，需要处理大量的工程信息，同时还有各系统交联的影响分析和涉及飞机飞行操纵技术的分析工作，因此操作程序的设计工作通常需要由程序设计人员、试飞员、试飞工程师和相关飞机系统的设计人员联合完成，其工作流程如图 10-12 所示。

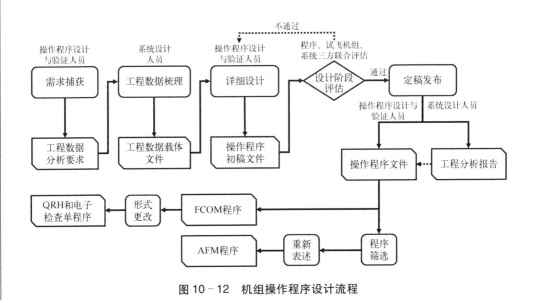

图 10-12 机组操作程序设计流程

操作程序设计人员完成需求捕获的过程后，通过场景分析和程序要素分析，制定梳理操作程序工程数据的工作要求。其中工程数据分析要求可以按照系统章节划分，通过系统失效场景分析识别出的程序要素，以及与各个要素相关的技术指标去限定分析的具体范围。某些失效可能影响多个系统，需要通过在系统间进行级联影响分析，以迭代的方式获得最终结果。

与程序编写相关的系统专业设计人员负责机组操作程序分析单初稿的梳理和编制，若该程序项目涉及其他交联专业（协助专业），则由协助专业提供支持。

若程序项目涉及全机且特别复杂，则该程序项目可由程序设计人员牵头，各专业共同编写初稿。

程序设计人员初步评估和完善程序分析单初稿后，组织程序相关系统的设计人员和试飞员/试飞工程师共同参与程序专题分析会，就遗留的复杂问题进行分析与讨论，会后签署会议纪要，明确问题、负责人员和解决问题的时间节点。如有必要，可对复杂问题进行多轮迭代。完善后的程序分析单由直接相关的专业整合，以技术报告的形式发布。操作程序分析报告是对程序进行评估与论证的载体，机组操作程序分析报告（以下简称"分析报告"）由独立的程序分析单组成，主要用于正常、非正常、应急以及补充程序的分析和评估工作，是机组操作程序的编写依据。

对分析报告包含的要素一般有如下要求：

（1）为保证内容的完整性，提供分析报告时应明确程序项目的来源及相关说明。

（2）为保证内容的正确性，提供的分析报告中涉及的数据内容应明确其来源（如技术报告文件编号），以保证数据的正确性和可追溯性。

10.5.11　正常程序分析单

正常程序的分析单是对飞机在对应程序项目（飞行阶段）中，为实现子项目目标（飞机由一个状态/构型转至另一状态/构型）的操作需求进行分析的载体。通常可将每项程序中机组需使用的系统功能、操作/监视项目、简要逻辑及其相应的具体步骤进行梳理后，按照飞行阶段进行编排，并明确指出飞行机组间的分工和配合（若存在分工）。正常程序分析单示例如表10-6所示。

表10-6　正常程序分析单示例

飞行阶段二	初始驾驶舱准备
子阶段一	通电前检查

商用飞机驾驶舱研制中的系统工程实践

子阶段目标	在飞机每日首次飞行或因其他原因没有上电时，机组确保飞机能够安全上电并继续起飞前的准备工作

系统：ATA 21	程序项目分解	
系统功能	机组操作项目	机组监视项目
21－F04/货舱供气		
××/××		
简要逻辑		
具体步骤	包括但不限于具体操纵器件的使用、关键参数的监控： 1）操纵器件名称及动作 2）关键参数及数值 3）必要的警告与注释信息	

子阶段二	通电	
子阶段目标	安全建立 APU 电能供应和气源供应，假设外部电源可用	

系统：ATA 21	程序项目分解	
系统功能	机组操作项目	机组监视项目
21－F04/货舱供气		
××××××		
简要逻辑		
具体步骤	包括但不限于具体的操纵器件的使用、关键参数的监控： 1）操纵器件名称及动作 2）关键参数及数值 3）必要的警告与注释信息	
备注	1）子阶段目标由程序主编和试飞员/工程师制定 2）表内仅填写与机组有关的系统级功能，若该飞行阶段需要使用某功能，但无须机组操作或监视（如自动工作或在前面某阶段已启用），则无须填写	

10.5.12 应急与非正常程序分析单

与正常程序类似，应急程序与非正常程序也可通过为每项程序编制分析单来进行梳理和分析，分析单前端包含程序来源分析、安全性分析、故障触发原因等与程序需求相关的要素；分析单后端包含故障现象、故障影响、程序目标、处置逻辑、操作程序、不工作项和延迟程序等与程序操作内容相关的要素。程序分析步骤如表 10-7 所示。

表 10-7　应急与非正常程序分析单示例

程序编号： N/A	项目名称：		版本/日期： N/A
CAS 级别：	CAS 信息：		ATA 章节：
程序来源	安全性分析 □　规章要求 □　机型特点 □　运行要求 □		
安全性分析结论	Ⅰ类□　Ⅱ类□　Ⅲ类□　Ⅳ类□　Ⅴ类□	分析报告编号：	
规章要求			
机型特点			
运行要求			
触发条件	填写：故障触发的**直接原因**，如座舱压差高于 8.67 psid		
	填写：故障触发的**底层原因**： 1）失效对应的 FHA 失效状态、编号及影响等级 2）故障逻辑的详细描述（来自 FTA、供应商编写的控制和逻辑参数等材料） 3）对应的 FMEA 编号		
故障现象 （飞行员能感知）	填写：告警信息、语音告警、局部灯光（如灭火预位开关点亮）、主警告/警戒灯、简图页和机组感知等现象		
抑制阶段			

故障影响	填写：从安全和运行角度，对飞机、系统、乘客等的影响 分析结论（提供依据文件名称和编号）
程序目标 （完成故障处理程序 后的预期结果）	填写：通过该程序处置后，能够实现的飞机安全目标
处置逻辑 （处置原则）	填写：飞机和系统的安全操作方法设计逻辑包括： 1）立即执行程序 2）系统能否复位 3）隔离失效系统 4）分析受影响系统 5）对飞机的影响/限制说明
操作程序 （与处置逻辑对应的 具体步骤）	
不工作项 （即故障隔离和处置 完成后存在功能丧失 或余度下降的设备/ 部件）	填写：不工作项，**按系统分开填写**
	填写：不工作项对飞机造成的**影响/限制**说明，若不工作项过多，则应在此处给出不工作项对后续飞行阶段的影响
衍生故障 （若有对应 CAS 则填 写 CAS 信息）	
延迟程序	进近： 着陆： 复飞：
备注 （疑问/不确定处）	

10.6　机组工作量评估

机组工作量评估可以通过多种方法进行，包括逻辑推演、程序演示、机上试验等手段，都可对程序所涉及的工作量进行评估。驾驶舱通常采用贝德福德评分标准（BRS）收集操作负荷。BRS 是由英国皇家飞机研究中心提出的，对机组工作量进行评估的一种评分标准。BRS 采用的评分方法与库珀-哈勃准则类似，将机组工作量分为四大类，如下所示。

（1）工作量低，即理想的操作精度或者满足工作要求的操作精度比较容易实现，飞行员需要同时完成的工作较少。

（2）可以容忍的工作量，即飞行员需要完成的工作较多，有能力完成所有的工作。

（3）工作量不能被飞行员接受，飞行员只能完成一些主要的工作。

（4）飞行员不能完成工作。

为了方便飞行员对机组工作量进行定性评估，贝德福德评分标准将上述前三类再细分为 3 个小的评定等级，第四类为飞行员不能完成的工作，这样就将四大类分成 10 个小的评定等级，然后将这些评定等级用数字 1~10 标记。飞行员必须正确理解和运用这些评定等级，按照图 10-13 的流程可得到最终的工作量等级。

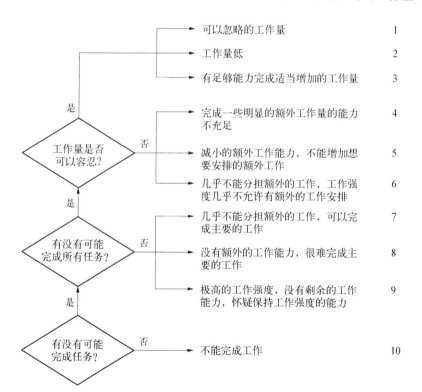

图 10-13　贝德福德机组工作量评定等级

10.7　程序验证

从商用飞机产品的全生命周期模型来看，对驾驶舱操作概念和操作程序内容的确认活动贯穿操作程序的整个设计过程。基于系统工程的确认和验证活动（见图 10-14），飞机的物理设备、子系统、系统以及最终集成的飞机级操作需求、程序方案和程序本身是可以通过需求确认、实施验证和产品确认三个过程来保证的。

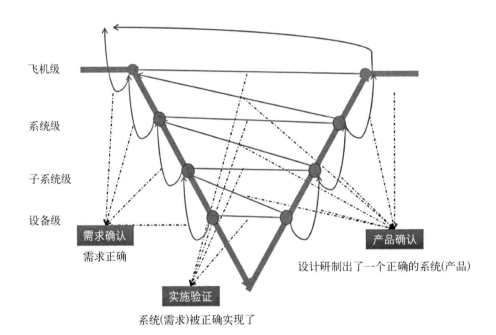

图 10-14　系统工程中的需求确认、实施验证、产品确认活动的关系

通过结合三个过程，传统的机组操作程序验证方式可以对程序的需求是否正确、程序方案是否正确地实现需求以及程序内容的正确性和可用性进行验证。

（1）书面验证：可用于需求确认、实施验证和产品确认三个过程，通过对程序的触发场景、处置逻辑、所包含的设计特征和相关操作要素进行分析和论证，进行符合性说明。书面验证的证据可以是飞机系统的详细方案定义文件、系统和飞机级的功能分析报告、安全性分析报告、试验验证报告等。结合系统工程的方法，书面验证过程中发现的人机交互界面和系统逻辑中的不合理设计可以在设计过程的更早期以更小的代价进行迭代。

（2）操作验证：操作验证可分为设计辅助的各类试验台（包括铁鸟）操作验证、地面模拟器验证和试飞验证三类。通过在预先设置的验证场景下机组的处置操作和飞机、系统的响应来确认程序的正确性和可用性。结合系统工程的方法，操作验证可用于实施验证和产品确认两个过程。操作验证的证据有两类，一类是机组对程序的操作过程的分析和主观评述；另一类是试验中相关系统状态参数变化的过程记录和程序执行过程中系统的反馈记录等客观数据结果。与书面验证相似，根据系统工程的方法，操作验证相对于传统的适航和运行验证过程，可以在飞机生命周期的更早期发现系统或驾驶舱操作概念或程序设计中的问题，以更小的代价更早进行迭代。

在完成飞行机组操作程序的编制后，应对其内容开展相应的评估和验证。评估内容包括程序中故障的识别和处置逻辑的完整性、合理性，也包括程序执行过程中的易用性（结合人机工效进行评估）。以 C919 飞机飞行手册的符合性验证为例，操作程序的符合性审定基础包含 CCAR–25.1581、1585 条款。验证过程和结果的记录可作为程序优化迭代的依据，根据 AC25–7C《运输类飞机合格审定飞行试验指南》中的相关建议，验证主要通过以下方法进行。

（1）MC1：采用说明性文件的方法对使用程序的工作逻辑进行分析说明，以表明其正确性。

（2）MC6：对可结合其他审定试飞进行的使用程序，采用飞行试验的方法进行程序演示，以表明其合理性和有效性。

（3）MC8：对难以结合其他审定试飞进行或采用试飞演示存在较大风险，但模拟器具备演示条件的使用程序，采用模拟器验证的方法进行程序演示，以表明其合理性和有效性。

进行程序验证和评估时，应针对每一项操作程序制定对应的构型要求。

进行程序验证的试验飞机应满足所结合的试飞科目执行的构型要求，而且与程序相关的飞机/系统功能对应的设备和操纵器件、显示、安装和软件等可代表飞机取证构型。应编制构型评估报告，说明构型偏离对试验有效性的影响。

对进行程序验证的模拟器，要求其与程序操作相关的飞机/系统功能对应的设备、操纵器件、布置布局显示和软件版本等构型与飞机实际取证构型保持一致。应编制构型评估报告，说明构型偏离对试验有效性的影响。

在进行程序验证和评估时，应包含可能出现该程序的各种场景及条件，以及程序涉及的各种故障可能性。判断飞行机组操作程序的安全性和适用性是否满足要求的判据如下所示。

（1）有效处理了飞机已经出现的故障或问题，使飞机进入一个相对安全的状态。

（2）程序执行过程中和执行后没有引起更严重的后果。

（3）符合飞行机组的思维方式和操作习惯。

（4）工作量合适，对水平一般的飞行员，不需要特殊的驾驶技巧。

（5）程序的表达明确，易于理解，无歧义。

第11章 基于系统工程的驾驶舱评估和验证

11.1 适航条款中的人为因素

早期有关人为因素的条款分列在各个标准中，只是针对各子系统进行约束，并没有从一个宏观的角度考虑人为因素问题。25.1523条款从机组的角度出发，对驾驶舱中最小飞行机组的要求进行了定义，并综合考虑了人为因素的问题。FAA的AC1523-1指出，25部中没有专门的条款强调人为因素问题和工作负荷评估问题，所有这些问题都趋于对最小飞行机组的评估。也就是说，在早期并没有对人为因素进行专项要求，而是通过对25.1523条款的符合性来间接表明人为因素的符合性。

CCAR-25.1523条规定，在适航验证过程中必须考虑下列因素来规定最小飞行机组，保证安全运行：

（a）每名机组成员的工作量。

（b）有关机组成员对必需的操纵器件的可达性和操作简易性。

（c）按第25.1525条款所核准的运行类型。

CCAR-25的附录D规定了确定最小飞行机组的准则，具体为下列6个基本职能和10个工作量因素。

1）基本职能

（1）飞行航迹控制。

（2）防撞。

（3）导航。

（4）通信。

（5）对飞机发动机和系统的操作和监控。

（6）指挥决策。

2）工作量因素

（1）对所有必需的飞行、动力装置和设备操纵器件（包括燃油应急切断阀、电气控制器件、电子控制器件、增压系统操纵器件和发动机操纵器件）进行操作的可达性和简便程度。

（2）所有必需的仪表和故障警告装置（如火警、电气系统故障和其他故障的指示器或告警指示器）的可达性和醒目程度，并考虑对这些仪表或装置的引导进行适当纠正的程度。

（3）操作程序的数量、紧迫性和复杂性。要特别考虑由于重心、结构或其他适航性而强制采用的专用燃油管理程序，以及发动机自始至终依靠单一油箱或油源（如果其他油箱贮有燃油，则自动向该油箱或油源输油）供油而运转的能力。

（4）在正常操作以及判断、应付故障和应急情况时，消耗精力和体力的大小及持续时间。

（5）在航路飞行中，对燃油、液压、增压、电气、电子、除冰和其他系统进行监控的程度。

（6）需要机组成员离开原定工作岗位才能完成的动作，包括查看飞机的系统、应急操作操纵器件和处理隔舱的应急情况。

（7）飞机系统的自动化程度，自动化是指系统在发生故障或失效后，能自动切断、自动隔离由此引起的障碍，从而减少飞行机组为防止丧失能源（飞行操纵系统或其他主要系统的液压源、电源）所需的动作。

（8）通信和导航的工作量。

（9）由于任意应急情况导致其他应急情况的发生，从而增加工作量的可能性。

（10）当适用的营运规则要求至少由两名飞行员组成最小飞行机组时，一名机组成员因故不能工作。

制定该条款的目的是在已定的设备配置条件下，飞行员编制人数能使规定的最小飞行机组在没有注意力过度集中或疲劳的情况下执行任务，上述规定的机组在考虑到本条款中（a）、（b）和（c）因素的条件下，能够保证飞行安全。

CCAR－25.1523（a）所指的工作量是每个机组成员的基本职能，包括飞行航迹控制、防撞、导航、通信、飞机发动机和系统的操作与监控、指挥决策。

为确定最小飞行机组而分析和验证工作量时，主要考虑10个工作负荷因素。

核准的运行类型是在提交被审定的飞机上所配置的设备（系统）的基础上所核准的，各种气象条件及交通管制条件下的运行类型。系统（设备）的配置决定了飞机操纵的自动化程度，相应地影响飞行员的精力和飞行安全，以及飞行员配备人数。

工作负荷包括心理负荷和生理负荷。应考虑高度自动化系统对机组工作负荷的影响。对工作负荷进行分析时需考虑自动驾驶仪失效，机组必须执行相关功能的情形。当引进新颖、复杂和高度综合的航电系统时，需对其进行包括人为因素在内的评估。

最小飞行机组工作量的条款要求在进行机组工作量评估时考虑机组的6个基本职能和10个工作量因素。最小飞行机组工作量因素及考察内容如表11－1所示。

表11－1　最小飞行机组工作量因素及考察内容

序号	工作量因素	考察内容	信号来源
1	对所有必需的飞行、动力装置和设备操纵器件（包括燃油应急切断阀、电气控制器件、电子控制器件、增压系统操纵器件和发动机操纵器件）进行操作的可达性和简便程度	任务	视频、音频（任务分析）
		动作区域分布	视频（读取坐标）
		动作时间	视频
		上下游动作时间间隔	视频
		上下游动作位置间隔	视频
		身体姿态	视频（坐标、角度、观察遮蔽物）

301

序号	工作量因素	考察内容	信号来源
2	所有必需的仪表和故障警告装置（如火警、电气系统故障和其他故障的指示器或告警指示器）的可达性和醒目程度，并考虑对这些仪表或装置的引导进行适当纠正的程度	任务	视频、音频（任务分析）
		动作区域分布	视频（读取坐标）
		动作时间	视频
		上下游动作时间间隔	视频
		上下游动作位置间隔	视频
		动作交叉	视频
		动作路径	视频
3	操作程序的数量、紧迫性和复杂性。要特别考虑由于重心、结构或其他适航性而强制采用的专用燃油管理程序，以及发动机自始至终依靠单一油箱或油源（如果其他油箱贮有燃油，则自动向该油箱或油源输油）供油而运转的能力	操作步骤数量	视频、音频
		每个操作步骤所花费的时间	视频、音频
		操作步骤间隔时间	视频
		操作时间总时长（自动化系统执行时间）	视频、飞行数据
4	在正常操作以及判断、应付故障和应急情况时，消耗精力和体力的大小及持续时间	告警产生时刻与处置程序启动时刻的间隔	视频、音频
		处置程序执行时间（包括检查单时间、操作时间）	视频、音频
		操作动作数量	视频
		操作动作范围	视频（操作对象、坐标、观察遮蔽物）
		注意力分配	视频、音频、眼动仪数据
		生理反应	眼动仪数据、心率仪数据

序号	工作量因素	考察内容	信号来源
5	在航路飞行中，对燃油、液压、增压、电气、电子、除冰和其他系统进行监控的程度	任务或指令	视频、音频（任务分析）
		注意力分布	视频、音频、眼动仪数据
		注意力持续时间	视频、眼动仪数据
		生理反应	眼动仪数据、心率仪数据
6	需要机组成员离开原定工作岗位才能完成的动作，包括查看飞机的系统、应急操作操纵器件和处理隔舱的应急情况	指令到执行的时间间隔	视频、音频
		离位时间	视频
		动作时间	视频
		生理反应	眼动仪数据、心率仪数据
7	飞机系统的自动化程度，自动化是指系统在发生故障或失效后，能自动切断、自动隔离由此引起的障碍，从而减少飞行机组为防止丧失能源（飞行操纵系统或其他主要系统的液压源、电源）所需的动作	故障决断时间	视频、音频
		故障处置时间	视频、音频
		处置流程步骤数	视频、音频
		注意力分配	视频、音频、眼动仪数据
		生理反应	眼动仪数据、心率仪数据
8	通信和导航的工作量	操作动作数量	视频
		操作流程时长	视频
		注意力分配	视频、音频、眼动仪数据
		生理反应	眼动仪数据、心率仪数据
9	由于任意应急情况导致其他应急情况的发生，从而增加工作量的可能性	应急决断时间	视频
		应急处置时间	视频
		处置流程步骤数	视频、音频
		注意力分配	视频、音频、眼动仪数据
		操作量偏差量	视频、音频、飞行数据

（续表）

序号	工作量因素	考察内容	信号来源
		飞行轨迹偏差量	视频、音频、飞行数据
		生理反应	眼动仪数据、心率仪数据
10	当适用的营运规则要求至少由两名飞行员组成最小飞行机组时，一名机组成员因故不能工作	操作动作数量	视频
		操作流程时长	视频
		操作交叉	视频
		注意力分配	视频、音频、眼动仪数据
		生理反应	眼动仪数据、心率仪数据

11.2 机组工作负荷

11.2.1 工作负荷的定义

人为因素通常是指与人有关的所有因素。国际上对它的定义如下：人为因素是通过系统应用人为科学，在系统工程框架中优化人与活动的关系。人为因素包括生活和工作环境中的人，以及人与机器、程序和环境的关系；还包括人与人之间的关系。其中，人的作用和能力主要通过工作负荷水平来确定。

工作负荷这个主题在过去40年里得到了极大的关注，但迄今为止尚没有清晰的、普遍认可的定义。Huey和Wickens认为"工作负荷"这个词在20世纪70年代以前并不通用，来自不同领域的有关工作负荷的操作定义与其起源、机制、结果和测量并不相符。工作负荷一般包括三大方面：工作的总量和要做的事情数量，与工作相关的特定方面的时间，操作者的主观心理感受。

工作负荷一般被视为一种精神构成，一种潜在的变量，或者可以说是一种"中介变量"，反映了操作者所要执行的任务与施加于操作者的精神需求之间的相互作用。操作者在特定的环境下的能力和付出都影响了操作者所承受的工作负荷的大小。通常认为工作负荷是多维的和多方面的。工作负荷是多种不同需求相互集成的结果，因此它很难有唯一的定义。Casali 和 Wierwille 指出，工作负荷不能通过直接观测得到，它只能通过对操作者外在行为的观测和对其生理、心理过程的测量推测得出。Gopher 和 Donchin 认为，不存在或者没有一种通用的单一的，且具有代表性的工作负荷度量方法，工作负荷必须由多种度量进行综合描述。

目前，在学术界有一些对工作负荷的定义，但并没有任何一种定义得到一致认可。其中的几个定义如下：

（1）工作负荷是指操作者为满足系统要求，实际需要的信息处理能力和对资源的分配。

（2）工作负荷是为满足期望绩效，需要的系统信息处理能力与操作者在任何时刻可提供的能力之间的差距。

（3）工作负荷是指操作者完成控制和监督任务消耗的精力与操作者所能够付出的全部精力的比值，该值不会超过 1。

（4）工作负荷是指在执行主任务时，同时使用相同资源执行附加任务时努力程度的降低。

（5）工作负荷是指操作者对任务做出反应的相关能力，重点在于预测操作者在未来能够完成什么。

总之，目前学术界并不存在工作负荷的规范定义。工作负荷一般被视为一种精神概念，它可反映出在特定环境和特定任务条件下，同时考虑操作者对任务绩效的要求时，操作者执行任务时的精神紧张程度。工作负荷的定义仍然会被学者不断提出并受到检验，若非迫切需要一种通用的定义，各应用领域的学者们仍会按照他们自己的偏好对工作负荷进行定义。

在航空领域，飞行员的工作负荷受环境及飞行员的机能、训练程度、年龄、健康状态等影响。结合飞行作业的特点，可以认为飞行工作负荷是指飞行人员完成某项飞行任务时承担的生理和心理负荷，也就是任务要求飞行人员为完成或保持一定的绩效必须付出的努力程度。

11.2.2　机组工作负荷测量方法

测量工作负荷主要是为了定量地分析执行任务过程中的脑力消耗（mental cost）。工作负荷与操作绩效的关系通常被描述为"倒 U 形"，即超负荷工作会过早地引起疲劳，使工作者工作效率下降，甚至出现人身伤害；而低负荷工作则会出现不适感增加、工作效率降低等现象。无论超负荷工作还是低负荷工作，都不利于保持人们的高效率。而适度的工作负荷能够让工作者有条不紊、情绪安定，工作效率大大提高。

工作负荷的评价是任务设计、系统评价的重要指标，是人-机-环系统设计、诊断、改进的重要依据之一。工作负荷的测量使人们能洞察在哪些情况下任务需求的增加会引起不可接受的表现。Wickens 坚持认为，绩效并不是设计一个良好系统的过程中需要考虑的全部。考虑一项任务会对操作者有限的资源施加怎样的需求同样是很重要的。需求可能与性能相一致，也可能不一致。Mulder 等人指出，在脑力工作中或工作完成后测量生理活动主要是为了评估执行任务时的脑力消耗，也是为了考察任务对执行者影响的持续性。

仅仅定义工作负荷的概念是远远不够的，还必须有一定的方法来测量它。既然工作负荷尚未有一种一致接受的定义，也就不会只有一种单一的测量方法。现阶段，工作负荷的测量方法主要包括以下几种：

1）主观测量法

因为工作负荷是一种心理上的构成，因此用主观测量法来测量工作负荷应该是比较合适的。Casali 和 Wierwille 通过他们自己和其他一些学者的研究指出，设计合理且具有相应操作指南的等级量表是很灵敏的测量工具，特别适合应用于那些经过严格训练的人群。然而，Gopher 和 Donchin 则坚持认为，主观等级量表常常是不可靠、不正确的测量工具。尽管如此，像等级量表这样的主观测量方法在实际中应用已经有了很长一段历史，它被用来测量工作负荷、努力程度、情绪、疲劳等。主观测量法试图量化人们对他们所经受的任务需求的看法和评价。

对工作负荷的主观评价技术可以在任务执行中或任务完成后实施，由被试依据他们在执行任务过程中感受到的脑力工作负荷来提供评分。主观评价技术可以分为单一维度技术和多维度技术，这取决于它们所评估的工作负荷的维度。Young 和 Stanton 指出，使用单维度技术获得的数据远比使用多维度技术获得的数据好分析。然而，多维度技术拥有远比单维度技术好的诊断性能。主观评价技术深受推崇主要是由于它应用起来简单、快速，以及花费较低。而且，主观评价技术也对主任务的绩效没有侵扰。除了用于模拟环境中，也可以用于真实环境中。当系统处于设计阶段，还没有一个完整的系统可供使用时，建立模拟环境需要高昂的花销，此时主观评价技术成了唯一的选择。当然，也有一系列与事后收集主观数据相关的问题。通常，工作负荷评分与所分析任务的完成绩效相关。被试容易忘记任务中的某些部分，而在这些部分中他们的工作负荷可能发生了变化。

2）绩效测量法

工作负荷的绩效测量可归纳为两种主要类型：主任务测量法和次任务测量法。在大多数的调查研究中，主任务的绩效更能引起人们的关注，因为其研究的重点是测量使用中的绩效（in-service performance）。在次任务测量方法中，次任务的绩效本身可能没有任何实际的重要性，并且只用来加载或测量操作者的工作负荷。Lysaght 和 Hill 等人指出，只说明操作者的绩效是没有意义的，除非系统绩效也是可接受的。因此，对两者都进行测量是有必要的。因此，系统绩效的可接受性是必要的先决条件，仅对操作者工作负荷的测量并不足以实现评估。

对操作者工作负荷的主任务测量包括对操作者执行所分析的主任务时的能力进行测量。随着工作负荷的增加，操作者执行待分析任务的绩效相应降低。为了测量绩效，将对主任务的特定方面进行评估。例如，在对利用自动化进行驾驶的研究中，Young 和 Stanton 测量了速度、侧向位移和车辆间距，作为驾驶任务的绩效指标。根据 Wierwille 和 Eggemeier 的研究，主任务测量技术应包含于任何对操作者工作负荷的评估过程中。使用主任务测量来评估操作者工作负荷的优点在于其对工作负荷变化较敏感以及使用比较简单，因为对主任务的测量只需使用常规的方法。当然，这种工作负荷评价方法也有一些不足，例如，经验和技术水平可以使操作者在高工作负荷下仍能高效地执行任务。类似地，绩效也可能在工作负荷较低时比较低。因此，在通过主任务绩效法评估脑力工作负荷时，需要对结果进行仔细分析才能给出最终结论。

对工作负荷的次任务绩效测量方法包括测量操作者在执行主任务的基础上执行附加次任务的能力。典型的次任务测量包括记忆任务、算术任务反应时间测量和跟踪任务。对次任务绩效测量的应用基于以下假设，即随着操作者工作负荷的增加，操作者的剩余能力会减少，从而导致次任务的绩效降低。目前发现的与次任务绩效评估技术相关的主要缺点是该技术对工作负荷的微小变化不敏感，并且会对主任务产生干扰。一种克服这些缺点的方法是在所分析的系统需要执行次任务时使用嵌入式次任务测量方法。由于次任务对系统的操作来说是外部的，所以对主任务的干扰会相应降低。Young 和 Stanton 建议，研究人员在使用次任务测量方法评估脑力工作负荷时，应使用离散的且与主任务占用相同类型注意力资源的刺激。例如，如果主任务是驾驶任务，那么次任务应该是一个包括体力响应的视觉-空间任务。这保证了这种技术确实是在测量剩余能力而不是其他不相关的资源储备。

脑力工作负荷的胜利测量包括对可能受工作负荷的增加或减少所影响的生理指标的测量。心率、心率变异性、眼动和大脑活动都被用于测量操作者的工作负荷。通过生理测量来评估工作的方法的主要优点是其不会对主任务造成干扰，而且可以应用于与模拟环境相对立的实际场景中。当然也有一系列与使用生理测量技术相关的缺点，包括高昂的花费、安装在身上的设备带来的干扰、所使用技术的可靠性、所构建的生理测量技术的正确性和敏感性等问题。

为了保证主任务测量法的可靠性，测试必须要有合适的环境以及相关的、有代表性的、实时的任务训练。虽然主任务与操作活动是相关的，但仅仅通过绩效测量来评估执行主任务过程中的代价往往不太可能，因为"精力的分配"发生了变化。Wilson 指出，由于所付出努力的增加产生的保护（补偿）效应，测量绩效很显然不足以评估操作者的状态。绩效水平没有提供为了适应压力所做出响应的消耗信息。对在压力作用下绩效没有明显降低的情况，操作者功能状态的生理测量和主观测量主要反映了其维持任务绩效需要的精力。因而，主任务测量法可以作为工作负荷测量的必要方法，但仅仅依靠主任务测量是不充分的。

虽然很容易证明操作型绩效测量的合理性，但它们往往缺乏科学的严谨性，这使得结果难以解释。在实验中一些不可控和未知的因素可能主导了结果，而不是那些预期的操作。相反，实验室中的实验任务提供了更多的控制，但缺乏操作型任务测量在生态学上的正确性。实验和操作评估相结合往往是最好的方法。模拟器的进步创造了更具现场感的体验，因此在进行实际环境测试之前，应该先在模拟器上对操作型绩效进行精确评估。

3）生理测量法

生理测量法主要的吸引力是对操作者状态的持续和客观测量。生理测量法试图通过任务对身体状态的影响，而不是通过任务的绩效或者感知的等级来解释生理过程。

Meshkati 和 Hancock 等人建议，生理测量法没有测量施加于被测的工作负荷，但其表明了个人如何对工作负荷做出响应，特别是能够反映被测是否能够应付这些工作负荷。当主观测量法或者绩效测量法由于操作者策略不显著的变化而变得不敏感时，或者当所付出努力的级别引起了主观和绩效测量法的明显扭曲时，生理测量法可能特别有用。

下面介绍几种常用的反映工作负荷的生理测量参数。

（1）脑电描记法。

通过脑电描记（EEG）法测量大脑的活动已应用于许多实际领域，该技术不仅可用于工作负荷的评估，在一些操作环境中也是适用的。然而，Castor、Boucsein 和 Backs 指出，EEG 法容易有伪迹（artifact），因而无法用于在野实验研究。技术原因也排除了在野实验中大脑成像的使用。EEG 数据是复杂的波形，需要精密的信号处理设备进行处理。波谱通常被分为许多频段，可以通过这些频段的能量或是事件相关电位（ERP）的时移来评估工作负荷。

Freude 和 Ullsperger 指出，与运动相关的准备电位（BP）和预备慢脑电压对注意力、需求、决策等似乎较为敏感。尚不清楚在实践中这些测量的振幅变化是否与工作负荷或在一组工作中的表现相关，能否在实际中产生稳定、全面的性能预测。Wickens 指出，将诱发脑电位视为对剩余能力的测量更为合适，而不应将其视为对努力程度的测量。而且 ERP 中的 P300 振幅对中央处理需求敏感，对响应需求不敏感，P300 仅提供了一种对脑力负荷的不明显的测量。Wilson 和 O'Donnell 指出，P300 振幅可能指示对期望的惊讶程度或对刺激的失配程度，而 P300 的反应时间更多地与任务的难度有关。Meshkati 和 Hancock 等人认为，尽管存在技术障碍和解释障碍，ERP 仍是最有前景的工作负荷生理测量指标之一。

（2）眼动。

眼球运动测量应用不太明显，大部分技术可能已经适当地支持这些测量。例如，为歼击机飞行员设计的头盔式视力系统或者为步兵提议的头盔式显示信息系统可能提供了一种获得这些数据的方式，而且并没有给目标带来更多的干扰。如果一个稳定的头盔显示在可操作的前提下可用，那么许多眼动测量可在不明显的情况下进行，如水平和垂直眼动（范围和速度），眨眼运动（持续时间、反应时间和频率），注视持续时间，注视点和瞳孔直径。

尽管视觉测量对心理要求是敏感的，其也对其他因素敏感；特别是疲劳，这可能是由操作方法不同引起的。此外，眼动测量常常需要一个稳定的传感器，能检测微小运动，这些运动有时是由头上的传感器随着身体移动而移动造成的，在现场甚至实验室中难以获取。

眼动测量依赖于环境。人们观察到，处理视觉刺激引起的工作负荷的增加会导致眨眼频率降低；然而，处理记忆任务引起的工作负荷的增加会导致眨眼频率上升。眨眼频率与工作负荷间的关系似乎是含糊不清的。另外，处理视觉刺激或从广阔的场景中收集数据引起工作负荷的增加会导致闭眼时间减少，而闭眼时间随记忆和响应的需求增加而增加。

瞳孔直径看似对许多需求和情感状态敏感，导致它不易被诊断；同时，测量方法必须相当精确（1/10 毫米级），导致其在有振动或需要考虑眼动或头部运动的环境中应用很困难。Wilson 指出，瞳孔直径一般随着认知过程级别的提高而变大，而且它对工作负荷的快速变化很敏感；然而，当过载发生时，瞳孔直径对变化无反应甚至反应颠倒。尽管如此，研究仍在继续，一种新的技术已经出现，它获得了可信的结果，尽管没有描述该方法及其正确性的细节。

（3）心率。

各种各样的心率测量（如心率及其变化性，以及它引起的血压变化）已被认为对工作负荷是敏感的。这些测量在实验室和现场相对来说都易于不明显地使用。心率测量会受到呼吸、体力劳动和情绪紧张之间交感作用的影响，因而它可能需要独特的测量方法分离出脑力负荷。Wilson 指出，在心血管系统中有很多耦合控制机制和反馈回路，导致很难得到确定的解释。Meshkati 认为，心率变异性可能是工作负荷测量方法中最常用的生理学测量法，并引用了指出心率变异性在工作负荷评估中效果不同的其他文献。为了优化测量的敏感度并减小呼吸带来的影响，可靠的对心率及其变异性的测量至少需要 30 s，但是不超过 5 min。

Mulder 等人指出，心率测量（特别是在 0.07~0.14 Hz 范围内的心率变异性）对由紧张性刺激（疲劳、噪声等）引起的任务复杂度和补偿性的付出敏感，但是对认知和情感可能联系太过紧密，以至于无法区分其效果。Mulder 等人提出，在结果复现性上还有问题，这表明需要更多的工作才能得到一个可推荐的综合、正式的方法。尽管心率测量还有困难，但是对心率变异性的研究一直在进行，一般用于结合呼吸测量来评估操作员的状态和心理工作负荷。

血压已经被认为与心理需求有关，然而，它还未表现得非常敏感，而且它倾向于训练人为现象。作为简单、常用的测量参数，血压并不是工作负荷测量的首选参数。

（4）呼吸。

Wilson 指出，呼吸并不只是校准心率测量的因素，呼吸测量为操作者状态提供了独有的有价值信息。有几种可记录的测量参数，例如吸气和呼气之间的时间、完整周期时间、流量和流速。其中一些测量参数可以在侵入很小的情况下测量或推断出来。人们观察到，当呼吸容量随着压力或者心理工作负荷的增加而减少时，呼吸频率会加快，但是这也和体力运动有很大关系。这意味着当它提供有关操作者状态的有用信息时，本身并不是一个适当的工作负荷测量参数。尽管如此，因为对校准心率测量来说它是必要的测量参数，所以它仍然作为提供部分工作负荷测量描述的候选。

4）任务时间线分析

在系统设计阶段，工程师和设计师会根据任务需求，考虑不同场景下操作者的工作负荷。对工作负荷的另一种理解是机组是否有足够的时间完成在所有预期运行条件下所需完成的各类任务，即机组的时间压力。任务时间线分析法是一种可接受的工作量评定方法，对所执行任务进行百分比划分，是用来分析操作者时间特性的最有效的方法之一。在模型、模拟器或是实体飞机上执行时间线分析，用于建立与特定场景联系的身体活动的数据库。这些数据可用于建立模型，计算工作负荷，以及预测在特定任务或飞机中的任务负荷。正如 Milgram 及其团队的发现，对在精心设计的场景中执行任务的机组活动的不同方面进行分析的能力具有非常重要的潜在价值，不仅是驾驶舱设计阶段的研发工具，而且可以辅助最终的适航审定。

分析技术已经用于飞机制造，以满足机组成员的适航需求——从工效学到工作负荷。麦道公司在其 MD-80 飞机的机组工作负荷的适航审定程序中采用了时间线分析技术，主要方法是计算某一任务的需求时间和可用时间之比。这一客观测量方法能敏感地区分驾驶舱的布局和显控设备的差异。

图 11-1 展示了一些用于工作负荷评估的分析步骤。最开始，采用任务分析来确定和量化机组和设备操作的总的功能系统。同时，分析还用于将任务组织成以重要事件为界的阶段和片段，以辅助系统定义和确定顶层功能。这一分析是迭代下行层次结构的基础，通过进一步的功能分析和作业分析，直至不可再分的任务/子任务的水平。

任务分析描绘了详细的基线，可用于有效地确定一个综合的机组/设备数据库。至此，设计者就能从前面的任务和功能分解中开发得到任务和任务元素的综合信息。

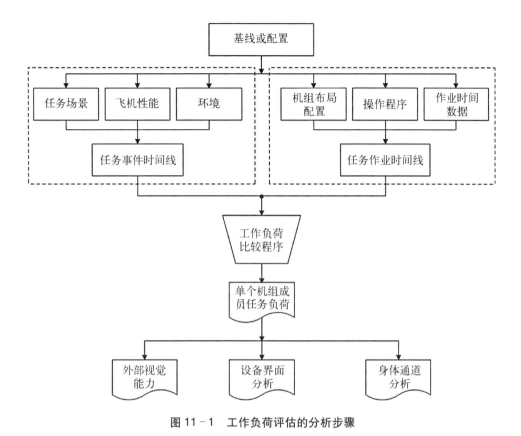

图 11-1 工作负荷评估的分析步骤

11.3 最小飞行机组工作量符合性方法

11.3.1 飞行场景的确定

飞行场景是机组工作量测量计划的一部分，用于确定最小飞行机组及机组工作量的可接受性。设计及开发与各项具体设计目标相一致的，且便于对各项审定要素进行考察的飞行场景，对适航审定的顺利进行十分必要。

在适航审定时，需要比较综合、全面的飞行场景，以确保适航认证评审的客观性及可靠性。在飞机的各个设计阶段，往往需要比较有针对性的、切实可行的飞行场景，以验证飞机设计方案的正确性及有效性。在各个设计阶段及适航审定过程中可能会有不同的关注方面和考察重点，二者的目的也是两重性的。前者力图通过考虑各种可能的因素以尽可能保证飞机设计方案的正确性及有效性，后者力图通过考虑各种可能的因素以尽可能保证飞机获得适航认证。但是二者考虑的各种因素原则上应该是共同的。因此，若能在设计阶段就规划并定义既能满足阶段设计验证的比较有针对性的、切实可行的飞行场景，又能保证通过这些飞行场景的组合即可生成适航审定所需的比较综合、全面的飞行场景，则这样的飞行场景对设计及审定都极具价值。

飞行场景的设计和开发必须能够满足以下条件：

（1）能够涵盖所有的飞行阶段，包括起飞、爬升、巡航、下降、进近以及着陆。

（2）能够涵盖重要的飞行环境，包括飞行计划、机组任务、空中交通管理（ATC）、航空交通批准及航线许可（clearance and routing）。

（3）能够涵盖典型的飞行天气，包括能见度、颠簸、积冰、雷暴、风切变、侧风等。

（4）能够涵盖各种飞机因素，包括重量、平衡性、最小设备清单、故障、异常事件等。飞行场景必须能够涵盖所有与机组任务相关的飞行操作。

（5）能够反映所有与飞行操作相关的机组工作量基本功能及因素，能够反映影响飞行安全的航空人为因素。

在 ARJ21－700 飞机最小机组工作量试验中确定了 14 个科目，如下所示。

（1）场景 1：人工手动飞行。飞行全程执行人工手动操作（不使用自动油门、自动飞行系统）。

（2）场景 2：标准仪表离场。从预定机场执行标准仪表离场。

（3）场景 3：非精密进近（湍流气象条件）。在低云层的情况下执行非精密进近后，由于天气原因进行复飞。

（4）场景 4：非精密进近（正常气象条件）。在预定机场执行非精密进近（VOR）。

（5）场景 5：过 V_1 后的单发失效。过 V_1 后发动机失效，飞机靠单发爬升，然后返回机场执行应急超重着陆。

（6）场景 6：2 套液压系统失效。飞机处在设定航线的夜间巡航飞行状态。系统告警显示 2 号液压系统压力严重降低。当执行转场时，3 号液压系统的 2 套电动泵失效，只有 1 号液压系统能正常工作。

（7）场景 7：TCAS 告警（一名飞行员失能）。飞机在进近过程中收到 TCAS 的建议后，紧接着收到告警。飞行员遵照 TCAS 的指令手动操纵飞机。一名飞行员在进近前失能。在新的跑道上执行 CAT Ⅰ ILS 进近。

（8）场景 8：燃油不平衡。飞机在设定航线的巡航状态下进行平直飞，EICAS 告警燃油不平衡。确定燃油不平衡的原因，矫正不平衡（如需）并确定继续飞行的后果。

（9）场景 9：发电机失效。发电机失效且重启无效，执行 APU 空中启动。

（10）场景 10：侧风条件下复飞。目标机场的天气突变（如闪电、强风和大雨），飞机需要转至备降机场。在进近至距离地平面 300 ft（约 91 m）时接到风切变的告警，执行复飞。

（11）场景 11：飞行控制系统直接模式。两台大气数据计算机失效，FCS 处于应急直接模式，目视进近时手动操纵飞机。

（12）场景 12：发动机着火。飞机处于高巡航高度时，左发出现火警，灭火器两次喷射后火被熄灭，随后转场至就近合适的机场。

（13）场景 13：标准仪表进场。在预定机场执行标准仪表进场。

（14）场景 14：结冰环境。飞机在寒冷天气下爬升时，飞机开始结冰，执行防冰操作。

11.3.2 试验方法

根据工作负荷的测量方法，最小飞行机组工作量的试验方法包括主客观多种方法相结合，具体为主观评价、绩效测量、生理测量、任务分析。

其中，主观评价通过贝德福德等级表和 NASA - TLX 量表进行打分；绩效测量主要通过模拟器中的飞行数据记录以及视频数据实现；生理测量主要包括心率、呼吸、眼动数据等；任务分析主要基于客观实测数据，进行飞行员所执行功能的分布统计。因此，采用的设备必须考虑上述测量需求。

11.3.3 试验设备

11.3.3.1 试验设备需求分析

针对商用飞机驾驶舱的整体布局、机组人员的工作情况以及实际应用需求，参数检测系统应该满足以下几个主要要求。

1）采集节点个数和数据

在商用飞机驾驶舱里，飞行机组主要由两名飞行员组成，一名飞行员（PF）驾驶飞机，负责控制飞机的姿态；另一名飞行员（PM）不操纵飞机，主要负责监视飞机状态，执行检查单，在特定的高度对 PF 喊话，而 PF 和 PM 两名飞行员的生理状况是我们最关注的。因此，生理参数节点应该满足至少能同时检测两名机组人员的生理参数，每名机组人员保证有一个节点。每个生理参数节点都能够提供心率、呼吸、眼动等数据。

2）数据实时性

在数据检测、数据传输和数据处理过程中，不可避免地会造成一定的延迟，为了保证数据实时性，应该尽可能地降低这些因素造成的延迟。根据实际应用需求，实时性参数应该小于 0.5 s，即从数据产生到被检测、显示出来的时间差应该小于 0.5 s。

3）数据同步性

生理参数检测系统所采集的数据需要与飞行数据、眼动数据甚至图像数据联合使用，以获得对机组人员工作负荷的全面分析。这些数据之间必须是同步的，这样才能分析多种因素之间的联系。如果各数据之间不同步，则机组人员的工作负荷根本就无法准确测量，容易得出错误的结论。数据同步是相对的，无法实现绝对意义上的数据同步，根据应用需求，各路数据之间的偏差应该小于 0.1 s。

4）低功耗，微型化设计

为尽量减少检测机组人员生理参数时对机组人员的正常操作造成的影响，系统应满足结构简单、体积小、功耗低、使用时间长等要求，佩戴在机组人员身上的生理参数检测模块质量应小于 200 g，系统至少能连续工作 4 h。

11.3.3.2　试验设备选择和要求

1）多生理参数

目的：对试验中被试的生理参数进行实时监测，与主观测量、任务测量结合，客观、实时地评估被试的工作负荷，为建立多参数工作负荷评定系统提供重要的技术支持。

要求：采集的多生理参数主要为心率（RR 间期）、呼吸（呼吸率和呼吸深度）、体温以及身体活动度等。要求采集设备实时检测及记录数据，带时间轴，易与计算机进行时间同步。若只记录心率，则采样率为 1 Hz 以上即可满足要求；若需考虑 HRV，则采样率必须极大提高。

测量方法：出于便携性和舒适性的考虑，设备必须能存储数据，或是通过无线传输将数据传输到计算机保存。目前穿戴式多生理参数检测设备已较为普及，因此测量基本采用不妨碍飞行员正常操作行为的穿戴式设备。本试验选用了美国 Zephyr 公司的 BioHarness 无线生理参数采集系统（见图 11-2），能采集心电图、呼吸、体温、姿势和身体活动度等生理数据。同时，该设备具备两种工作模式：实时数据无线传输模式以及数据记录模式。前者通过无线发射和接收装置将数据实时传输到计算机，后者则是将数据直接存储于其内存中。

2）眼动信号

目的：采集飞行员的眼动数据、注意力分配等，评估飞行员在任务过程中的认知状态。

要求：人眼的运动行为包括注视、扫视以及平滑尾随跟踪三种模式。我们主要关注飞行员的注视和扫视眼动。注视的持续时间一般为 200～600 ms，扫视的持续时间为 30～120 ms。另外，正常人 1 min 眨眼 10～20 次，每次眨眼用时为 200～400 ms。因此，眼动仪的采样频率不能低于 30 Hz。

测量方法：考虑到驾驶舱的环境和飞行员佩戴的舒适性，本试验采用 Tobii

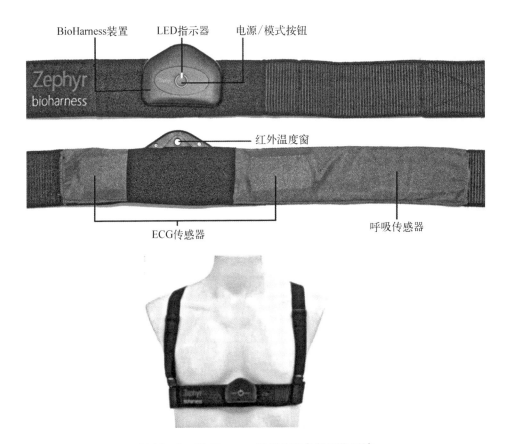

图 11-2　BioHarness 无线生理参数采集系统

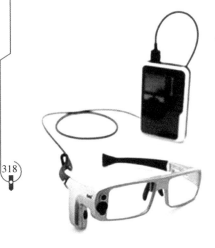

图 11-3　Tobii 眼镜式眼动仪

公司的眼镜式眼动仪（见图 11-3）。该设备配备 4 GB 的 SD 卡，数据直接存储于 SD 卡中。每小时数据传输量约为 1.5 GB。眼动仪电池电量能支持其连续工作 70 min。

3）图像信号

目的：用于记录飞行员在任务过程中的手部动作，分析飞行员在任务中的动作分布区域、动作时间、上下游动作时间间隔、动作数量、动作路径、程序执行时间等。

要求：需要实时采集与记录图像信号，采样

率需达到 20 Hz 以上。同时摄像机的视野范围能覆盖驾驶舱内主飞行显示屏、多功能显示屏、发动机指示和机组告警显示屏、飞行控制装置、告警系统、起落架、中央控制台、方向盘、顶部板、外视景以及两位飞行员的左右手的全部操作等。

测量方法：本试验采用高清广角摄像机，将其固定在驾驶舱顶部板后的位置（见图 11 - 4），保证其视野范围。

图 11 - 4　驾驶舱摄像机安置位置

4）语音信号

目的：用于记录飞行员在任务过程中的通信，包括机组通信语音信息、机组与 ATC 之间的通信。

要求：采样频率为 30 Hz。

测量方法：采用麦克风等设备。为节省空间，语音信号可通过其他设备采集，如摄像机等。在本试验中，眼动仪能记录语音，因此，语音信号从眼动仪采集数据中提取。

11.3.3.3 试验设备的制造符合性

根据试验需求选定合适的设备，在试验开始前，需要进行设备的标定、校准以及精度验证，确保设备的可靠性。

一方面，由设备供应商提供相应的符合性证明，出具相关计量报告以及证书。主要包括每一项设备的合格证、产品测量精度证明、产品测量精度的有效期证明。另一方面，需要请有资质的专业机构对设备进行相关精度和有效性的检验，并提供相应的证书，确保设备在试验期间质量可靠、精度有效。

11.3.4 试验过程

每一机组试验都分为预试验和正式试验两部分。

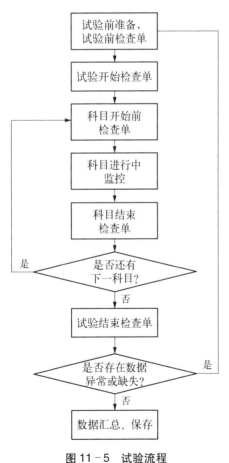

图 11-5 试验流程

预试验在飞行机组培训期间进行，目的是使飞行员进一步了解试验测量设备，熟悉设备的佩戴方法，适应在佩戴试验测量设备的状态下进行相关科目的飞行，使飞行员从生理上和心理上接受和适应试验测量设备，尽可能降低测量设备在试验中对飞行员操作的影响。

预试验和正式试验的操作流程一致，包括试验前准备（模拟器内外各自准备工作），试验开始时模拟器内再次检查核对，试验中每一科目前准备工作，科目中记录监测，科目结束后工作及试验结束后对数据检查、汇总，以及设备的归纳工作等（见图 11-5）。为每一部分都编制了详细的试验检查单（见表 11-2），所有试验都严格按照试验检查单进行。

表 11-2 试验检查单

试 验 前 准 备

模拟器内	1	设备安装	摄像头 笔记本计算机 眼动仪辅助设备
	2	时间同步	模拟器终端打开 确定模拟器当前时间 调整计算机的时间与模拟器时间同步 调整其余设备的时间与计算机时间同步
	5	模拟器初始化	根据模拟器相关规定进行操作
	6	设备测试与检查	在计算机中测试相机视角 检查所有设备的电量以及备用电池，确保电量足够支撑试验 检查所有数据存储设备磁盘空间（计算机、工控机、眼动仪 SD 卡、记录传感器中的闪存等），确保足够的存储空间以及相应的替换设备
模拟器外	1	多生理参数测量设备	将传感器安装于胸带上，打开至离线记录模式（LED 灯常亮），根据飞行员（PF 和 PM）的不同职能，分别给飞行员佩戴胸带
	2	心率手表	飞行员佩戴心率手表，打开至心率监测模式
	3	眼动仪	检查眼动仪电池电量、SD 卡格式化，帮助飞行员进行眼动标定

试验开始——飞行员进入模拟舱后

1	检查心率手表	飞行员佩戴的心率手表处于心率监测模式 打开计算机上的接收端，检查是否接收到心率数据
2	检查多生理参数测量设备	检查飞行员胸带上的传感器是否处于正常工作记录状态

科 目 开 始

1	接收心率数据	打开计算机端的心率接收程序
2	记录眼动数据	根据眼动仪相关规定进行操作
3	摄像头视频记录	打开计算机端视频采集记录程序
4	启动模拟器记录程序	根据模拟器相关规定进行操作

科 目 进 行 中

1	试验记录	试验记录人员详细记录试验中发生的任何情况，包括飞行员职能交换、设备故障、数据异常等
2	仪器监控	试验人员监控各设备的数据记录情况，如发现异常情况（如数据异常和丢失、设备不工作等），则要求试验暂停。模拟器内的试验人员调试设备，如不能解决问题，则与模拟器外的试验人员通信，中断试验，解决问题 注意粘贴在模拟器内的眼动仪辅助装置，如果装置没电，则在不影响飞行员的情况下及时更换

科 目 结 束

1	停止接收心率手表数据	关闭心率记录程序
2	停止记录眼动数据	根据眼动仪规定操作 ＊注意**检查电池电量**与**存储卡容量**
3	关闭摄像头记录程序	关闭计算机端视频记录程序
4	终止模拟器记录	根据模拟器相关规定操作

科目记录格式

日期：

飞行员：

PF：

PM：

（续表）

序 号	科 目	开始时间	结束时间	备 注
1				
2				
3				

	试 验 结 束 后	
1	数据检查	导出眼动仪数据，检查及确认数据是否完整、有效 导出多生理参数采集设备传感器数据，检查及确认数据是否完整、有效 检查电脑中记录的心率和视频数据，检查及确认数据是否完整、有效 导出模拟器飞行数据，检查及确认数据是否完整、有效
2	数据保存备份	所有数据检查完毕后保存备份
3	设备收纳	在模拟器内拆卸设备，检查所有设备的完整性 设备及时充电，清理存储空间
4	异常情况	在试验结束后发现存在数据异常或缺失问题时，及时联系试验项目部负责人，协调飞行员重做或补做试验

11.3.5　试验采集数据

数据主要涉及主观评价数据、模拟器飞行数据、心率、呼吸、眼动、视频、音频几大部分，其中眼动、心率和呼吸数据都有两套，分别对应 PF 和 PM 的数据（见表 11-3）。

11.3.6　数据处理方法

11.3.6.1　数据预处理

1）客观行为数据

试验获得的视频数据需要经过预处理得到客观行为数据，才能用于后续的数

表 11‑3　模拟器试验数据内容

CRJ200 模拟器数据 （11 个机组、14 个科目）				ARJ21‑700 模拟器数据 （11 个机组、14 个科目）		
每个机组、每个科目						
主观评价数据	模拟器飞行数据	视频数据	音频数据	两套眼动数据（PF/PM）	两套心率数据（PF/PM）	两套呼吸数据（PF/PM）

据分析。预处理主要通过模拟识别及人工判断的方法读取视频每一帧图像中飞行员的手部位置和动作轨迹。

2）眼动数据

CRJ200 和 ARJ21‑700 的眼动数据经过预处理，分为 11 个机组，包括 PF 和 PM 各一份；14 个科目，每个科目数据包括时间轴、瞳孔直径、感兴趣区域分布位置、注视及扫视指标、注视位置等。

同时，原始眼动数据中包括机组语音数据，后期预处理识别每一科目中机组在不同时刻的语音信号。

11.3.6.2　数据综合方法

在上述试验方法及流程中采用分布式的采集系统，各个采集终端的采样率不同，数据采集的起始时间也取决于各个设备的启动时间。想要结合所有采集到的数据进行综合分析，前提是必须首先将所有数据在时间上进行对准。为此，我们设计了一种多路数据时间同步方法，该方法具有以下功能和特点：

（1）实现综合数据采集系统内部各终端的时间同步。

（2）将各采集终端记录下来的数据按时间点进行对准。

（3）为综合数据采集系统的变更预留了灵活的余地。任意新增的采集终端都可以方便地加入综合数据采集系统中，并实现时间同步和数据对准；如果任何已有的采集终端要从综合数据采集系统中移除或变动都不会对系统中其他部分在时间同步和数据对准方面造成影响。

数据综合的原理如下所示。

（1）首先，选择某一数据采集终端所记录的数据作为基准。本项目中以眼动数据作为基准。

（2）其次，针对基准数据中的每一个采样时间点，在其他数据采集终端所记录的数据文件中进行搜索，找到离该采样点最近的时间点，认为它们是在同一时刻采集到的数据。

（3）再次，针对基准数据中的每个时间点，找到其他采样终端或采集的数据中相同时刻的数据，添加到基准数据的尾部。如果找不到则留空。

（4）最后，形成一个数据综合文件，该文件中每个采样时间点都包含所有数据采集终端在该时刻采集到的数据。

最终形成的综合数据包括时间轴、眼动数据、生理数据、飞行数据、飞行员行为数据以及音频数据。其中，时间轴数值是数据采集当下的绝对时间，以毫秒形式记录。如"68528203"，对应为"19：02：08.203"。所有数据以眼动数据为基准进行时间同步和数据综合，因此数据采样率与眼动数据采样率一致，为30 Hz。因此，时间轴的间隔为33 ms。

11.3.7　工作负荷计算与分析方法

11.3.7.1　多维度工作负荷综合计算方法

由于大量研究已经验证了将工作负荷分为多个维度的思想具有一定的有效性和合理性，因此在工作负荷的客观评估方法中，使用多维度描述方法可以消除单一参数可能引入的不确定性，同时提高检测结果的可靠性。得到 FAA 和 EASA认可的研究表明，工作负荷并不是由单个或几个生理、心理测量值决定的；工作负荷之间也不是通过将多个生理、心理指标综合成一个标量来进行比较的。工作负荷可以用复杂的多维度模式表达，各飞机制造商在对其机型进行适航符合性验证的试验中，都会根据各自的试验条件和型号的要求，确定其所用的工作负荷多维度表达模式。试验数据处理与分析的流程如图 11 - 6 所示。鉴于 ARJ21 - 700为中国商飞公司的首型商用飞机，需进行严谨的适航符合性验证试验，综合所有参考文献及前期的研究，最小飞行机组的适航符合性验证试验采用了如

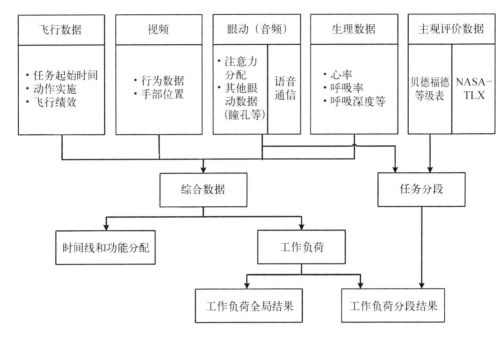

图 11 - 6　试验数据处理与分析流程图

图 11 - 7 所示的驾驶舱人机工效评价模型，能够表达多因素的影响，并且可以通过一个综合性的工作负荷量来表达各个因素的综合作用。

1）工作负荷多维模式的八个维度

本试验所采用的用于描述飞行员工作负荷和工作模式的维度分为八个，下面对每个维度的构建进行详细说明。

（1）认知活动。

认知活动反映对飞行员在信息获取、信息处理及判断过程中所进行的活动的客观状态的测量。与任务期望飞行员应该完成的认知活动量是有区别的。认知活动可通过以下指标计算得出。

a. 注视时间：获取信息阶段注视各种所需信息的平均时间，用 fix_ dur 表示。

b. 扫视频率：获取信息阶段的平均扫视频率，用 sac_ freq 表示。

c. 眨眼间期：两次眨眼动作间的时间，用 blk_ lat 表示。

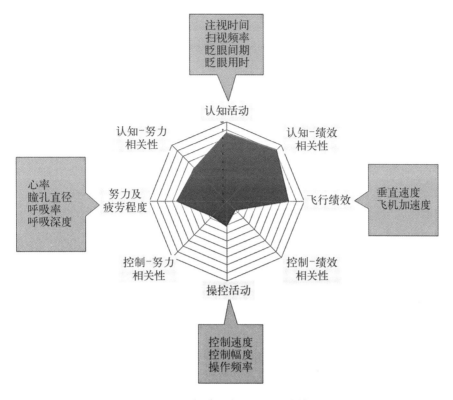

图 11-7 驾驶舱人机工效评价模型

d. 眨眼用时：一次眨眼动作从眼睑开始闭合到完全打开的时间，用 blk_ dur 表示。

以上参数通过主成分分析法进行加权累加集成，形成对飞行员认知活动的综合评价指标。应用主成分分析法实现数据综合的具体步骤将在后文进行介绍。

（2）飞行绩效。

飞行绩效是对飞机在飞行员操控下所表现出来的飞行状态的测量。飞行绩效指标可通过以下工效学指标来计算。

a. 垂直速度：飞机在垂直方向上的运动速度，用 vertical_ speed 表示。

b. 飞机加速度：飞机三维加速度矢量的大小，表示飞机在某个方向上速度的标化率，可用来描述飞行的平稳程度，用 aircraft_ acc 表示。

以上参数通过主成分分析法进行加权累加集成，形成对飞行绩效的综合评价指标。应用主成分分析法实现数据综合的具体步骤将在后文进行介绍。

（3）操控活动。

操控活动反映对飞行员所进行的操作控制活动的客观状态的测量。操控活动指标可通过以下工效学指标计算得出。

a. 控制速度：对某一控制器件进行操控过程中的动作快慢程度，用 Δk 表示。

b. 控制幅度：对某一控制器件进行操控过程中动作偏离中间位置的幅度，用 k_v 表示。

c. 操作频率：单位时间内控制行为发生的次数，描述对飞机进行控制的频繁程度，用 f_c 表示。

以上参数通过主成分分析法进行加权累加集成，形成对飞行员操控活动的综合评价指标。应用主成分分析法实现数据综合的具体步骤将在后文进行介绍。

（4）努力及疲劳程度。

工作负荷的努力、疲劳程度可通过一系列生理参数来描述，这些生理参数已经被证实可以有效地反映自主神经系统的活动，并且可以用来描述人的疲劳和为克服困难所做出的努力，主要包括以下参数。

a. 心率：每分钟心跳次数，用 hr 表示。

b. 瞳孔直径：用 pupil_ diam 表示。

c. 呼吸率：每分钟呼吸次数，用 res_ rate 表示。

d. 呼吸深度：实际上是胸部压感电阻上的电压值，用 res_ depth 表示。

以上参数通过主成分分析法进行加权累加集成，形成对飞行员努力及疲劳程度的综合评价指标。应用主成分分析法实现数据综合的具体步骤将在后文进行介绍。

（5）认知-绩效相关性。

认知-绩效相关性表示认知需求的变化趋势与飞行绩效的变化趋势的相关程度，是情景意识的集中表现。可以用下式计算得出：

$$R_{\mathrm{cgn-pfm}}(n) = \mathrm{corr}\left[\Delta \mathrm{cognitive\_\ act}(n-1) \cdot \Delta \mathrm{flight\_\ perfm}(n)\right]$$

式中，相关性用皮尔逊相关系数描述，为了得到连续数值，计算相关系数时利用宽度为 10 s 的滑动窗口；Δcognitive_ act（n-1）为上一时间区间内认知行为的变化量；Δflight_ perfm（n）为当前时间区间内飞行绩效的变化量。

这样计算是考虑到飞行绩效的变化具有滞后性。

（6）控制-绩效相关性。

控制-绩效相关性表示认知需求的变化趋势与飞行绩效的变化趋势的相关程度，集中体现了飞行员在给定驾驶舱中的操控能力。可以用下式计算得出：

$$R_{\text{ctl-pfm}}(n) = \text{corr}\left[\Delta\text{control\_ act}(n-1)\cdot\Delta\text{flight\_ perfm}(n)\right]$$

式中，相关性用皮尔逊相关系数描述，为了得到连续数值，计算相关系数时利用宽度为 10 s 的滑动窗口；Δcontrol_ act（n-1）为上一时间区间内控制行为的变化量；Δflight_ perfm（n）为当前时间区间内飞行绩效的变化量。

这样计算是考虑到飞行绩效的变化具有滞后性。

（7）认知-努力相关性。

认知-努力相关性是指认知活动的变化趋势与努力程度的变化趋势的相关性。可以用下式计算得出：

$$R_{\text{cgn-efft}}(n) = \text{corr}\left[\Delta\text{cognition\_ act}(n)\cdot\Delta\text{effort}(n)\right]$$

式中，相关性用皮尔逊相关系数描述，为了得到连续数值，计算相关系数时利用宽度为 10 s 的滑动窗口；Δcognition_ act（n）为当前时间区间内认知需求的变化量；Δeffort（n）为当前时间区间内努力程度的变化量。

（8）控制-努力相关性。

控制-努力相关性是指操控活动的变化趋势与努力程度的变化趋势的相关性。可以用下式计算得出：

$$R_{\text{ctl-efft}}(n) = \text{corr}\left[\Delta\text{control\_ act}(n)\cdot\Delta\text{effort}(n)\right]$$

式中，相关性用皮尔逊相关系数描述，为了得到连续数值，计算相关系数时利用宽度为 10 s 的滑动窗口；Δcontrol_ act（n）为当前时间区间内控制需求的变化量；Δeffort（n）为当前时间区间内努力程度的变化量。

2）工作负荷多维模式的综合评价

为了给出一个可比的、直观的单一评价指标，描述工作负荷不同方面的数据最终被整合成一个评价指标。通过这个指标，可以很直观地反映工作负荷在飞行任务各个时刻的具体数值，方便进行评价和对比。

$$workload = a_1 \cdot performance + a_2 \cdot control + a_3 \cdot effort + a_4 \cdot cogition$$

式中，a_1、a_2、a_3、a_4 是权重系数，performance、control、effort、cognition 分别为上述计算出的四个维度值。通过主成分分析确定四个维度的权重系数。

在以上所介绍的综合方法中，关键的问题是确定各个客观测量参数在加权累加的集成过程中所对应的加权系数。在本方法中，加权系数的确定方法是一种基于数据的动态加权系数确定方法。类似于主观 NASA‐TLX 量表，在 NASA‐TLX 的实施过程中，每个飞行员都会根据自己的感觉填写权重对比表，从而确定六个方面（体力需求、脑力需求、时间需求、努力程度、绩效、受挫程度）对脑力工作负荷的贡献。因此，不同的飞行员会得到不同的加权系数。而且，即便是同一个飞行员，在不同的状态、环境以及飞行科目中也会对上述六个方面赋予不同的权重。这是很容易理解的，很显然不同的驾驶舱、任务环境和操作程序会给飞行员带来不同的感受。因此，这种动态的赋权方法更灵活，而且比固定的权重更符合客观实际情况。

具体来说，本方法采用主成分分析来实现动态赋权。主成分分析可以根据寻找多变量协方差结构（相关系数矩阵）的特征值和对应的特征向量来更好地反映多个相关变量所包含的信息，突出其中的主要共性、抑制噪声等干扰成分的影响。主成分（即最大特征根对应的特征向量）由多个测量参数的线性组合构成，这个线性组合过程中的权重在求取特征值与特征向量的过程中确定下来，实现动态赋权，计算步骤如下所示。

（1）先对参与综合的每个客观参量进行标准化处理。

$$Z_i = \frac{X_i - \mu_i}{\sigma_i}, \quad i = 1, \ 2, \ \cdots, \ n$$

例如，针对认知行为，有 4 个参量参与综合，上式中 $n = 4$。

（2）求这 n 个变量的相关系数矩阵 $\boldsymbol{R}$。

$$r_{ij} = \frac{\mathrm{Cov}(Z_i, \ Z_j)}{\sqrt{\mathrm{Var}(Z_i)} \ \sqrt{\mathrm{Var}(Z_i)}}$$

（3）求解相关系数矩阵的特征方程 $| \ \boldsymbol{R} - \Lambda I \ | = 0$，得到特征根 λ_i，$i = 1$，$2, \cdots, p \ (p \leqslant n)$ 以及特征向量（载荷矩阵 $\boldsymbol{L}$）。

（4）计算主成分得分矩阵，$\boldsymbol{S} = \boldsymbol{Z} \cdot \boldsymbol{L}$，其中 $\boldsymbol{Z}$ 是由标准化后的可观测量参数构成的矩阵。

（5）计算综合得分。

$$W = \sum_{i=1}^{p} \left(\frac{\lambda_i}{\sum\limits_{k=1}^{p} \lambda_k} \cdot S_i \right)$$

式中，λ_i 表示第 i 个特征根；S_i 表示主成分得分矩阵的第 i 列。由此计算得出了 n 个客观测量参数的综合值，流程图如图 11-8 所示。

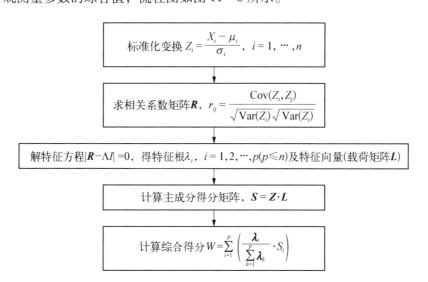

图 11-8 主成分分析方法流程

通过这些主成分可以强调多个相关变量中的共性部分（如心率、呼吸和瞳孔直径这几个相关变量中反映飞行员努力程度的共性部分），同时削弱多个变量之间由干扰等造成的差异。

11.3.7.2 功能分布检测方法

根据 AC25.1523，驾驶舱功能分为以下 6 个方面：飞行航迹控制、防撞、导航、通信、飞机发动机和系统的操作和监控、指挥决策。

机组工作负荷被认为是机组为实施这些功能所实际投入的工作量（其他活动都被认为是这 6 个功能之一）。飞行机组所实施的功能是由其行为来实现的。本试验通过对飞行机组行为的观察来确定飞行机组所实施的功能。飞行机组的行为与其正在实施的功能之间的对应关系可通过下列规则认定。

1）功能 1：航迹控制

（1）所有有关 MCP 和 WHEEL 的操作，包括为了操作的所有移动时间。

（2）所有对 PFD 的注视。

2）功能 2：防撞

只针对科目"TCAS 告警与机组失能"。

3）功能 3：导航

所有注视 MFD 和窗外。

4）功能 4：通信

所有机组成员和成员之间的对话，所有机组成员和 ATC（教员）的对话。

5）功能 5：飞机发动机和系统的操作和监控

（1）所有除窗外（OTW）的注视。

（2）所有除对 WHEEL 的操作。

6）功能 6：指挥决策

除了对检查单以外的所有操作。

图 11-9 为过 V_1 后单发失效科目的预期功能时间线示例。

图 11-9　过 V_1 后单发失效科目的预期功能时间线示例

第 12 章 技术展望

12.1 商用飞机单一飞行员驾驶模式

12.1.1 单一飞行员驾驶需求

由于商用飞机运输的快捷性、舒适性和安全性以及可接受的成本，20 世纪以来，航空运输年增长率超过 10%，已成为发展最快的运输行业之一。随着航空运输的高速发展，对飞行员的需求急剧增加，已成为航空运输发展的主要瓶颈之一。同时，飞行员行业属于技术与实践综合的领域，是集知识与经验为一体的职业。培养和提供合格的、不同等级的飞行员（机长和副驾驶）需要很高的成本和时间。目前，在全世界范围内，飞行员的成本（培养、培训和工资）占航空公司运行成本的 6.1%，其中美国航空公司飞行员的成本占航空公司运行成本的 31%。

商用飞机飞行驾驶的主要任务有空地飞行过程组织与管理、飞行航路规划与航迹运行、飞行路径建立和飞行引导、飞行状态监视与控制。具体任务和内容如下：① 空地飞行过程组织与管理，包括飞行计划与需求、空域交通和流量管理、航路气象条件和限制、飞行排序和间隔管理；② 飞行航路规划与航迹运行，包括飞行航路规划与组织、飞机能力与飞行状态、空域交通与气象约束、飞行航迹计算与组织；③ 飞行路径建立和飞行引导，包括飞行阶段特征和导航需求、飞行过程和导航模式、飞行路径组织与精度，飞行路径引导与容限；④ 飞行状态监视与控制，包括飞行许可符合性监视、飞行状态与自主运行、飞行授权与协同决策、飞行安全监视与管理。

12.1.1.1　商用飞机飞行乘员需求

根据商用飞机对飞行员的需求、飞机驾驶任务组织和专业分工，以及飞机自身的配置和技术能力状态，每架商用飞机的乘员数量从20世纪50年代的5名减少到现在的2名。目前正在深入研究单一飞行员驾驶模式，其主要发展历程如下所示。

1）面向专业分工的多乘员模式

20世纪50年代以来，大型商用客机和大型运输机通常配置多达5名飞行乘员：机长（captain）、副驾驶（first pilot）、飞行工程师（flight engineer）、导航员（navigator）和无线电操作员（radio operator）。多飞行乘员模式通过分工协同，相互协同完成飞机运行任务组织与飞行过程管理。随着通信和导航技术以及显示设备的发展，建立基于飞行管理过程的空地协同和飞行引导，实现基于机长和副驾驶飞行过程与通信和导航模式一体化管理，综合了导航员和无线电操作员的任务。由于机载系统专业和设备急剧增加，因此保留了飞行工程师，负责飞机系统任务和故障监视与维护，形成三飞行乘员模式。

多飞行乘员模式虽然有效地减轻了飞行员的独立操作负荷，降低了飞行员对专业知识的要求，但直接增加了飞行乘员数和成本（工资、培训和基础设施），增加了飞机驾驶舱的乘员空间需求，同时还增加了支持驾驶舱乘员的操作和协同设备。更重要的是，在多飞行乘员协同驾驶的过程中，由于各乘员存在认知缺陷、思维偏离和操作不一致性，因此会直接影响飞行驾驶决策和飞行过程组织的性能、效率和有效性，并对飞行安全产生一定的影响。

2）面向监视和决策的双乘员模式

随着机载系统综合（联合式构架和综合系统）技术的发展，所有机载系统功能与飞行应用过程综合，建立基于飞行应用关联的系统功能组织，不再需要独立的机载系统功能运行和管理。另外，随着机载系统可靠性技术的快速发展，机载系统的可靠性可满足飞行应用过程的需求，建立基于飞行应用统一的安全和可靠性组织，不再需要独立机载设备可靠性管理。因此，飞行乘员不再需要飞行工程师负责飞机系统任务和故障监视与维护，同时也减少了飞行员的工作负荷，形成了现在的双乘员模式。

双乘员模式是当前针对多乘员综合和减员的有效方式，也是目前民用运输客机主要采用的驾驶模式。双乘员相对过去的多乘员模式而言，其主要特征是建立了驾驶与导航一体化，减少了驾驶乘员的配置，降低了驾驶决策的时间，同时避免了飞行驾驶决策单点故障问题。在双乘员模式中，主驾驶（机长）负责对飞行环境的识别，飞行状态的管控，飞行模式组织和飞行任务的决策。副驾驶负责对飞行环境的监视，飞行状态的审查，飞行模式的掌握和飞行任务的辅助。即在飞行过程中，主驾驶（机长）负责对飞行状况进行感知、组织与管理，副驾驶负责对飞行进行监视、支持及在特定许可下有条件性的负责飞行管理和控制，如在长航时巡航飞行过程中。

双乘员模式的主要任务是通过双余度驾驶模式，降低飞行员对环境感知不足、认知缺陷和决策失误的问题。商用飞机的旅客数量越来越多（如 A380 三舱段旅客数多达 500 名），虽然飞机和系统设备达到了所需的安全等级，但让单一飞行员对飞行环境和飞机状态的感知与认知能力保持与双乘员模式一致的原置信度等级是非常困难的，形成了当前的飞行单点故障。同时，双乘员模式还建立了分工协作机制，既提升了飞行安全性，又降低了飞行员的工作负荷。

3）面向空地协同的单一飞行员驾驶模式

单一飞行员驾驶（single pilot operation，SPO）模式是新一代商用飞机发展的核心技术之一。SPO 模式是描述商用飞机单一驾驶员和机载自动系统，以及地面操作员协同实现的飞行驾驶模式。SPO 模式在满足当前商用飞机双乘员模式功能和安全性的条件下减少了飞行员数量，提升经济性；减少驾驶舱资源配置，缩小了驾驶舱空间，减轻了飞机重量；同时消除了飞行员决策冲突，提高了决策效率，缩短了响应时间。随着技术进步和发展，减少飞行乘员是商用飞机降低运行成本和提升飞行驾驶效率的重要发展途径。

根据瑞士 UBS 银行的分析和预计，在全世界范围内商用飞机运输采用 SPO 模式将会节约 150 亿美元成本。SPO 模式还可以增加航空公司的灵活性，应对即将出现的飞行员短缺，用相同的飞行员储备来满足增加的飞行员需求。另外，根据航空公司经济运行模型，飞行员工资是持续上升的，所以减少飞行员的数量是降低成本的一条重要出路。SPO 模式被认为是未来几十年基于有人安全飞行驾驶的一种重要选择和形式。

SPO 模式是面向新一代飞机发展的需求。已知在双乘员模式下，所有的驾驶舱决策与活动都是在机长与副驾驶的协作中实现的，如飞行航路选择、飞行过程组织和飞行许可确认等。由于在 SPO 模式下驾驶舱只有一名飞行员，因此如何建立有效决策模式以支持所有飞行环境和条件，覆盖飞行员生理和行为的有效和无效、正常和非正常状态是 SPO 模式技术面临的巨大挑战。

目前在小型飞机（旅客数小于 10 人，如公务机和私人飞机）运行中，大多采用 SPO 模式。但在大型商用飞机中（旅客数大于 10 人），SPO 模式受到飞行员的状态、驾驶任务负荷、知识和认知缺陷、驾驶能力丧失等因素制约，直接对飞行安全产生影响。因此，SPO 模式的发展和应用一直受到航空监管当局和公众看法的限制。

12.1.1.2　单一飞行员驾驶模式的问题与挑战

飞行机组成员在民用航空运输中起着非常重要的作用，需要依靠自己的能力来应对不断变化的飞行环境和条件，做出合理的决策，操纵飞机并安全地完成飞行任务。在飞行过程中，如果机组工作量与成员数量不匹配，则可能会造成飞行员注意力不集中、懈怠的情况，严重时还可能造成机毁人亡的航空事故。CCAR-25 及其附录规定了针对最小飞行机组条款的适航要求。最小飞行机组是指在飞行驾驶舱的设备配置、布局等都已确定的情况下，机组成员没有注意力过度集中或者感觉到疲劳，并安全完成飞行任务时所需要的最小编制人数。长期以来，该条款被认为是商用飞机驾驶舱人为因素问题的首要条款。

在目前的双乘员模式下，虽然两位飞行员都具备驾驶飞机的能力，但只有一人作为主驾驶，负责飞机的飞行操纵，即驾驶飞行员，按照飞行计划并实时监控飞行路径和偏离情况；另一位是非驾驶飞行员，负责协助主驾驶完成导航、通信、监视等工作，缓解主驾驶的飞行压力；当主驾驶处于非正常状态时，可以替代主驾驶完成飞行。因此，在双乘员模式下，两者通过语言、神态、肢体动作等方式相互沟通、合作，安全完成飞行任务。CCAR-25 中要求"最小飞行机组"

应不少于两名飞行员，但作为驾驶飞行员的主驾驶只能有一名，不能两人同时驾驶飞机。这就表明在 CCAR-25 中已经隐含了可以允许单一飞行员驾驶设计的主要元素。

目前，我国已全面开展双飞行员驾驶体制的支线飞机 ARJ21、窄体飞机 C919 和宽体飞机 CR929 的研制工作，商用飞机预研也围绕双飞行员驾驶商用飞机的关键技术开展，尚未开展 SPO 模式研究。虽然美国已经开展商用飞机 SPO 模式研究，但目前还处于技术研究阶段，为我国（部分技术）赶上和超过国际水平提供了很好的机遇。同时，我国在人工智能技术研究、飞机飞行运行设计、自主飞行管理和空地一体化飞行管理方面有一定的研究基础，可以有效地支持 SPO 模式的研究，为我国部分赶上世界先进水平奠定了基础。另外，SPO 模式不仅能提升我国商用飞机的运行能力和效益，而且能推动我国空管系统技术提升，同时有效带动我国空域导航系统、空地通信系统、空域监视系统技术应用和发展，使其达到世界先进水平。

商用飞机 SPO 模式的研究目的是覆盖目前双乘员模式的驾驶操纵效率和品质，实现驾驶乘员最少化，消除飞行环境认识分歧和飞行任务组织决策冲突，减少飞行驾驶响应时间，建立航空公司地面操作员、管制员和机上 SPO 一体化协同模式，实现基于飞行计划需求、空域交通、飞行状态的空地飞行过程协同管理。

从双乘员模式过渡到 SPO 模式比从多乘员模式过渡到双乘员模式的挑战要大得多，或者说发生了本质的变化。在多乘员模式向双乘员模式过渡的过程中，实现了飞行过程、飞行功能和飞机能力的集成和综合，原多乘员模式的分工、监视、决策模式没变。但从双乘员模式过渡到 SPO 模式的过程中，基于双乘员的分工的任务负荷、感知和认知飞行决策、活动和状态交互监视、能力与失能（incapacitation）监视和替代形成了对 SPO 模式的巨大挑战。

1）飞行安全性问题

随着技术的发展和进步，飞机安全性和可靠性得到了很大提升。但飞行员的驾驶操纵和决策能力一直没有大的改变。虽然座舱环境和显示系统提升了飞行员的感知能力，但飞行员的认知、决策和操作能力和模式还是建立在双飞行员交互监视、制约和协同的基础上，没有明显的改变。

SPO 模式从两名飞行员减到一名飞行员，不具有两名飞行员之间的交互、监视、确认和决策能力。一名飞行员独自驾驶的模式不能满足高安全等级（如 A 级）的安全性要求。

2）飞行员工作负荷问题

双乘员模式一个重要的特征就是工作分工。在飞行过程中，驾驶飞行员负责当前飞行任务的操作与管理（也称战术任务），非驾驶飞行员负责稽查和监视运行环境任务（也称战略任务）。飞行员在不同的飞行阶段有不同的分工，这些分工都是建立在协同和各自完成任务的基础上。

SPO 模式从两个飞行员减到一个飞行员，如果双方的工作及战术和战略任务都由单一飞行员承担，则会极大地增加飞行员的工作负荷。

3）飞行员失能问题

双乘员模式一个重要的运行能力是机长和副驾驶可以互相替代。在涉及飞行安全时，如果非驾驶飞行员发现非安全操作，且呼叫未响应时，则接管飞行操作过程。如在进近过程，非驾驶飞行员发现飞机下滑角过大，通过话音提醒未响应，则认为驾驶飞行员失能，接管当前进近操作过程。

SPO 模式从两个飞行员减到一个飞行员，如果出现飞行员失能或身体不适（indisposition），则会带来严重的后果。

12.1.1.3　单一飞行员驾驶模式的应用目标和能力需求

相对于目前的双乘员模式，SPO 模式下需要开展以下三个方面的研究才能确保飞行安全。

1）提高标称飞行覆盖率

飞机飞行过程按照飞行员是否参与决策分为标称飞行过程（不需要飞行员决策）和非标称飞行过程（需要飞行员决策），其中标称飞行过程占整个飞机飞行过程的 70%~80%，非标称飞行过程占 20%~30%。针对整个飞机飞行过程，基于 SPO 模式，必须提高标称飞行过程的自动化水平，才能减少飞行员协同决策比例，从而降低单一飞行员的工作负荷，确保飞机飞行安全。

2）感知单一飞行员驾驶状态

在 SPO 模式下，无法像双乘员模式下飞行员之间可以通过视觉和听觉相互判断对方是否处于失能状态，减少由于操控飞机的飞行员失能而导致的灾难。针对飞行员在不同飞行阶段的操作过程，基于驾驶舱感知设备，通过建立驾驶舱感知环境判断飞行员是否处于失能状态（包括出于身体原因的失能以及离岗等）或者飞行员操作逻辑是否规范，确保 SPO 模式下飞行员正确操作的数量及判断失能状态的能力不低于双乘员模式。

3）建立空地协同交互决策

基于不同的飞行过程及飞行员操作，针对飞行员标称驾驶与飞行员正常能力条件、飞行员非标称驾驶与飞行员正常能力条件、飞行员标称驾驶与飞行员失能条件以及飞行员非标称驾驶与飞行员失能条件四种模式，通过与驾驶舱自动系统的人-机交互决策以及与航空公司地面操作员的交互决策，建立 SPO 模式空地协同交互决策机制，确保单一飞行员代替现有双飞行员驾驶的工作负荷增加量不超出安全范围。

因此，SPO 模式针对复杂的飞行条件（标称和非标称），依据单一飞行员的身体状态（健康和失能），建立飞行员、驾驶舱自动系统和地面操作员三方空地协同的决策过程，确保机上单一飞行员的工作负荷不高于当前的双乘员模式。

综上所述，在 SPO 模式下必须增加飞机航空电子系统的能力，才能确保机上飞行员的工作效率和工作负荷满足安全飞行要求。航空电子系统是指基于电子技术、信息技术和计算机技术，支持飞机飞行和任务管理的设备与系统，飞机飞行过程组织是依据事先确定的飞行任务（飞行计划），飞行导航模式（飞行导引），飞行的交通环境（飞行监视），当前飞行状态（飞行管理），通过飞行过程的决策（空地协同），实现按计划、安全、有效的飞行过程。因此，在 SPO 模式下，需要进一步加强飞机空地协同系统能力综合，满足飞行需求。

12.1.2　单一飞行员空地协同系统架构

单一飞行员驾驶系统包含机上飞行员系统、驾驶舱自动化系统和地面操作员系统，如图 12-1 所示。其中，飞行员系统按照飞行计划驾驶飞机，并实时监控飞行路径和偏离情况；驾驶舱自动化系统进行飞行信息监控及飞行系统管理，同时通过认知人机接口、功能分配完成对机长能力状态的实时感知及任务分配；地面操作员系统通过数据链与飞行员系统实时通信及同步数据，完成不同驾驶模式的监控辅助或远程操控。飞行员系统即由机上单一飞行员控制的主驾驶辅助模块，其中，机上单一飞行员作为机长，负责飞行操纵，主驾驶辅助模块负责协助机长完成驾驶。

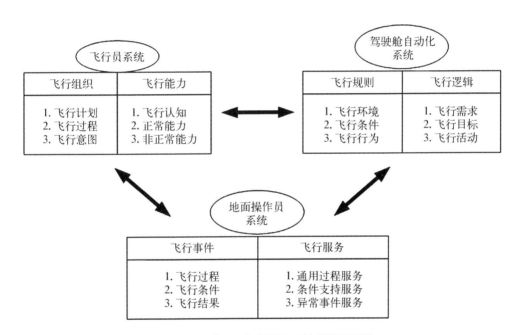

图 12-1 单一飞行员驾驶系统组织架构图

12.1.2.1 单一飞行员

单一飞行员需要按照飞行计划驾驶飞机，同时要实时监控飞行路径和偏离情况，及时对飞机状态进行调整。单一飞行员对应双乘员模式中的驾驶飞行员，他在本身具备正常能力时，是飞机在空中飞行时的实际决策与操控者。如图 12-2 所示，机长控制飞机的所有动作借助机载系统完成，获取的飞行信息也都来源于机载系统的采集与展示，机长通过语音通信、数据输入或显示触控的方式控制驾驶舱自动化系统,借助驾驶舱自动化系统可更高效地完成飞行任务,机长还可通过语音链路与航空公司地面操作员直接联系来协同决策。

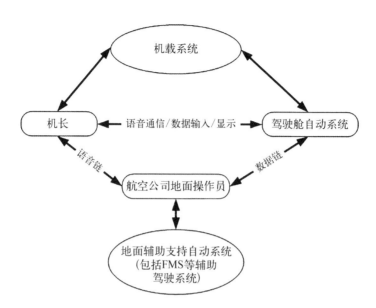

图 12-2 单一飞行员驾驶系统交联关系图

12.1.2.2 主驾驶辅助模块

主驾驶辅助模块用于辅助机上飞行员完成飞行驾驶与飞行组织,包括飞行管理系统、座舱显示系统、通信系统。这些系统的功能将在 SPO 模式中得到保留并进一步整合,其中飞行管理系统能够协助机上飞行员完成飞行计划与飞行导航,座舱显示系统能够展示飞行状态信息并对环境进行监视,通信系统可支持机上飞行员与地面航空公司操作员及空管中心实时沟通、协同决策。如图 12-3 所示,机载系统支持机上飞行员对飞机的驾驶控制,也支持将飞行信息同步给驾驶舱自动化系统,并根据驾驶舱自动化系统转发的控制指令完成对飞机的驾驶控制。

驾驶舱自动化系统包括通信管理模块、飞行环境监视模块、飞行综合管理模块、认知人机接口模块以及功能分配模块。其中,通信管理模块用于管理数据链路的指挥、控制及通信功能;飞行环境监视模块依据机载设备所采集的飞行环境

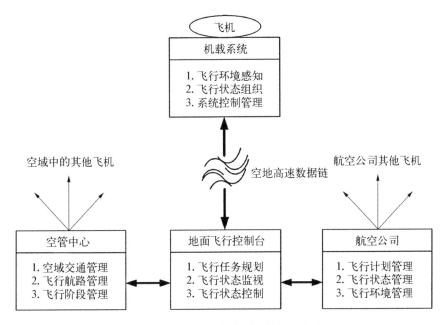

图 12 - 3 飞机-地面操作员协同系统架构图

信息，进行融合决策；飞行综合管理模块用于进行航路优化及航迹组织；认知人机接口模块用于对机上单一飞行员的能力状态进行实时监控；功能分配模块用于针对当前任务需求，合理调配飞行员、地面操作员及自动化系统需要处理的工作。驾驶舱自动化系统能够确保在 SPO 模式下，与双乘员模式相比，不增加飞行员的工作负荷；同时，在飞行员无法正常驾驶飞机时，可通过该系统确保地面操作员掌控飞机，完成飞行。驾驶舱自动化系统能够减少飞行员的工作负荷，降低驾驶舱复杂性，增加飞机系统监视能力，便于空地协同及信息共享。如图 12 - 3 所示，驾驶舱自动化系统受机上飞行员的直接控制，同时也可受地面操作员的指令控制，并借助机载系统完成对飞机的设备组织与驾驶控制。

12.1.2.3 SPO 地面操作员

地面站系统即地面操作员控制的地面辅助设备，实现地面控制台任务规划、地面控制台任务运行管理以及信息共享平台与飞行任务需求决策功能。其中地面操作员系统的职责与功能可以根据场景不同分为四类：远程操作模式、港口操作模式、混合操作模式以及专一操作模式。

远程操作模式是指在机上单一飞行员不在岗或者身体处于非正常状态时，地面操作员系统代替机上飞行员远程驾驶飞机。在远程操作模式中，地面操作员需要在机载自动系统的协助下远程驾驶飞机，完成飞行任务。如图 12-3 所示，此时空中飞机、地面操作员系统、空管中心以及航空公司构成远程驾驶系统，彼此之间通过数据链路实时通信并同步数据。其中，地面操作员通过控制台实现远程飞行任务规划、组织和管理，有效地提升飞行运行和处理能力，实现地面飞行组织与管理；驾驶舱自动化系统实现飞行环境信息采集、飞行状态组织和飞行操作执行，以及飞行信息感知、飞行状态组织和飞行系统管理，从而降低机载设备对飞行员操控的能力需求；空地数据链提供高速数据传输，提升空地协同能力，从而支持飞行环境感知和飞行任务决策能力。

港口操作模式是指在单一飞行员专注于驾驶飞机完成场面运行、滑行、起飞、进近、降落时，地面操作员系统协助机上飞行员完成监视、告警等任务，非特殊情况不控制飞机。即港口操作模式下地面操作员系统需要在飞机进离港过程中提供辅助支持，这些过程中操作任务量大，极易发生事故，因此需要地面操作员系统协助完成监视与告警等任务。

混合操作模式是指当单一飞行员处于健康状态以及标称驾驶模式下，地面操作员系统需要协助其完成签派、监视、飞行计划更改等任务，一般可同时协助最多 20 架飞机。

专一操作模式是指在单一飞行员处于非正常、非标称、紧急事务处理（发动机失效、严酷气象等）状态时，地面操作员系统协助其完成飞行任务，必要时远程控制飞机飞行。

在 SPO 模式下，地面操作员在地面控制台的支持下，将实现以下功能：

（1）地面控制台任务规划与空中机载信息组织协同。地面控制台和空中机载控制系统根据飞行任务规划，建立飞行任务组织、运行和管理通用共享信息平台，支持飞行任务需求；根据飞行任务构成，建立飞行环境、条件和状态通用共享信息平台，支持飞行任务组织；根据飞行任务的运行，建立飞行管理、通信、监视通用共享信息平台，支持飞行任务管理。

（2）地面控制台任务运行管理与空中机载飞行状态组织综合。地面控制台和空中机载控制系统根据飞行环境状态，建立飞行任务、能力和目标通用共享信息平台，确定任务处理需求，支持任务选择决策；根据任务运行状态，建立飞行任务运行、性能和结果通用共享信息平台，确定任务运行性能，支持任务控制决策；根据任务处理状态，建立飞行功能类型、能力和品质通用共享信息平台，确定功能处理过程，支持任务处理决策。

（3）信息共享平台与飞行任务需求决策。地面控制台和空中机载控制系统根据信息平台的共享能力，建立飞行任务需求、任务组织和任务决策模式，确定决策与飞行使命的适应性；根据信息平台的覆盖能力，建立飞行任务需求、任务组织和任务决策范围，确定决策与飞行环境需求的适应性；根据信息平台的组织能力，建立飞行任务需求、任务组织和任务决策效率，确定决策与飞行目标需求的适应性。

12.2 支线货机无人驾驶模式

近年来，我国航空货运需求不断增长，机队规模急需扩张。客机改货机是快速补充货机的普遍做法。2020 年 6 月，成都航空一架经"客改货"改装的 ARJ21 飞机搭载近 5 吨普货快件从成都飞往深圳，完成国产支线飞机的首个"客改货"航班。为节约有限的空运资源，航空物流多半采用"红眼航班"，即在夜间驾驶，给飞行员带来了不可避免的安全威胁。为应对飞行员数量短缺，培养成本高昂以及夜间驾驶安全性问题，我们提出将无人驾驶技术运用于"客改货"飞机。通过引入支线货机无人驾驶模式，可以有效降低货运公司的运营成本，提高飞机的利用率。

支线无人驾驶飞机与目前的双飞行员驾驶飞机相比，最大的差异在于支线无人驾驶飞机机上没有飞行员和驾驶舱，传统显示在驾驶舱仪表系统中，数据通过指挥和控制（command and control，C2）链向下传输到地面站。由于没有了驾驶舱中通过舷窗观察机外信息的飞行员，因此为了减少远程飞行员不在机上而导致的视觉信息损失，需要在机头加装若干个摄像头，以便实时监视机外信息，并通过机载数据融合与智能分析系统对数据进行分析，将处理后的有用信息通过 C2 链传输到地面站，并显示给远程飞行员。目前受 C2 链带宽以及卫星传输费用影响，机上视频数据不下传到地面站，但地面站可以在接收到这些数据后，通过地面仿真模拟软件将数据可视化，以便远程飞行员决策。因此可见，支线客机无人驾驶模式需要可靠的通信链路支撑。国际民航组织（ICAO）发布了第 6 版全球空中航行计划（GANP），明确提出了现代空中航行系统的具体实施路线——航空系统组块升级（ASBU）。GANP 指出，未来航空通信技术的路线图包含机场 AeroMACS、航路 LDACS 以及海事卫星等下一代卫星通信等宽带通信新技术。国内也开始规划"新一代航空宽带通信技术"的研究，包括 5G AeroMACS2.0、5G LDACS2.0、5G ATG 及 5G 公共网络等基于 5G 的通信技术，在未来低时延、高可靠性、大带宽特性的航空宽带通信技术的背景下，可以支持大容量的实时数据传输，进而支持远程飞行员进行飞机决策和远程控制。

从心理学角度分析，飞行员远程驾驶飞机相对于在机上驾驶飞机的工作负荷更大。为了减轻远程飞行员的工作负荷，支线无人驾驶货机上需要更多的自动化设备，辅助远程飞行员驾驶飞机，从而确保飞行安全，如场面运行自动系统、机外信息监视与告警系统、自动起飞系统等。CCAR‐25 中也指出，在飞行员驾驶飞机时，应尽可能使用机载自动系统驾驶飞机。同时，为了进一步减少远程飞行员的工作负荷以及提高空域利用率和飞行安全性，支线无人驾驶货机可以通过机载自主系统，在空管授权的交通区域自主飞行，其间如果发生因气象等条件导致的航迹调整，或者结合飞行环境和飞机状态计算出更节省燃油的优化航迹等，则飞机可以通过分析本机状态，以及从空管那里自动获取区域内其他飞机的飞行意图等信息，计算出当前飞行状态下的最优航迹，并报空管备案。因此，在机载自主系统辅助下，远程飞行员仅充当"远程副驾驶"的角色，监控飞机飞行即可。

支线无人驾驶货机系统包括支线无人驾驶货机、用于远程驾驶的地面站以及设置于地面站和商用无人驾驶飞机之间、为远程驾驶机组通过地面站操控飞机提供通信通道的 C2 链。其中支线无人驾驶货机对飞行环境信息进行自动处理，并通过 C2 链将处理结果按需输出至地面站、航空公司和空管中心。此外，它还接收来自地面站的飞行控制指令，完成对飞机的远程操控。支线无人驾驶货机系统架构如图 12-4 所示。

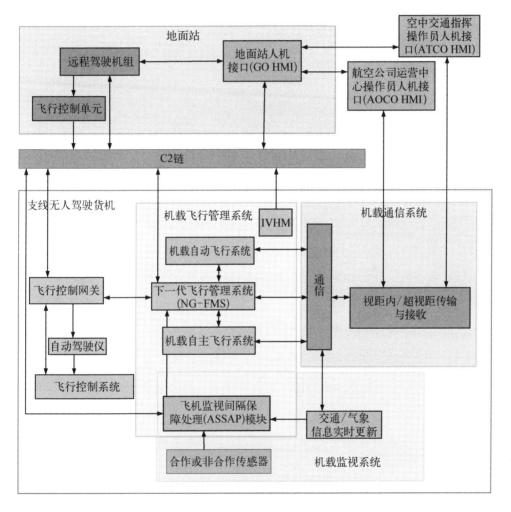

图 12-4　支线无人驾驶货机系统架构

支线无人驾驶货机主要由三个系统构成：机载监视系统、机载飞行管理系统和机载通信系统。其中，机载监视系统通过合作或非合作传感器输出飞行环境信息，或直接输出飞行性能信息至飞行监视间隔保障处理（ASSAP）模块，进行监视数据的处理和间隔保障处理；同时机载监视系统与下一代飞管系统（NG-FMS）交互，完成基于监视的引导，从而减少地面操作员的工作负荷，确保飞行安全。机载飞行管理系统在机载自动飞行系统和机载自主飞行系统的支持下完成航路优化和航迹组织，并通过 C2 链将结果输出至地面站。机载通信系统建立起支线无人驾驶货机与地面站、航空公司、空管之间的数据链路，实现多方数据信息共享，以支持协同决策。

12.3　全球导航卫星系统与增强系统

全球导航卫星系统（GNSS）是能在地球表面或近地空间的任何地点为飞机提供全天候的三维坐标、速度及时间信息的空基无线电导航定位系统。GNSS 支持基于性能的导航（PBN），从场面滑行到起飞爬升，从陆基巡航到洋区巡航，从到达降落到精密进近，为空域飞机的飞行提供所有阶段的飞行引导。GNSS 系统通过提供飞机位置信息和导引信息，支持广播式自动相关监视（ADS-B）、合同式自动相关监视（ADS-C）、飞行计划和航路显示、驾驶舱移动地图显示、地形防撞警告系统（TAWS）和综合视觉系统。几乎所有的飞行功能都与 GNSS 的能力和性能直接或间接相关。随着 GPS 技术的高度发展，目前 GNSS 已成为当前飞机运行的主导航系统，也就是说，引导飞机的责任主要由 GNSS 承担和完成。因此，如何保证 GNSS 信号的性能和有效性成为飞机航电系统关键的任务和重要的目标。全球定位系统（GPS）卫星运行在地球大气层以外的空间中，具有距离远和信号弱的特征。因此，为了增强 GNSS 信号，提高 GNSS 信号性能，改善 GNSS 信号的完好性，去除故障信号的影响，增强垂直引导能力和精度，已成为 GNSS 应用发展的重要方向。GNSS 增强系统就是针对 GPS 卫星能力和构成，根据飞机飞行过程特征和导航需求，依据 GNSS 信号组织和条件，构建面向

GNSS 信号和飞机飞行过程的增强系统。GNSS 增强系统包括空基增强系统（ABAS），星基增强系统（SBAS）和地基增强系统（GBAS）。

12.3.1 空基增强系统

ABAS 是针对多星座 GPS 信号完好性监视的机载航空电子系统设备，如图 12-5 所示。ABAS 完整性监测分为两类：一类是机载 GPS 接收机自主完整性监测（RAIM），主要用于监视当前可视卫星接收 GNSS 信号的完整性状态；另一类是飞机自主完整性监测（AAIM），主要用于监视所有飞机自主导航信息的完好性，即除了 GNSS 信号外，还包括来自其他机载传感器的信息，如惯性参考系统（IRS）。ABAS 通过空域可用卫星独立发送的位置和时间信号，根据机载 GPS 接收器完成伪距计算，使用星座冗余距离测量完成完整性监视，支持故障检测和故障排除。ABAS 故障检测的目的是检测卫星超差引起的潜在位置误差。在 ABAS 故障检测时，GPS 不再工作。ABAS 的故障检测和故障排除模式可以有效识别和排除故障卫星。在飞机可视空间内具有足够的功能正常的卫星时，

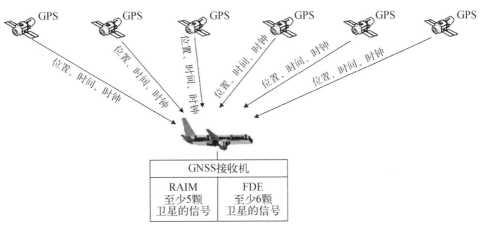

图 12-5 空基增强系统

ABAS 的故障检测和故障排除模式通过排除故障卫星，支持 GNSS 持续提供导航功能而不受故障卫星的干扰。ABAS 的基本功能，机载 GNSS 系统接收器接收当前空间内的有效 GPS 信号，提供 GPS 卫星信号 RAIM 完整性监测能力及故障检测和故障排除能力，支持巡航过程和终端机场非精密进近过程。为了提高飞机导航系统的整体性能，GNSS 接收机通常作为传感器集成到机载导航系统中。

故障检测和故障排除是 ABAS 接收机通过飞机可视空间内的 GPS 卫星发送的卫星位置、时间和时钟等信号，依据可视空间内的 GPS 卫星的冗余状态，并在 ABAS 接收器自主完整性监视的基础上，计算每颗 GPS 卫星与飞机的伪距。如果某颗 GPS 卫星信号完整性不满足导航规范要求，或与飞机的伪距超出水平保护等级或垂直保护等级，则识别产生不符合性和偏移的信号，并根据可视空间内 GPS 卫星的数目，排除不符合的卫星信号，支持伪距测量性能和完整性要求。GPS 卫星信号的故障检测是根据当前给定的飞行模式，检测存在的不可接受的较大位置误差（该误差导致该卫星与飞机的伪距超出水平保护等级或垂直保护等级）。故障排除是在故障检测的基础上，跟踪、确定和排除不可接受的导致较大位置错误的根源，满足水平保护等级或垂直保护等级要求，从而允许基于当前可视 GPS 卫星构成，恢复正常导航性能，不中断当前 GNSS 的导航服务。

ABAS 的 GPS 卫星信号 RAIM 完整性测试和故障检测与排除是建立在可观测空间内对多星座冗余卫星信号的测量、比较和识别分析的基础上。根据 ABAS 的 GPS 卫星信号 RAIM 和故障检测与排除分析方法，在当前观测构成的飞行与 GPS 卫星构成的几何空间内，RAIM 分析需要至少 5 颗 GPS 卫星且飞行具有良好几何形状，提供冗余测距信号，才能满足和实现故障信号检测和告警。而故障检测与排除则需要至少 6 颗 GPS 卫星提供冗余测距信号，支持故障检测和故障信号的排除。

ABAS 除了提供 RAIM 完整性和故障检测与排除之外，机载 GNSS 接收器还支持转弯预测和从机载 FMS 系统导航数据库检索和建立进近过程。但是，机载

GNSS 接收机不支持飞行机组人员定义、插入或删除用户航路点。如果机组人员更改或删除属于进近的任何航路点，则机载 GNSS 接收机将不进入进近模式。另外，在一些 ABAS 中，为了减少 RAIM 和故障检测与排除监测所需的卫星数量，采用气压高度表提供当前飞机高度，与空间可视卫星信号一起实现 RAIM 和故障检测与排除监测及有效伪距的测量。即当可视空间内具有足够多卫星时，气压高度辅助信息可以提高卫星识别信号的可用性。ABAS 通过综合 GNSS 信息与非 GNSS 信息（如 IRS 或测距机），增强和提升系统导航性能，例如 ABAS 可以改进 IRS 的时间误差和测距机的距离误差。

12.3.2 星基增强系统

SBAS 由空间有效 GPS 卫星和同步通信卫星与地面 SBAS 参考站和地面 SBAS 主控站构成，如图 12-6 所示。SBAS 的任务是接收空间多星 GPS 卫星发送的星历表和时钟的校正信息，提供地球电离层产生的时延和大气对流层产生扰动的校正，提升飞机 GPS 接收器星际伪距测量精确性。SBAS 负责卫星信号校正

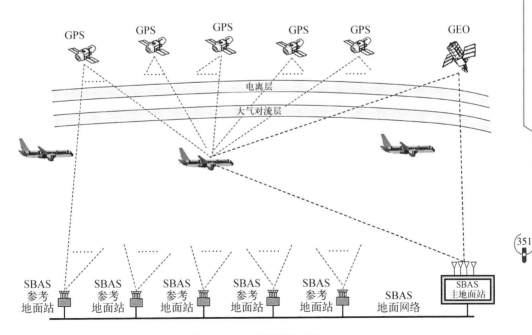

图 12-6 星基增强系统

非确定性和地球电离层垂直误差评估，为飞机提供当前空间内 GPS 卫星的状态和可用性。SBAS 通过提升 GPS 星际信号的性能和有效性，支持飞机在不同飞行阶段的导航应用。

SBAS 由三种能力组成：第一种是提供规划 GPS 卫星空间的卫星运行状态和测距能力；第二种是提供规划 GPS 卫星空间的卫星广播时钟和星历表的修正；第三种是规划 GPS 卫星空间的卫星广播时钟、星历表卫星表、地球电离层时延和大气对流程干扰的修正。前两种能力支持规划空域飞机的 PBN 巡航导航和非精密进近过程，后一种能力除了覆盖前两种能力外，还支持规划空域飞机基于 GNSS 类精密进近过程。SBAS 能力组织结构如下所示。

（1）建立用于接收空域 GPS 卫星信号的 SBAS 地面参考站。GPS 地面参考站是根据规划导航空域及该空域上空的地球 GPS 卫星运行空间，依据 GPS 运行轨道，确定对应的 GPS 卫星，并根据这些卫星对地球区域的覆盖状态，构建地球地面 GPS 参考站的分布与组成。SBAS 参考站的主要任务是监视和接收空间卫星广播发送的信号和响应运行状态，并标记这些信号和状态的卫星识别号、位置和接收时间，然后再转发给地面 SBAS 卫星主控站。

（2）建立用于 GPS 卫星信号修正和状态管理的 SBAS 地面主控站。GPS 地面主控站根据空间 GPS 卫星和相关的 SBAS 地面参考站，确定 SBAS 地面广域增强系统（WAAS）的范围和能力构成。通过 WAAS 地面网络，接收地面 GPS 参考站卫星转发的空域卫星信号信息和运行状态，通过 WAAS 卫星的构成，实现面向独立卫星信号的修正和运行状态管理。SBAS 地面主控站的主要任务是评估当前导航空域（即 WAAS 构成的导航空域）的卫星信号的有效性，计算和修正每个 GPS 卫星广播发送的星历和时钟数据，估计地球电离层引起的测距延迟，并依据预先确定的地面电离层网格点，计算相关测距延时修正。另外，SBAS 地面主控站还评估修正参数的不确定性，提供其修正计算的有效性和 GPS 卫星运行状态。SBAS 地面主控站修正参数的不确定主要有两点：一点是用户测量距离误差，其描述每个 SBAS 地面地理和环境条件参考站形成的卫星时钟和星历改正的不确定性；另一点是电离层格点垂直误差，其描述飞机导航数据库存放的网格点与当前 GPS 卫星信号广播空域电离层网格点误差的不确定性。

（3）建立基于同步地球轨道卫星的有效 GPS 卫星信息传播。同步地球轨道卫星是根据规划的导航空域，定位在地球赤道上空的某个特定经度，建立的覆盖规划导航空域的地球同步卫星，接收 SBAS 地面主控站传输的当前规划空间内 GPS 卫星广播信号的修正信息和卫星运行状态有效性信息，再将这些信息传播给规划导航空域中运行的飞机。地球同步卫星的主要任务是通过同步地球轨道卫星接收应答机，接收地面 SBAS 主控站发送的空间状态信息和相关卫星校正信息，并将其转换成代码，采用 GPS LI 频段将相关信息发送给在规划空域运行的飞机。如果同步地球轨道卫星接收到地面主控站发送的信息为某个指定卫星"不可使用（DO NOT USE）"，则同步地球轨道卫星转发通知相关运行飞机，该卫星的信号不满足使用规范要求。如果接收到的信息为"未监视到状态（NOT MONITORED）"，则同步地球轨道卫星转发通知相关运行飞机，该卫星的信号可在 ABAS 容错和故障排除模式下运行。如果接收到的信息为"健康（HEALTH）"，则同步地球轨道卫星转发通知相关运行飞机，该卫星的信号可直接使用。

（4）建立机载 SBAS 导航模式功能。机载 SBAS 导航模式功能是根据规划导航 GPS 卫星组织与构成，依据当前飞行阶段导航需求，针对同步地球轨道卫星，发送空间卫星状态信息和卫星修正信号，确定当前空间内 GPS 卫星的可用状态和信号品质，组织 ABAS 容错和故障排除模式，建立面向飞行阶段的 GNSS 导航功能构型，完成空间有效 GPS 卫星的伪距计算，实现面向当前飞行阶段的飞行航路水平和垂直引导过程。机载 SBAS 导航模式功能的主要任务是根据当前的飞行阶段，提供相应的导航能力和性能。

12.3.3　地基增强系统

GBAS 通过 GPS 卫星信息增强，提供机场终端类仪表着陆系统精密进近过程，如图 12-7 所示。GBAS 地面站通过其高频数据广播设施，向飞机广播发送有效 GPS 卫星信号校正信息和系统完整性信息，由飞机 GBAS 接收机根据不同

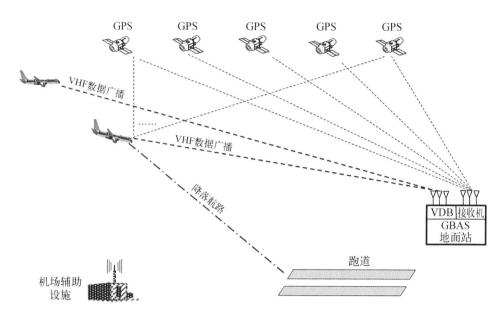

图 12-7 地基增强系统

的 GPS 卫星信号信息和卫星定位信号，由飞机机载计算机计算出飞机下滑道与航向数据和信息，提供机载主导航显示系统引导显示，支持飞机的精密进近和着陆过程。GBAS 由机场终端空域内的空间 GPS 卫星、机场地面 GBAS 地面站和飞机 GBAS 接收机以及相关机载处理系统三部分组成。空间 GPS 卫星建立空间星基基准，并发送 GPS 卫星的位置、识别号、发送时间、标准时钟卫星信号，覆盖机场终端空域区域。GBAS 地面站接收机建立地面基准，接收机场终端空域内的空间 GPS 卫星信号，计算 GBAS 地面站与每个可视卫星的伪距，完成 GPS 卫星信号完整性计算，分别校正不同伪距并监视相关差异校正过程；同时根据飞机进近过程航路，建立飞机进近过程路径组织参数；最后通过甚高频数据广播设施，向飞机发送相关校正数据、完整性参数、最终进近航段数据以及数据源可用性预测信息。飞机 GBAS 接收机以及相关机载处理系统接收机场终端空域内的空间 GPS 卫星信号，通过 ABAS 建立 GPS 卫星信号的有效组织结构，在此基础上，根据甚高频数据广播发来的卫星信号修正数据，测量空间内每颗可视卫星的伪距计算结果。最后飞机机载 GBAS 接收机将相应的伪距、完整性信息和与地面子系统相关的数据发送给飞行管理系统，使用飞行管理系统完成进近航迹计算和飞行引导处理。

GBAS 精密进近服务为飞机在最终进近航段提供横向和垂直导航及偏离引导。GBAS 定位服务支持机场终端区域的二维 PBN 导航，同时支持 SBAS 地球同步卫星提供的测距修正服务。GBAS 地面站和相关基础设施包括接收卫星信号的天线和相关的电子设备。GBAS 地面站的进近过程与仪表着陆系统和微波着陆系统不同，其天线位置与机场跑道配置是相对独立的。GBAS 地面站甚高频数据广播天线的位置应确保覆盖区域机场终端区 GBAS 运行空间。GBAS 地面站和相关基础设施包括接收卫星信号的天线和相关电子设备。在最终进近过程中，GBAS 地面站通过甚高频数据广播向飞机传播最终进近航段的航路的最终进近路径数据块。GBAS 地面站通过相关甚高频数据广播频率和最终进近航段数据块计算出最终进近过程下滑道识别号和所有下滑道配置，形成类似仪表着陆系统引导模式的计算，提供了类似仪表着陆系统的引导过程。GBAS 提供了基于 GNSS 的精密进近能力，主要优点如下所示。

（1）一套 GBAS 可同时为多条跑道（或多个临近机场）提供降落和进近过程引导服务，有效降低机场终端基础设施建设成本、建设周期和使用与维护费用。

（2）GBAS 提供灵活定义的机场终端区航路点和下滑航道，支持曲线进近过程，有效提升空域容量，提高机场到达和起飞过程的效率。

（3）GBAS 支持恒定下滑角最终进近过程，可为机场场面滑跑和跑道起飞过程提供水平和垂直引导。

（4）GBAS 运行过程不需要严格的净空区、监视区和敏感区，对机场着陆场地要求低。

（5）GBAS 具备较强的抵抗恶劣天气的能力，提高了飞行安全性，提升机场利用率和吞吐率。

（6）GBAS 地面站相对简单，设备体积小，易于机动部署，提供多种起飞和降落模式，支持直升机垂直起降模式和机场混合起降模式。

（7）GBAS 支持实现机场场面引导和监视，为飞机在滑行阶段提供全天候导航和监视服务。

12.4　合成/增强/组合视觉系统

仪表着陆系统（ILS）作为标准着陆系统已经有 50 多年的历史了，许多机场已经装备了不同种类的 ILS（CAT Ⅰ、CAT Ⅱ、CAT Ⅲ）。CAT Ⅲ 自动着陆设备已在世界范围内广泛使用，这使航空公司从中获得了明显的经济利益，特别是在视觉条件下降的情况下可减少转机。然而，这种系统仍然非常昂贵，而且并非所有机场都配备了必要的基础设施。近年来，除了诸如 ILS 的地面着陆辅助设备之外，航空界一直致力于开发几种新的显示技术，包括合成视觉系统（SVS）和增强视觉系统（EVS），以及 EVS 和 SVS 的组合，称为"组合视觉系统"（CVS）。这些系统中的任何一个都可以显示在平视显示器（HUD）或俯视显示器（HDD）上。

SVS/EVS/CVS 的预期功能是提供外部场景的补充视图，为飞行机组提供地形、障碍物、跑道和机场环境的态势。SVS 利用导航数据（如姿态、高度、位置）以及地形和障碍物及其他相关特征的内部参考数据库，为飞行机组提供计算机生成的外部场景图像。诸如空中路径（见图 12－8）这种高级导航信息可以显示在这种系统上，并且是正在进行的研究领域。SVS 图像的质量取决于导航数据的准确性和精度以及数据库的有效性。EVS 是一种电子手段，通过使用成像传感器（如前视红外、毫米波雷达、毫米波辐射测量、微光图像增强等），为机组人员提供传感器获得的或增强的外部场景图像。因此，EVS 图像的质量在很大程度上取决于

图 12－8　提供进近引导的空中路径

所用传感器的类型。而 CVS 将来自 SVS 和 EVS 的信息结合在一个集成显示器（如 HUD、HDD）中。

SVS/EVS/CVS 有能力提高机组人员在标称和非标称操作期间的态势感知，可提供许多安全收益，如下所示。

（1）增强垂直/水平路径态势。

（2）增强地形和交通态势。

（3）提高对异常姿态、飞机颠簸或复飞的识别和恢复能力（例如为了更加清晰，描绘了恢复路径）。

（4）减少跑道入侵。

（5）支持从仪表飞行到目视飞行的转换。

（6）更好地遵守空中交通管制许可。

（7）减少空间定向障碍的可能性。

SVS/EVS/CVS 还提供了支持低能见度或小间距操作的可能。已经确定了许多潜在的运营收益，包括以下方面。

（1）信息的直观描述（如 ATC 许可、空域、交通和危险天气、飞行路径引导、RNP 合规性等）。

（2）支持增强的场面操作（如滑跑、关闭并保持短距离、滑行等）。

（3）支持增强的起飞和到达操作（如噪声消减操作、平行跑道上的独立操作、减少到达间隔、减少最小值、CAT Ⅲ 进近、非盲降进近等）。

（4）支持低能见度条件下的操作。

（5）支持四维航迹规划、导航和监视。

（6）减少培训需求。

与 SVS/EVS/CVS 这些视觉增强系统相关的人为因素考虑包括以下方面。

（1）图像质量，如视野、显示器尺寸、符号、亮度、对比度、数据不准确性、噪声、滞后、抖动等。

（2）信息整合，如信息呈现、信息组织、系统和显示整合，与操作员相关的认知隧道、自满、工作量需求、技能保留等。

（3）操作概念，如显示转换、机组交互、程序变化、故障模式、基本信息描述、机组信任、资源管理等。

12.5 语音识别技术

历史上，语言和文化的冲突会干扰或破坏飞行员与空管之间的沟通，以至于一些事故完全或部分归因于语言和文化差异，其中最著名的事故之一是两架波音747飞机在特内里费岛相撞，这是有史以来最严重的商用飞机事故之一。有助于减少语言和文化对飞行员-空中交通管制（ATC）通信的影响的一个举措是使用数据链通信取代无线电电话。数据链界面将飞行员-ATC通信的形式从听觉通信改为视觉通信，作为飞行管理系统控制显示单元（CDU）上的文本读出（见图12-9）。

图 12-9 飞行员-ATC 数据链

对面临语言与文化挑战的机组人员来说，这种方法将语音交互任务转化为阅读理解任务，这本身就更容易使人理解和理解得更准确。虽然从无线电通信向数据链路通信的过渡似乎非常有益，但它远非完美，研究表明其增加了飞行员的低头时间，降低了通信速度，不能充分传达紧急情况和其他自然语音信息以及去除了错误检查机制（如回读）。语音识别作为一个新兴的概念，可用于增强当前的输入方法，与其他多模式输入方法具有显著的协同作用，并可提高驾驶舱的整体工作效率，已经被应用于改进飞行员－ATC 数据链的接口设计以及改善驾驶员－飞行器的交互。语音技术在航空中的具体应用包括以下方面。

（1）基于语音的 FMS 输入。

（2）基于语音的无线电频率调谐。

（3）调用基于语音的检查单并与之交互。

（4）在基于 ATC 的通信期间支持交叉检查和回读。

（5）多模式交互（如触摸屏、手势识别、眼动追踪）的综合，以支持情境感知输入。

（6）使用语音认证增强网络安全。

（7）通过语言中立的驾驶舱减少文化偏见或语言误解。

（8）识别飞行机组的情绪、压力和工作负荷。

语音识别系统的三种主要类型是特定人（speaker dependent）语音识别、非特定人（speaker independent）语音识别和自适应人（speaker adaptive）语音识别。特定人语音识别系统具有很高的精度，因为它们是为单个用户设计的。特定人语音识别系统需要根据用户的语音模式进行训练，通常需要许多个小时的语音素材。非特定人语音识别系统被设计成可识别任何用户的一般语音，且不需要系统的任何训练。然而，非特定人语音识别系统的准确性通常比特定人语音识别系统低（或词汇更有限）。自适应人语音识别系统是特定人语音识别系统和非特定人语音识别系统的混合。自适应人语音识别系统开始时是一个特定人语音识别系统，随着时间的推移，其逐渐适应说话人，从而减少了对初始训练的需求，同时允许随着时间的推移提高性能。然而，在语音识别技术能够成功地在商用飞机上实施之前，仍然存在许多挑战。这些挑战包括以下方面。

（1）意外/无意触发系统导致意外输入。

（2）语音识别系统的准确性受许多因素的影响，包括飞机运行噪声，用户差异（如音调、音高、口音）以及所用系统的类型。

（3）不同操作条件下（如高/低工作负荷）用户声音的变化可能会影响系统

的准确性。

（4）减少系统词汇可能以限制系统应用的数量为代价，提高系统的准确性。

（5）自适应人语音识别系统适应用户所需的培训时间。

（6）用户接受度（如某些飞行员更喜欢安静的驾驶舱）。

12.6　机载防撞系统 X

自 20 世纪 70 年代以来，林肯实验室代表美国联邦航空管理局（FAA）参与了机载防撞系统的开发、实施和改进。目前的交通警报和防撞系统 Ⅱ（TCAS Ⅱ）自 2000 年以来在全球所有大型商用飞机上强制安装，其已被证明在防止空中碰撞方面非常有效。为了减少空域和机场的拥堵，FAA 的下一代空中运输系统（NextGen）正在利用新的监视和导航功能，采用新的技术和程序，使飞机航程更短，遵循更直接的航路，并更好地协调起飞和降落。如果不进行重大的、昂贵的、耗时的修改，则 TCAS Ⅱ将无法支持 NextGen 的操作。这也促使林肯实验室一直在开发和完善机载防撞系统 X（ACAS X）。这是一种机载航空电子安全系统，它利用计算技术的最新进展，率先将决策理论方法应用于防撞逻辑。与 TCAS Ⅱ基于规则的逻辑不同，ACAS X 采用概率模型表示各种不确定性来源（如飞行员无反应、监视误差等），并采用计算机优化来考虑系统专家和运营用户定义的安全和运营目标。这种新的、灵活的防撞逻辑与 NextGen 的空域程序和技术完全兼容。

ACAS X 通过接收机载监视系统的传感器测量值来检测和跟踪飞机，并使用先进的跟踪算法来估计附近飞机的相对位置和速度。为了补偿不完美的传感器，监视和跟踪模块通过将相对位置和速度表示为概率状态分布，明确地将测量和动态不确定性考虑在内。为了评估潜在的碰撞风险，ACAS X 使用计算机优化的逻辑查找表格来捕捉概率状态分布中的每个可能状态。在创建这些表格的过程中，使用动态规划来解决马尔可夫决策过程。这些表格提供了每种行动的成本——无警报、提醒飞行员附近有飞机的交通咨询，或指导飞行员增加或保持与威胁飞机的现有间隔的解决方案。这些成本与加权状态相结合，以提供单一的最优动作。如果需要防撞警报，则该信息通过数据总线发送到驾驶舱显示器和音响信号器，为飞行员提供相应的最佳行动指南。

ACAS X 的性能很容易通过计算机优化过程进行调整，以提供与不断发展的NextGen 空域程序兼容的防撞能力，包括降低航路间隔标准，紧密间隔的平行跑道操作，以及其他新的精确飞行程序。这些程序将使飞机航程更短，以提高机场的到达和离开率，并缩短飞行时间。该系统灵活的监视架构支持使用 NextGen ADS－B 卫星定位系统，该系统允许空中交通管制员和飞行员以比传统地面雷达监视系统更高的精度、准确性和可靠性查看飞机的位置、速度和高度。ACAS X 还兼容其他监视源，如电光和红外传感器，使无人驾驶飞机能够检测其他飞机的位置和速度。由于可以定制 ACAS X 逻辑以满足特定的性能要求，因此无人驾驶飞机将配备防撞保护（这是进入共享空域的先决条件），从而首次获得不受限制地进入空域系统的许可。类似地，ACAS X 逻辑可以优化，为不能以 TCAS Ⅱ 要求的高速率爬升或下降的低性能通用航空飞机提供水平咨询或转弯。

ACAS X 通过四种可交互操作的变体为具有不同操作和性能能力的飞机等级提供防撞保护。

（1）ACAS Xa 在整合新监视来源的同时，提供了针对被跟踪飞机的全球保护。

（2）ACAS Xo 专为特定操作而设计，如紧密间隔的平行跑道进近。

（3）ACAS Xu 针对无人驾驶飞机系统进行了优化。

（4）ACAS Xp 被动跟踪低性能通用航空飞机的威胁，这些飞机目前缺乏认证的防撞保护。

除了与 NextGen 兼容，ACAS X 还提高了空中旅行的安全性，并提供了比TCAS Ⅱ 更多的操作适应性。研究表明，与 TCAS Ⅱ 相比，ACAS X 减少了 59% 的空中碰撞风险和 25% 的非必要破坏性警报。除了保护全球每架大型商用飞机上的乘客，ACAS X 还有如下优点。

（1）受到飞行员的欢迎（通过减少令人困惑的咨询数量实现）。

（2）适应新的监视输入，提供比目前使用的机载应答器更详细和精确的跟踪数据。

（3）有助于降低燃料成本、减少排放、缩短航班运行时间，以及提高机场到达率。

（4）尽量减少对正常空中交通流量的干扰。

（5）促进无人驾驶飞机在国防和商业应用中的使用。

（6）简化生产业务以及与系统实施和升级相关的成本。

12.7　基于模型的系统工程

传统的航空器设计采用的是基于文档的方法，产生包括运行概念文档、系统研制规范、架构定义文档、接口定义文档、系统设计说明书、测试案例说明书等在内的各种文件。面对大型系统或产品全生命周期的复杂性问题，基于文档的传统工程已经无法很好地应对和解决。比如，从信息传递的可追溯性方面，基于文档的传递会存在诸多问题，如海量文档查找、碎片式分布、隐含性表述、歧义性理解等，不利于知识的沉淀、管理和重用，更无法做到全生命周期内的全程追溯。如果采用传统的基于文档的系统工程设计方法，则会受到需求表述不清晰、设计数据和指标体系不一致的影响。在不同阶段不能进行组合验证或者闭环验证，发现问题时进行设计变更和维护的难度较大。

因此，近年来，国内外大型复杂高端装备设计均开始尝试使用基于模型的系统工程方法（MBSE），来解决复杂工程中的系统需求不明确、功能层级不清晰、结构权衡不充分、设计数据追溯难度大等问题。

作为未来制造业的典型特征之一，MBSE 被认为是系统工程领域发展的一种基于模型表达和驱动的方法，如图 12-10 所示。实际上，这是解决复杂系统问题的有效方法。它可以看成是模型驱动原则、方法、工具、语言的指导规范，从而实现学科交叉和规模化的复杂系统的实施。美国制造业的 MBSE 概念，从飞机制造开始延伸，正在逐渐成为企业的标配。例如，航空工业新乡航空工业（集团）有限公司的未来发展规划中明确了"从关注航空部件产品的研制，向发展为分子系统级供应商迈进"的产品战略。要向分子系统级产品升级，做精、做细关键部件，就必须运用科学、系统的研发思想、流程、方法和工具。系统工程包含系统化研发的方法、一体化的工具手段、数字虚拟化的验证流程，提供了整体的解决方案。

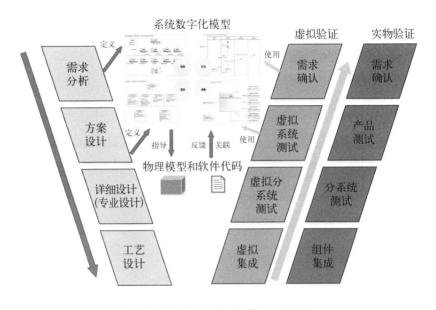

图 12-10　MBSE"V"形流程图

与现行的研发设计体系相比，基于 MBSE 的航空器设计方法有三大特点。一是基于使用场景建模与分析正向捕获需求，做到"知其然，亦知其所以然"，引领需求创新。二是从基于文档转变为基于模型的研发，模型"驱动"研发过程，动态全息无歧义。三是基于模型的多物理域（机、电、液、热、磁）联合仿真，通过虚拟的建模与仿真进行不同学科性能的"事前"验证、设计迭代和综合优化，尽可能保证物理实现一次成功，做到"运筹虚拟世界、决胜物理世界"。

上述三大特点催生出 MBSE"快、好、省"三种优势。"快"是指迭代周期短。位于 V 形图左侧的基于模型的小循环迭代最大限度加速了各阶段需求的确认和系统方案的完善。"好"是指质量高。通过场景分析准确把握用户需求，由右端的实物验证到左端的基于模型的多专业联合仿真验证，保证设计的各个阶段不断联合仿真评估，避免过设计和欠设计。"省"是指节省成本。通过大量的虚拟仿真简化、减少和取代部分物理试验，多专业多领域模型可复用，耗时大大缩减，修改、完善、优化方案的经济成本接近于零。

MBSE 在航空器设计方面的应用如下所示。

1）MBSE 在航空领域的应用尝试

MBSE 的终极目标是以更小的经济成本和时间代价，确保最终交付的复杂系统方案尽可能好地满足用户的复杂要求。大型复杂航空系统的设计和研发是科学研究与工程的高度集成，其本质是一项可用 V 形图宏观描述的系统工程活动。V 形图左侧是自顶向下循环迭代的需求捕获、定义、分解、设计的过程，实现从复杂系统（飞机）到子系统、子系统、部件、组件、零件的需求分解分配，完成对应的架构及解决方案；右侧是自底向上的（从零件、组件、部件、子系统、子系统到系统）测试，验证各层级需求是否全面满足的过程。

近年来，航空器系统的内部体系结构与外部环境交叉联系，反映了系统向系统的系统（sos）转变的本质过程。国际领先的航空企业，如波音公司、空客公司等（见图 12-11、图 12-12）都在积极推进 MBSE 的应用，国内各研制机构也在开展相应的尝试工作。

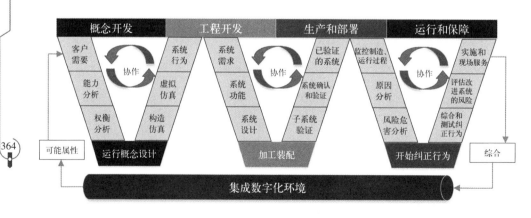

图 12-11　波音公司跨产品生命周期的 MBSE 过程图

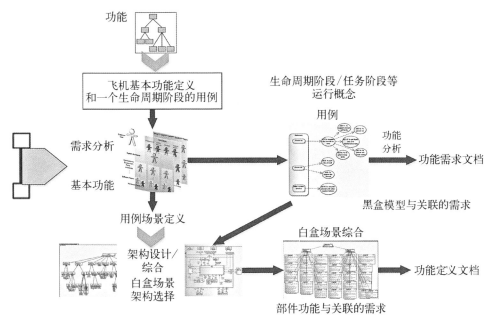

图 12-12 空客公司覆盖飞机全部任务阶段的 MBSE 过程图

因此，在航空器设计方面进行 MBSE 的相应研究、推广和应用尝试，是符合工业研制需求和科技发展需要的。

2) MBSE 在航空器设计方面的应用功能

由于设计方案需要涵盖总体、结构、气动、强度、机械、电子、电器、软件等诸多学科的运用和集成，因此主机要综合考虑航空动力、航空系统/子系统的搭配，融合考虑可靠性、维护性、保障性等多类工程专业的横向切入和纵向展开。因此，MBSE 在航空器设计过程中可主要分为需求分析及验证、系统设计和系统验证三个阶段。

在需求分析及验证阶段，运用 MBSE 方法可以对需求进行分类、量化描述，如飞机功能需求、性能需求、接口需求，并通过数学公式对量化的需求指标进行描述，在模型中约束不同类型的需求在设计中的实现方式。可以将系统设计结果自动导入约束公式进行自动验证，同时在模型中包含每一条需求从需求分解、分配、设计实现到测试验证的完整追溯，需求库可以重复利用。这样就保证了该阶段航空器设计按照需求 100%实现，同时能够提高设计过程中的需求验证效率，保证整体方案的质量。

在系统设计阶段，MBSE 的运用保证了航空器整体设计流程下的设计语言一致性和可追溯性，避免自然语言可能出现的理解偏差，并可以对设计周边的其他可靠性分析、质量管理等数字化工具进行集成，在设计方案调整时能够进行变更影响分析，使优势更加明显。基于模型的文档自动生成功能、系统数字化模型在衍生项目中的反复使用都大大提高了成果输出效率。

在系统验证阶段，以系统级仿真分析来精准评估系统设计方案的合理性，能够保证整体设计方案的质量。

综上，依照特定的系统设计逻辑方案，MBSE 能够完成航空器设计的系统功能、结构设计及参数化表征，对设计内容和需求进行关联对应，确保追溯关系的完整性。

参考文献

［1］陈迎春，宋文滨，刘洪.民用飞机总体设计［M］.2 版.上海：上海交通大学出版社，2022.

［2］原思玉.人为因素与航空安全［J］.民航经济与技术，1998（8）：55‒58.

［3］董大勇.民用航空人为因素设计与适航［C］//中国心理学会.第十八届全国心理学学术会议论文集.北京：中国心理学会，2015：1017.

［4］姚子羽，艾剑良.民用飞机电传操纵系统的人为因素考虑‒被动侧杆叠加操纵改善控制律设计［C］//复旦大学.复旦大学博士生学术论坛（力学、航空宇航科学与技术、生物医学工程）论文集.上海：复旦大学，2012：134.

［5］傅山.民用运输类飞机驾驶舱人为因素设计原则［M］.上海：上海交通大学出版社，2013.

［6］范瑞杰，李倩.民用飞机驾驶舱人机界面设计一致性理念研究［J］.中国科技博览，2015，36：292.

［7］刘川驰，尹堂文，傅山.人-机-环境系统仿真及人为因素量化方法［J］.计算机仿真，2013，30（6）：63‒67，330.

［8］EASA. CS25/amendment26 large aeroplanes［S］. EASA，2020.

［9］FAA. FAR25 Airworthiness standards：transport category airplanes［S］. FAR，2003.

［10］Klansnic J E，Dittenberger R J. Boeing 757/767 commonality design philosophy［C］//SEA International. West Coast International Meeting &

367

Exposition, 1981.

[11] Lammering T, Franz K, Risse K, et al. Aircraft cost model for preliminary design synthesis[C]//AIAA. 50th AIAA Aerospace Sciences Meeting including the New Horizons Forum and Aerospace Exposition Nashvilk：AIAA, 2012.

[12] Bador D P M D, Seering W J, Rebentisch E S. Measuring the efficiency of commonality implementation：application to commercial aircraft cockpits[C]// Proceedings of ICED 2007. Paris：ICED, 2007.

[13] Mueller E, Lozito S. Flight deck procedural guidelines for datalink trajectory negotiations[C]//AIAA. AIAA Conference Paper, 2008. Reston：AIAA, 2008.

[14] Barshi I, Mauro R, Degani A, et al. Designing flight deck procedures[R]. NASA, 2016.

[15] Rhodes R A. Application and management of commonality within NASA systems[R]. NASA, 2010.

[16] Wickens C D. Pilot actions and tasks：selections, execution, and control [M]//Tsang P S, Vidulich M A. Principles and Practices of Aviation Psychology. Boca Raton：CRC Press, 2003.

[17] Thevenot H J, Nanda J, Simpson T W. A Methodology to support product family redesign using a genetic algorithm and commonality indices[C]// ASME. Proceeding of the ASME 2005 International Design Engineering Technical Conference and Computers and Information in Engineering Conference. Volume 2：31st Design Automation Conference. New York：ASME, 2005：1009－1018.

[18] Thevenot H J, Simpson T W. A comparison of commonality indices for product family design[C]//Proceedings of the ASME 2004 International Design Engineering Technical Conferences and Computer and Information in

Engineering Conference. Volume 1：30th Design Automation Conference. New York：ASME, 2004：169－178.

[19] Thevenot H J. A comparison of commonality indices for product family design [R]. Pennsylvania State University, 2003.

[20] Park J, Simpson T W. Development of a production cost estimation framework to support product family design[J]. International Journal of Production Research, 2005, 43（4）：731－772.

[21] Ashayeri J, Selen W. An application of a unified capacity planning system[J]. International Journal of Operations & Production Management, 2005, 25（9）：917－937.

[22] Humair S, Willems S P. Optimizing strategic safety stock placement in supply chains with clusters of commonality[J]. Operations Research, 2006, 54（4）：725－742.

[23] 贺东风，赵越让，钱仲焱.中国商飞系统工程手册[M].6版.上海：上海交通大学出版社，2022.

[24] SAE. ARP 5056 flight crew interface considerations in the flight deck design process for part 25 aircraft[S]. SAE, 2006.

[25] SAE. ARP 4033 pilot-system integration[S]. SAE, 2008.

[26] 赵春玲，范瑞杰，朱志胜，等.民用飞机驾驶舱集成设计与验证[M].上海：上海交通大学出版社，2019.

[27] FAA. AIR－120 controls for flight deck systems[S]. FAA, 2011.

[28] 高金源，冯华南.民用飞机飞行控制系统[M].北京：北京航空航天大学出版社，2018.

[29] Duncan J S. Airplane flying handbook[R]. FAA, 2020.

[30] Hanke D, Herbst C. Active sidestick technology — a means for improving situational awareness[J]. Aerospace Science and Technology, 1999, 3（8）：525－532.

［31］陈悦.飞机主动侧杆高精度杆力控制研究［D］.南京：南京航空航天大学，2020.

［32］熊端琴，郭小朝，陆惠良，等.飞机侧杆驾驶装置的优缺点及其改进设计探讨［J］.人类工效学，2006，12（1）：36－38.

［33］NPFC. MIL－PRF－22885 switches, push button, illuminated, general specification for［S］. NPFC，2017.

［34］Kamrani A K, Azimi M. Systems engineering tools and methods［M］. Boca Raton：CRC Press，2010.

［35］DoD. MIL－STD－1472G department of defense design criteria standard：human engineering［S］. DoD，2012.

［36］SAE. ARP 4761 guidelines and methods for conducting the safety assessment process on civil airborne systems and equipment［S］. SAE，1996.

［37］申安玉，申学仁，李云保，等.自动飞行控制系统［M］.北京：国防工业出版社，2003.

［38］鲁道夫·布罗克豪斯.飞行控制［M］.金长江，译.北京：国防工业出版社，1999.

［39］徐军，欧阳绍修.运输类飞机自动飞行控制系统［M］.北京：国防工业出版社，2013.

［40］杨玉蕾.民机自动飞行系统工作模式研究［D］.南京：南京航空航天大学，2012.

［41］穆艳庆.A320飞行控制逻辑研究［D］.天津：中国民航大学，2010.

［42］高振兴，徐彧.民机自动飞行模式设计规范与适航性分析［J］.航空计算技术，2017，47（3）：80－84.

［43］Nair A S, Jeppu Y, Nayak C G. Logic for mode transition of autopilots in lateral direction for commercial aircrafts［J］. Bonfring International Journal of Man Machine Interface，2013，3（1）：1－7.

［44］谢辉松.民用飞机飞行机组操作程序设计探讨［J］.航空工程进展，2013，

4 (1)：90－96.

[45] Degani A, Wiener E L. Philosophy, policies, procedures and practices：The four 'P's of flight deck operations[M]//Johnston N, McDonald N, Aviation psychology in practice. London：Routledge, 1997：44－67.

[46] The Committee on Transportation and Infrastructure. Final committee report：the design, development & certification of the Boeing 737 MAX[R]. Washington D. C.：The House Committee on Transportation & Infrastructure, 2020.

[47] 王媛媛，周瑾，张雅杰.民用飞机飞行机组非正常操作程序编制研究[J].航空工程进展，2017, 8 (3)：354－358.

[48] 姚渊,民用飞机飞行操作程序的开发和验证[J].民用飞机设计与研究，2015 (3)：87－93.

[49] SAE. ARP 5056 flight crew interface considerations in the flight deck design process for part 25 aircraft[R]. SAE, 2013.

[50] 王淼，肖刚，王国庆.单一飞行员驾驶模式技术[J].航空学报，2020, 41 (4)：197－215.

[51] Deutsch S, Pew R W. Single pilot commercial aircraft operation[R]. BBN Report 8436, 2005.

[52] Comerford D, Brandt S L, Lachter J, et al. NASA's single-pilot operations technical interchange meeting：proceedings and findings[R]. NASA, 2013.

[53] Bilimoria K D, Johnson W W, Schutte P C. Conceptual framework for single pilot operations[C]//ACM. International Conference on Human-computer Interaction in Aerospace. ACM, 2014.

[54] Neis S M, Klingauf U, Schiefele J. Classification and review of conceptual frameworks for commercial single pilot operations[C]//IEEE/AIAA 37th Digital Avionics Systems Conference (DASC), 2018.

[55] Lachter J, Brandt S L, Battiste V, et al. Toward single pilot operations：

developing a ground station[C]//ACM. Proceedings of the HCI - AERO 2014 Conference. ACM, 2014.

[56] 罗悦, 王淼, 肖刚, 等. 商用飞机远程驾驶模式的概念架构[J]. 南京航空航天大学学报（英文版）, 2020, 37（2）: 274 - 287.

索　引

大飞机出版工程
国家出版基金项目书目

一期(总论系列)书目

《超声速飞机空气动力学和飞行力学》(译著)

《大型客机计算流体力学应用与发展》

《民用飞机总体设计》

《飞机飞行手册》(译著)

《运输类飞机的空气动力设计》(译著)

《雅克-42M 和雅克-242 飞机草图设计》(译著)

《飞机气动弹性力学和载荷导论》(译著)

《飞机推进》(译著)

《飞机燃油系统》(译著)

《全球航空业》(译著)

《航空发展的历程与真相》(译著)

二期(结构强度系列)书目

《大型客机设计制造与使用经济性研究》

《飞机电气和电子系统——原理、维护和使用》(译著)

《民用飞机航空电子系统》

《非线性有限元及其在飞机结构设计中的应用》

《民用飞机复合材料结构设计与验证》

《飞机复合材料结构设计与分析》(译著)

《飞机复合材料结构强度分析》

《复合材料飞机结构强度设计与验证概论》

《复合材料连接》

《飞机结构设计与强度计算》

三期(适航系列)书目

《适航理念与原则》

《适航性：航空器合格审定导论》(译著)

《民用飞机系统安全性设计与评估技术概论》

《民用航空器噪声合格审定概论》

《机载软件研制流程最佳实践》

《民用飞机金属结构耐久性与损伤容限设计》

《机载软件适航标准 DO‐178B/C 研究》

《运输类飞机合格审定飞行试验指南》(编译)

《民用飞机复合材料结构适航验证概论》

《民用运输类飞机驾驶舱人为因素设计原则》

四期(航空发动机系列)书目

《航空燃气涡轮发动机工作原理及性能》

《航空发动机结构强度设计问题》

《航空燃气轮机涡轮气体动力学：流动机理及气动设计》

《先进燃气轮机燃烧室设计研发》

《航空燃气涡轮发动机控制》

《航空涡轮风扇发动机试验技术与方法》

《航空压气机气动热力学理论与应用》

《燃气涡轮发动机性能》(译著)

《航空发动机进排气系统气动热力学》

《燃气涡轮推进系统》(译著)

《燃气涡轮发动机的传热和空气系统》

五期(民机飞行控制系列)书目

《民机飞行控制系统设计的理论与方法》

《民机导航系统》

《民机液压系统》(英文版)

《民机供电系统》

《民机传感器系统》

《飞行仿真技术》

《民机飞控系统适航性设计与验证》

《大型运输机飞行控制系统试验技术》

《飞行控制系统设计和实现中的问题》(译著)

《现代飞机飞行控制系统工程》

六期(民机先进制造工艺系列)书目

《民用飞机构件先进成形技术》

《民用飞机热表特种工艺技术》

《航空发动机高温合金大型铸件精密成型技术》

《飞机材料与结构检测技术》

《民用飞机构件数控加工技术》

《民用飞机复合材料结构制造技术》

《民用飞机自动化装配系统与装备》

《复合材料连接技术》

《先进复合材料的制造工艺》(译著)

七期(ARJ21新支线飞机技术系列)书目

《支线飞机设计流程与关键技术管理》

《支线飞机验证试飞技术》

《支线飞机电传飞行控制系统研发及验证》

《支线飞机适航符合性设计与验证》

《支线飞机市场研究技术与方法》

《支线飞机设计技术实践与创新》

《支线飞机项目管理》

《支线飞机自动飞行与飞行管理设计与验证》

《支线飞机电磁环境效应设计与验证》

《支线飞机动力装置系统设计与验证》

《支线飞机强度设计与验证》

《支线飞机结构设计与验证》

《支线飞机环控系统研发与验证》

《支线飞机运行支持技术》

《ARJ21-700新支线飞机项目发展历程、探索与创新》

《飞机运行安全与事故调查技术》

《基于可靠性的飞机维修优化》

《民用飞机实时监控与健康管理》

《民用飞机工业设计的理论与实践》

八期(民机先进航电系统及应用系列)书目

《航空电子系统综合化与综合技术》

《民用飞机飞行管理系统》

《民用飞机驾驶舱显示系统》

《民用飞机机载总线与网络》

《航空电子软件开发与适航》

《民用机载电子硬件开发实践》

《民用飞机无线电通信导航监视系统》

《飞机环境综合监视系统》

《民用客机健康管理系统》

《航空电子适航性分析技术与管理》

《民用飞机客舱与机载信息系统》

《民用飞机驾驶舱集成设计与适航验证》

《航空电子系统安全性设计与分析技术》

《民机飞机飞行记录系统——"黑匣子"》

《数字航空电子技术(上、下)》

九期(商用飞机系统工程系列)书目

《商用飞机研发质量管理理论与实践》

《商用飞机全生命周期构型管理》

《商用飞机驾驶舱研制中的系统工程实践》

《商用飞机系统工程实践方法(英文版)》

《基于模型的现代商用飞机研发》

《商用飞机项目风险和机遇管理》

《商用飞机确认与验证技术》